半导体与集成电路关键技术丛书

集成电路高可靠封装技术

主编　赵鹤然

机械工业出版社

本书应用理论和实际经验并重，共分为五章。第1章概括介绍了集成电路高可靠封装体系框架；之后四章详细讲解了划片、粘片、引线键合和密封四大工序，每章都介绍相应工序的基本概念，并将该工序的重点内容、行业内关注的热点、常见的失效问题及产生机理，按照小节逐一展开。本书内容齐全，凝聚了多年的科研成果，更吸收了国内外相关科研工作者的智慧结晶，是目前关于集成电路高可靠封装技术前沿、详尽、实用的图书。

本书可作为电子封装工艺、技术和工程领域科研人员、高校师生及企业等相关单位科技工作者的重要参考书。

图书在版编目（CIP）数据

集成电路高可靠封装技术/赵鹤然主编. —北京：机械工业出版社，2022.3（2023.11 重印）

（半导体与集成电路关键技术丛书）

ISBN 978-7-111-70122-4

Ⅰ.①集…　Ⅱ.①赵…　Ⅲ.①集成电路-封装工艺　Ⅳ.①TN405

中国版本图书馆 CIP 数据核字（2022）第 017692 号

机械工业出版社（北京市百万庄大街 22 号　邮政编码 100037）
策划编辑：王　欢　　　　　责任编辑：王　欢
责任校对：潘　蕊　王明欣　封面设计：马精明
责任印制：单爱军

北京虎彩文化传播有限公司印刷

2023 年 11 月第 1 版第 4 次印刷

184mm×260mm·16 印张·2 插页·393 千字

标准书号：ISBN 978-7-111-70122-4

定价：129.00 元

电话服务　　　　　　　　　　网络服务

客服电话：010-88361066　　机　工　官　网：www.cmpbook.com

　　　　　010-88379833　　机　工　官　博：weibo.com/cmp1952

　　　　　010-68326294　　金　书　网：www.golden-book.com

封底无防伪标均为盗版　机工教育服务网：www.cmpedu.com

编委名单

主　编　赵鹤然

副主编　王世清　陈明祥　王　刚　曹　阳

编　委　范茂军　严义君　顾卫东　曹中复　刘国权
　　　　刘洪涛　金晶晶　倪敏杰　曹双喜　陈玮玮
　　　　王明浩　刘庆川　王元龙　曹丽华　牛英山
　　　　杨　东　王天科　徐英伟　姜立娟　盛　健
　　　　田爱民　康　敏

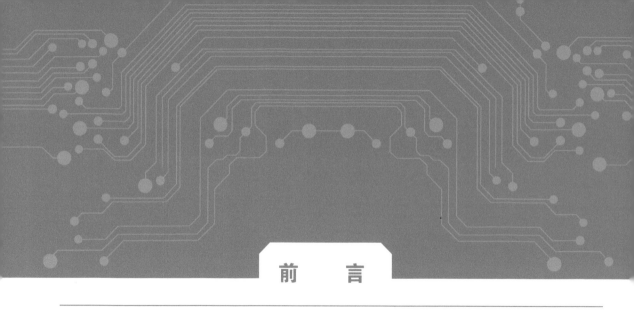

前　言

　　中国电子科技集团公司第四十七研究所（下面简称 47 所），始建于 1958 年，是从事集成电路、分立器件、微系统模块研制和生产的国家一类研究所，拥有设计、封装、测试、检验技术与能力。从我国第一颗人造卫星"东方红一号"上的晶体管，到国内第一个集成电路国防科技一等奖，47 所人经过 60 余年在集成电路和分立器件领域的专注耕耘，积累了集成电路和分立器件设计、封装、测试等方面的许多经验，特别是在集成电路高可靠封装技术上形成了系统的理论和实践经验，为国防工业和微电子领域做出了重要贡献。

　　电子封装技术是一门新兴的交叉学科，涉及机械、焊接、材料、电气、化工等多个领域。做好集成电路的封装，不仅高度依赖结构设计、组装制造、仿真分析、可靠性评价、失效分析等实用工艺与方法，更对基础理论和基本原理等最本质、最核心的规律和机理的掌握有很高的要求。本书应用理论和实际经验并重，详细讲解划片、粘片、引线键合和密封高可靠电子封装四大工序，不仅凝聚了 47 所人多年来深耕工艺的科研成果，更是在阅读了近 2000 篇国内外相关领域专家的文献和著作基础上编写而成，吸收了行业内科研工作者的智慧结晶，并对所引用图、表进行了重绘，是目前国内介绍集成电路高可靠封装技术较为详尽、实用的一本书，可作为电子封装工艺、技术和工程领域科研人员、高校师生以及企业等相关单位科技工作者的重要参考书。全书共分为五章。第 1 章从总体上概括介绍了集成电路高可靠封装体系框架，介绍了高可靠封装领域的基本概念、电子封装发展历程、主要的封装外壳形式、国内外标准等。第 2 章介绍封装第一道工序——划片：先对划片工艺进行概述，重点介绍了划片刀的原理，讨论了划片崩边、分层的现象和影响因素，之后进一步介绍了激光划片方法以及未来划片技术的挑战。第 3 章介绍封装第二道工序——粘片：首先对粘片工序进行了概述，之后进一步从胶黏剂粘片和焊接芯片两个方面展开介绍。在胶黏剂粘片方面，介绍了导热胶粘接原理及主要失效因素；在焊接方面，介绍了润湿等焊接原理及焊接空洞等热点问题。第 4 章介绍封装第三道工序——引线键合：首先对键合工序进行了概述，之后从金丝键合和铝丝键合两方面分别介绍了两种主要的键合工艺及其质量评价方法，最后从金铝键合、焊盘起皮和热影响区三个行业内关注的热点问题分别开展了介绍和论述。第 5 章介绍封装第四道工序——密封：分别对金锡熔封、平行缝焊、储能焊和玻璃熔封四种密封方式展开介绍，指出了每种密封方式的优缺点、主要工艺过程、常见失效问题，分析了发生问题的原因，并提出了解决措施。最后，介绍了与密封工序相关的检测方法和仿真方法，包括封装热阻、气密性检测、X 射线照相检测、水汽含量检测等。

全体编委在本书编写过程中付出了辛勤汗水，共同完成了本书的编写工作。华中科技大学陈明祥教授，为本书的撰写提出了大量非常宝贵的基础理论方面的意见。中国电科 3 所范茂军、航天科技 513 所刘国权、中国工程物理研究院电子工程研究所陈玮玮、航空 601 所倪敏杰、兵器工业 248 厂曹双喜、中船 703 所王元龙、中科院金属所曹丽华、兵器工业 214 所盛健等专家给本书的编写贡献了许多宝贵的经验。

由于编者水平有限，在编写本书的过程中难免存在错误和疏漏，敬请读者批评指正，对不完善的部分加以补充。期待通过不断完善，持续改进，共同提高。如有好的意见和建议，请发邮件到邮箱 276012341@qq.com。

编　者

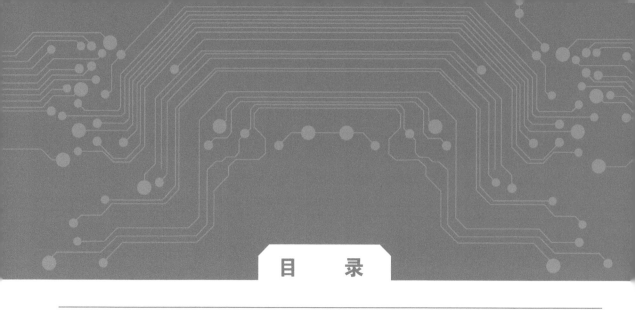

目　录

第1章 概 述

1.1 关键术语及含义

1.1.1 可靠性

可靠性是指器件在一定时间内、一定条件下无故障地执行指定功能的能力或可能性。研究可靠性的目的是为了确保产品的生命周期比目标生命周期长，并且在正常操作下的失效率低于目标失效率。研究器件的可靠性，需要评估器件在常规操作下的失效模式，甚至预测在极限条件下的服役时间，以便用户在采信器件供应商的可靠性数据前提下，根据自己的需求权衡器件参数指标、寿命、成本等因素。

实践表明，器件故障率是服役时间的函数，典型的故障率-时间曲线称为浴盆曲线（Reliability or "Bathtub" Curve），如图 1-1 所示。浴盆曲线反映了在生命周期（Life Time）内，器件失效概率（Failure Rate）的起伏和走势，分为早期失效期（Primary Infant Mortalities）、稳定服务期（Service Life）和加速耗损期（Wearout Period）。一些器件制造过程存在缺陷，在服役初期就会暴露出来，导致早期失效，使浴盆曲线表现出了较高的失效率；之后，是较低失效率的偶然失效，这些失效往往与各类型应力相关；最后，是损耗失效，失效率随着时间开始急剧增加。

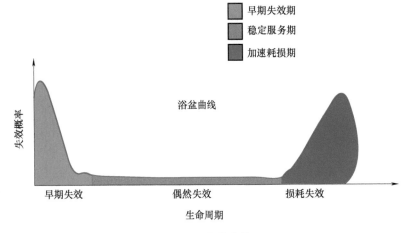

图 1-1 浴盆曲线

1

可靠性工程就是要消灭早期失效，减少偶然失效，推迟损耗失效。

1.1.2 高可靠

高可靠集成电路，顾名思义就是可靠性比较高的集成电路产品。由于原材料、人员、设备、环境等因素的波动，即使质量一致性控制得再好，对于生产线制造的多个批次产品，偶发的早期失效还是不能完全杜绝的。

为了获得高可靠性的产品，前人从两个方面着手。一方面，根据用户的使用要求，在出厂之前先进行不同质量等级的筛选试验，严格剔除有先天缺陷的早期失效电路。筛选试验被认为是非破坏性的试验，既不会降低正常产品的可靠性，也不能提升它的固有可靠性，主要作用是用来甄别缺陷产品。另一方面，是提高产品的固有可靠性，采用具有较高可靠性的陶瓷、金属气密封装结构和工艺，屏蔽和抵抗服役环境中机械载荷、热力学载荷、电化学腐蚀、静电等因素对产品（包括芯片、外壳、引脚和互连等元素）产生直接损伤或加速老化的影响，从而获得较长的服役寿命。

1.1.3 陶瓷封装

陶瓷封装是一种气密性封装，据统计约占封装市场的 10%。经过几十年的发展，陶瓷封装的性能越来越好，尤其是陶瓷流延技术的发展，使得陶瓷封装在外形、功能方面的灵活性有了较大改善。常用的陶瓷材料是 Al_2O_3，它除了气密性较好外，还具有电性能好、散热好等优点，可实现信号、地和电源多层结构及多引脚，并具有对复杂器件进行一体化封装的能力。陶瓷封装价格相对昂贵，主要用于高可靠集成电路等高端产品。

1.1.4 洁净室

高可靠集成电路的生产在洁净室中完成，洁净室也叫洁净生产车间、洁净厂房、净化间、无尘室等。根据国标 GB 50073—2013，洁净室的空气洁净度等级为 1~9 级。在具体实践中，常参考美国标准 FS 209E，其中的空气洁净度等级有 1 级、10 级、100 级、1000 级、10000 级、100000 级等，如表 1-1 所示。

表 1-1　空气洁净度等级

等　　级	大于或等于表中被考虑的粒径的最大浓度限值/(pc/ft³)				
	0.1μm	0.2μm	0.3μm	0.5μm	5.0μm
1	35	7.5	3	1	—
10	350	75	30	10	—
100	—	750	300	100	—
1000	—	—	—	1000	7
10000	—	—	—	10000	70
100000	—	—	—	100000	700

注：1. ft 为英尺，1ft≈0.3048m。

　　2. pc 为颗粒数。

表中，1000 级的含义是 1ft³ 内，大于等于 0.5μm 的灰尘颗粒不能超过 1000 颗，对应国标 GB 50073—2013 中的空气洁净度等级为 6 级。

1.1.5　质量等级

GJB 597B—2012《半导体集成电路通用规范》中规定了半导体集成电路的 B 级、BG 级和 S 级共三个产品质量保证等级。其中，S 级是最高产品质量保证等级，供宇航用；BG 级是介于 S 级、B 级之间的质量等级；B 级为标准军用质量保证等级。

GJB 2438B—2017《混合集成电路通用规范》中提供了四个产品质量保证等级，按照从高到低的顺序分别是 K 级、H 级、G 级和 D 级。K 级是最高可靠性等级，预定供宇航用，H 级是军用质量等级，G 级是标准军用质量等级（H）级的降级，D 级是一个由承制方规定的质量等级。

GJB 7400—2011《合格制造厂认证用半导体集成电路通用规范》中规定了 V 级、Q 级、T 级、N 级（塑封器件）四个产品质量保证等级。其中提到，B 级水平包括该规范规定的 Q 级和 GJB 597B—2012 中 B 级要求，是标准的军用质量等级。S 级水平包括本规范规定的 V 级和 GJB 597B—2012 中 S 级要求，是该规范最高可靠性质量等级，产品预订用于空间应用。

各航天院所也对质量等级做出了规定，如航天八院的 SAST 级、航天五院的 CAST C 级、航天一院的 LMS 级。

1.1.6　辐照加固保证（RHA）

辐照加固保证（Radiation Hardness Assurance，RHA）等级常用 RHA 表示，是指器件抗辐照的等级。

实际上，辐照和辐射是两个经常容易混淆的概念。

辐射是指由场源发出的电磁能量中的一部分脱离场源向远处传播而后不再返回场源的现象。能量以电磁波或粒子（如阿尔法粒子、贝塔粒子等）的形式向外扩散。空间中常见的辐射有质子、电子等。通常，器件耐受辐射的能力可以称为抗辐射能力。此时用辐射表示的是一种自然现象。

对器件开展人为的抗辐射试验，一般称为辐照试验。这个对器件施加辐射的人为过程称为辐照。

1.1.7　二次筛选

筛选试验是由集成电路生产厂商按照集成电路的技术标准和订货合同要求进行的出厂前筛选。二次筛选是由集成电路用户根据使用的最终目的，为获得更高的可靠性，在集成电路使用前进行的筛选试验。二次筛选的目的是为了进一步剔除在生产厂商筛选中未能剔除的不合格产品，或者由于某种缺陷会引起早期失效的产品，确保使用时的可靠性。二次筛选的项目主要包括外观检查、常温初测、高温存储、温度冲击、高温老炼、检漏、常温终测等。

1.1.8　失效分析（FA）

失效分析（Failure Analysis，FA）是对已失效器件进行的一种事后检查。即便是高可靠器件或是已经长期稳定供货的产品，也会有偶发失效。这是由于器件与器件之间、批次与批次之间，存在质量一致性的差异。这些差异可能来源于生产过程质量控制、微组装操作的规范执行程度、人员的更换、环境的波动、设备的异常，甚至来源于同种原材料的不同批次。差异是普遍存在且不可避免的，但是由差异而引发的质量问题是可以避免的。通过建立良好的质量体系，从人、机、料、法、环等方面，识别差异、管理差异、控制差异来确保产品的可靠性不受影响。

一旦产品偶发失效，失效分析环节便开始启动，对失效模式、失效原因和失效机理进行定位，从人、机、料、法、环的角度，层层展开，逐一排查。这种基于质量体系的失效分析，往往需要建立故障分析树或鱼骨图，以便更加有条理地进行失效分析。故障分析树或鱼骨图的正确展开，首先要做的工作就是对失效现象进行正确的描述，而后才能排查引起这种失效现象可能的原因。依靠经验可以加快失效分析的进程，有助于快速定位问题的根源，但经验有时也会蒙蔽发现问题的眼睛，无法发现相近的失效现象背后的微小差别。这样，同样的质量问题在下一个批次中还会发生，从而给人们带来血淋淋的一教训。失效分析的目的，是找到问题的本质，确定失效模式和失效机理，提出有效的改进措施，提高成品率和可靠性。进一步，要做到举一反三。

失效分析是电子封装领域一种常用的分析手段。当器件完全丧失功能、功能衰退或失去可靠性与安全性时，需要通过失效分析来研究失效机理、失效模式，找到解决和预防措施。

有人提出，器件一旦失效，千万不要敬而远之，而是如获至宝。这是因为，失效器件携带着宝贵的缺陷信息，这些缺陷信息是设计、制造过程中的矛盾、不适应、不合理问题的最直接反映。刨根问底地研究这些缺陷信息，有利于了解封装技术的本质，也有利于学习封装技术中力学、热学、电气学、材料学、机械学等基础原理。

失效分析一般按照先无损检测再破坏性分析的顺序开展。这是因为一旦样品被破坏，就难以还原了，一些可能被忽略掉的信息再也无法追回了。常见的失效分析手段如下：

（1）目检

观察芯片表面沾污、裂纹、腐蚀，金属外壳绝缘子裂纹，镀层腐蚀、脱落，键合丝缺失、损伤、连接错误等。

（2）电测试

测试器件功能、参数等。

（3）X射线照相

用于检查键合金丝完整性，焊点与焊盘的焊接情况，密封区、粘片区的空洞问题。

（4）超声扫描

超声波在物体中传播，遇到不同介质的交界面会发生反射，通过检测反射波来检测封装结构中的分层、空洞、裂纹等问题。

（5）扫描电镜及能谱

观察失效样品的微观结构，鉴定化学成分等。

（6）密封

通过粗检漏、细检漏判断器件气密性和漏率。

（7）PIND

通过颗粒噪声检测器件内是否存在可动多余物。

（8）内部气氛检测

测量密封器件内部水汽、氧气、二氧化碳等内部气氛的种类及含量。

（9）红外成像

通过红外成像，观察芯片表面热点位置，判断是否存在击穿、短路等问题。

据报道，美国军方在 20 世纪 60 年代末到 70 年代初采用了以失效分析为主的元器件质量保证计划，在六七年间使集成电路的失效率从 $7\times10^{-5}/h$ 降到 $3\times10^{-9}/h$，降低了 4 个数量级，成功地实现了"民兵Ⅱ"型洲际导弹计划、阿波罗飞船登月计划。可见失效分析在各种重大工程中的作用是功不可没的。

1.1.9　破坏性物理分析（DPA）

破坏性物理分析（Destructive Physical Analysis，DPA）是为了验证元器件的设计、结构、材料和制造质量是否满足预定用途或有关规范的要求，对元器件样品进行剖析，以及在剖析前后进行一系列分析的全过程。DPA 对提高元器件的综合使用品质及使用效能具有十分重要的作用。

GJB 597B—2012 对集成电路的 DPA 进行了详细的规定，表 1-2 给出了 DPA 试验项目及可发现失效模式。

表 1-2　DPA 试验项目及可发现失效模式

序号	项　目	可发现主要失效模式
1	外部目检	镀层、密封、外引线缺陷
2	X 射线检查	结构错误、裂纹、空洞
3	PIND	检测器件中的可动多余物
4	密封	密封缺陷
5	内部水汽含量	水汽含量超标
6	内部目检	芯片表面损伤、污物，键合缺陷，多余物
7	键合强度	键合松动、断开、强度不足
8	剪切强度	剪切强度不足

GJB 4027A—2006《军用电子元器件破坏性物理分析方法》对 DPA 试验进行了详细的规定。除另有规定外，用于 DPA 的样品应从生产批中抽取，并按 DPA 的不同用途规定相应的抽样方案。对于一般元器件，样本大小为生产批总数的 2%，但不应少于 5 只也不应多于 10 只。对于结构复杂的元器件，样本大小应为生产批总数的 1%，但不少于 2 只也不多于 5 只。

DPA 样品的剖面制备通常采用类似金相或矿物样品光学检查的剖切制备方法。GJB A—2014《多层瓷介电容器及其类似元器件剖面制备及检验方法》详细阐述了这种方法。先将被检测样品用适合的室温固化的低收缩率环氧树脂或其他灌封料灌封；灌封前环氧树脂要去除气泡，固化后再进行切割、研磨和抛光；有时需要进行化学腐蚀，制成所需的剖面，使其显示出要检验部位的细节。

DPA 作为失效分析的一种补充手段，在进行产品的交付验收试验时，是由具有一定权威性的第三方或用户进行的一种试验。

1.1.10　质量体系

GJB 1405A—2006《装备质量管理术语》指出，质量是指一组固有特性满足要求的程度。

组织应按照 GJB 9001C—2017《质量管理体系要求》建立质量管理体系，将其形成文件，加以实施和保持，并持续改进其有效性。其中包括形成文件的质量方针和质量目标；质量手册；标准所要求的形成文件的程序和记录；组织确定的为确保其过程有效策划、运行和控制所需的文件，包括记录。

质量管理和质量保证工作是建立在"所有工作都是通过过程在完成"这样一个基本认识基础上的，GJB 9001 系列标准特别重视过程及其控制，并以此在保证预期结果的实现。可以说，质量管理就是管过程。

1.1.11　统计过程控制（SPC）

统计过程控制（Statistical Process Control，SPC）体系，是利用统计技术把数据转换成过程状态信息，以便确认、纠正和改进过程效能。

由于随机因素会导致生产过程的自然波动，通过 SPC 方法可对生产过程自然波动进行量化，对正常运作条件下长期的生产过程能力进行监控，找到有显著影响的生产过程节点，发现潜在问题。

SPC 控制技术包括直方图、帕累托分析、散布图或回归分析、因果图、统计推断法、实验设计、工艺流程分析，测试设备分析等线外控制技术，以及记录表、检测图标、控制图和累积和图等在线控制技术。

1.2　电子封装技术的发展

1.2.1　摩尔定律

摩尔定律（Moore's Law）是由美国英特尔公司的创始人之一戈登·摩尔提出来的。其内容为，当价格不变时，集成电路上可容纳的元器件的数目，每隔 18～24 个月便会增加一倍，性能也将提升一倍。更小的电子元器件意味着在同样大小的芯片中，可以集成的元器件更多，实现的功能也更强大，这样指数级的发展趋势也被人们称为摩尔定律。摩尔定律已经不仅是一个经验规律，而是已成为半导体行业的发展蓝图，或者说是半导体芯片市场商业模型（Business Model）的重要组成部分。

在摩尔定律提出至今，制程进化的速度已经被修正了两次。最早摩尔于 1965 年在《电子学》（Electronics）杂志上提出的速度是每年晶体管数量翻倍，到了 1975 年摩尔本人在国际电子器件大会（IEDM）上将之修正为每两年晶体管数量翻倍。之后，每两年翻倍的发展速度维持到了大约 2013 年，之后国际半导体技术蓝图（ITRS）将之修正为每三年晶体管数量翻倍。1971—2011 年微处理器晶体管数量的发展变化及摩尔定律如图 1-2 所示。

但是，基于目前使用的材料，电子元器件如果继续微缩将面临漏电等诸多挑战，很快将到达最小化的极限，摩尔定律正在走向终结，人类社会也正在步入"后摩尔时代"。

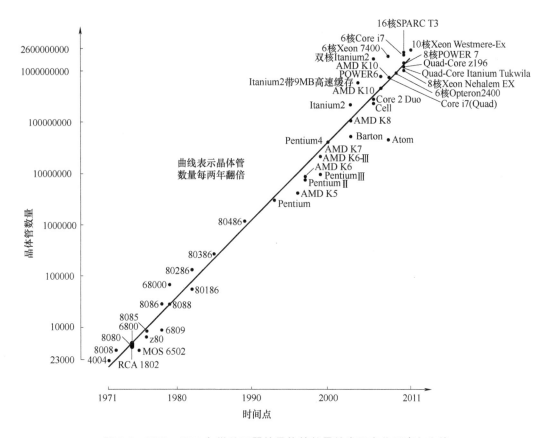

图 1-2　1971—2011 年微处理器的晶体管数量的发展变化及摩尔定律

在摩尔定律提出的前三十年，新工艺制程的研发并不困难，但随着特征尺寸越来越接近宏观物理和量子物理的边界，先进工艺制程的研发越来越困难，研发成本也越来越高。如果工艺制程继续按照摩尔定律所说的以指数级的速度缩小特征尺寸，会遇到两个阻碍：一个是经济学的阻碍；另一个是物理学的阻碍。正是由于两大阻碍的存在，继续简单粗暴地缩小特征尺寸将会变得越来越困难。

为了解决阻碍问题，产业界和学术界给出了三个方向：一是继续深度摩尔（More Moore）；二是超越摩尔（More than Moore）；三是超越 CMOS（Beyond CMOS）。针对继续深度摩尔和超越摩尔这两条路径，分别诞生了两种产品系统级芯片（System on Chip，SoC）和系统级封装（System in Package，SiP）。SoC 是摩尔定律继续延续的产物，而 SiP 则是实现超越摩尔的重要路径。两者都是在芯片层面上实现小型化和微型化系统的产物。

为了在容许的成本范围内跟上摩尔定律的步伐，在主流器件设计和生产过程中采用三维互联（3D Interconnect）技术将成为必然。三维互联技术可通过对已有生产工艺的拓展来实现二维尺寸上的进一步缩小，从而抑制了光刻成本的提高。与此同时，人们也逐渐发现一个事实：继续遵循摩尔定律发展的技术并没有停步，甚至没有减速，而是通过先进封装技术的不断创新使系统的性能和功能得以极大的提升，进而使超越摩尔的步伐快速向前。

1.2.2　集成电路和混合电路

半导体集成电路（Integrated Circuit，IC），就是用半导体工艺把一个电路中所需大量电阻、电容、电感、晶体管等元器件及布线互联在一起，制造在一小块或几小块半导体晶圆片上，然后再封装在一个管壳内，形成完整的、具有独立功能的电路（也称为器件）。

通常情况下，一颗集成电路芯片对应一个封装，所以一般说到集成电路，指的就是单片集成电路。

混合集成电路，先将单片集成电路、分立器件或微型元件混合组装在厚膜、薄膜等基板上，再外加封装成一个具有独立功能的电路或系统。与单芯片集成电路相比，混合电路具有组装密度更高、实现功能更复杂等特点。

1.2.3　高可靠封装类型

高可靠器件主要采用陶瓷气密封装，为集成电路芯片提供机械支撑、保护、电连接和散热通路。陶瓷外壳以陶瓷材料为主体，材料可分为氧化铝陶瓷、氮化铝陶瓷、氧化铍陶瓷等。陶瓷外壳还配有金属封焊区、盖板、焊料环、热沉和外引脚等组成部分，材料包括钨、钼、钨铜、钼铜、无氧铜、可伐（Kovar）合金、银铜、银、金、金锡等。

陶瓷外壳的特点是布线密度高、气密性好、耐高温和化学稳定性良好、机械强度高，具有多引脚引出能力，不仅具有4、6、8等少引线、小外形的外壳形式，也适合2000引脚的大规模集成电路，具有较为宽泛的应用覆盖范围。表1-3给出了几种典型的陶瓷外壳封装形式。

表1-3　几种典型的陶瓷外壳封装形式

封装形式名称	对应英文名称	英文缩写
双列直插封装	Dual in-line Package	DIP
小外形封装	Small Out-Line Package	SOP
针栅阵列封装	Pin Grid Array Package	PGA
扁平封装	Flat Package	FP
四边扁平封装	Quad Flat Package	QFP
球栅阵列封装	Ball Grid Array Package	BGA
芯片级封装	Chip Scale Package	CSP
无引线片式载体	Leadless Chip Carriers	LCC
四边无引线扁平封装	Quad Flat No-Lead Package	QFN
表面安装功率器件外壳	Surface Mounted Devices	SMD

下面介绍几种主要的陶瓷封装。

（1）CDIP（见图1-3）

CDIP是最基本的陶瓷封装形式之一，一般引线节距是2.54mm，因此引脚数不能太多，一般最多不超过50个。

（2）CSOP（见图1-4）

CSOP有一种小型化的贴装外壳，最小的CSOP04是只有4个引脚的陶瓷小外形封装。

图 1-3 CDIP

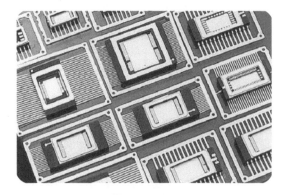

图 1-4 CSOP

（3）CPGA（见图 1-5）

CPGA 管壳引脚节距一般为 1.27mm 或 2.54mm，有引脚朝上和引脚朝下两种，便于安装散热器。

（4）CQFP（见图 1-6）

CQFP 的引脚数可以从几十到几百，适合作为大规模集成电路的封装外壳。

图 1-5 CPGA

图 1-6 CQFP

（5）FC-CLGA（见图 1-7）

FC-CLGA 的管壳内腔采用倒装焊贴装芯片，外部采用 CBGA、CCGA 连接电路板，可大幅缩小封装面积，减小封装外形尺寸。

图 1-7 FC-CLGA

（6）LCC/QFN（见图1-8）

LCC/QFN 为表面贴装外壳，无引线，具有良好的传输特性，寄生参数小，适用于高频电路。

（7）SMD（见图1-9）

SMD 由高导热的陶瓷基底和金属墙体焊接而成。

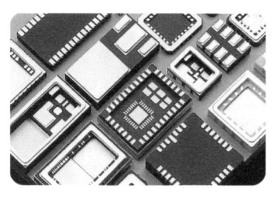

图 1-8　LCC/QFN

图 1-9　SMD

本部分内容引用自国基北方中国电子科技集团公司第十三研究所封装专业部产品手册。

1.2.4　金属封装类型

金属封装也是气密封装的一种，具有较大的外引线节距，在混合集成电路、功率器件、微波器件中应用较多，适用于功能复杂、多芯片组装、输出引脚数量较少的器件。

（1）TO（见图1-10）

TO 封装是典型的金属封装，其具有高速、高导热的优良性能。面向高速器件的 TO 外壳，可实现 25Gbit/s 以上传输速率；面向高导热的 TO 外壳，以无氧铜代替传统可伐合金，导热速率是传统外壳的 10 倍以上。

（2）模块类金属外壳（见图1-11）

模块类金属外壳分为双列直插引脚和扁平式

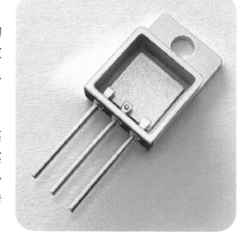

图 1-10　TO

引脚两种，其具有质量小、可靠性高的特点，可满足 CAST C 质量等级。

图 1-11　模块类金属外壳

（3）混合集成电路外壳（见图 1-12）

混合集成电路外壳是冲压成型的金属外壳，有腔体式和平底式两种，可实现双列直插、四边直插、多列直插等插接方式，适用于混合集成电路。

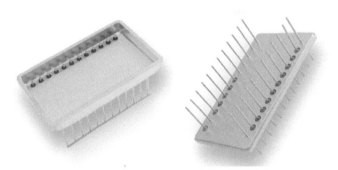

图 1-12　混合集成电路外壳

本部分内容引用自中国电子科技集团公司第四十三研究所封装事业部产品手册。

1.2.5　封装外形图及标注

本节将以 GB/T 7092—2021《半导体集成电路外形尺寸》中给出的 CSOP 外壳为例进行说明。封装外形图应包括主视图、左视图、俯视图等，必要时给出局部放大图。CSOP 外形尺寸如图 1-13 所示。设计时，按照外形尺寸在图中标出尺寸符号，并列表给出每项尺寸的最大值、最小值、公称值、单位和备注等。

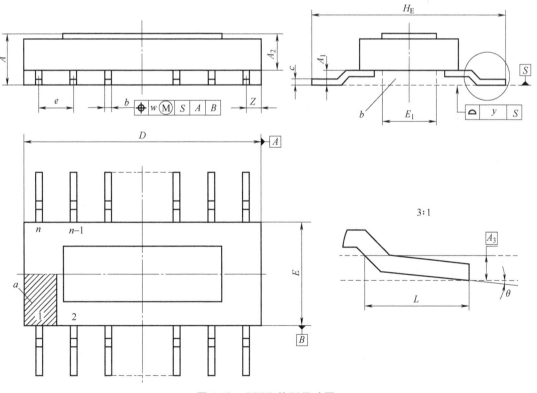

图 1-13　CSOP 外形尺寸图

一般典型的尺寸符号含义如下：

1）封装高度 A，安装面到封装最高点的距离。

2）支撑高度 A_1，安装面到封装基面之间的距离。

3）封装体厚度 A_2，基面到封装最高点的距离。

4）引出端宽度 b，引出端横截面较长尺寸。

5）引出端厚度 c，引出端横截面较短尺寸。

6）封装长度 D，在平行于安装面的一个面上测得的，不包括引出端的封装较长尺寸。

7）封装宽度 E，在平行于安装面的一个面上测得的，不包括引出端的封装较短尺寸。

8）引出端节距 e，相邻引出端中心理想位置之间的直线距离，用公称值表示。

9）总长 H_D，包括安装在长度方向的引出端在内的封装长度最大尺寸。

10）总宽 H_E，包括安装在宽度方向的引出端在内的封装宽度最大尺寸。

11）引出端长度 L，从安装面测得的引出端总长度。

12）引出端数 n，实际引出端数量。

1.3 封装工艺及检验

1.3.1 高可靠封装

高可靠集成电路的封装工艺流程包含划片、粘片、键合和密封四个工序，如图 1-14 所示。

图 1-14 高可靠封装工艺流程

划片，是封装工艺的开始，将一整张晶圆片利用物理切割、激光划片等方式分割成多个独立的芯片。

粘片，是固定芯片的过程，通过粘接或焊接（也有使用倒装焊），将芯片固定在管壳、基板上已经设计好的粘片区域中。

键合，指的是引线键合，通过金丝或铝丝实现芯片与管壳、基板之间的电连接。

密封，是封装的最后一个工艺步骤，把器件盖板和管壳通过烧结密封、电阻焊等方式实现连接，形成密封腔体。

虽然封装的主要工艺只有四步，但是正如海面上的冰山，其深远矣。几十年以来，国内外众多学者致力于封装技术研究，形成了大量有价值的文献和报道。本书第 2~5 章将分别介绍上述四个工序，并对封装技术领域各位前辈们的宝贵经验和结论进行汇总和整理，以便于读者系统学习。很值得感慨的是，近几年来，国内很多优秀的电子封装技术期刊上水平很高的文章的作者都是 90 后的青年，可见我国未来封装技术的发展将会越来越好。

1.3.2 检验

检验是确保封装高可靠性的重要手段，贯穿在封装工艺流程的始终。封装开始之前，在原材料阶段，就要观察、测量、检验原材料的各项指标是否达到要求。在封装过程中，划片、粘片、键合和密封每一步操作后，都要有相应的检验工序，通过目检及时发现和剔除不合格品，通过 SPC 监控工艺的稳定性。在封装工艺完成后，还要对器件进行筛选检验和一致性检验等。封装流程中的检验如图 1-15 所示。

图 1-15　封装流程中的检验

1.3.3　执行标准

（1）GJB 597B—2012《半导体集成电路通用规范》

该标准规定了半导体集成电路（称为器件或产品）生产和交付的一般要求，以及器件必须满足的质量和可靠性保证要求；规定了 B 级、BG 级和 S 级共三个产品质量保证等级；适用于半导体集成电路，包括单片集成电路和多片集成电路。

（2）GJB 2438B—2017《混合集成电路通用规范》

该标准规定了混合集成电路（含多芯片组件 MCM）及其类似电路的通用要求；适用于军事装备中使用的混合集成电路（含多芯片组件 MCM）及其类似电路。规范提供了四个产品质量保证等级，按从高到低的顺序分别为 K 级、H 级、G 级和 D 级。K 级是本规范的最高可靠性等级，预定供宇航用；H 级是标准军用质量等级；G 级是标准军用质量等级（H级）的降级；D 级是一个由承制方规定的质量等级。

（3）GJB 33A—1997《半导体分立器件总规范》

该标准规定了军用半导体分立器件的一般要求。器件具体要求和特性在相应军用详细规范中进行规定。该标准适用于半导体分离器件的研制、生产和采购。其质量保证等级分为普军级、特军级、超特军级和宇航级四级，分别用字母 JP、JT、JCT 和 JY 表示。

（4）GJB 7400—2011《合格制造厂认证用半导体集成电路通用规范》

该标准规定了半导体集成电路器件的通用要求，包括器件应满足的质量和可靠性保证要求，承制方列入合格制造厂商目录（QML）应满足的要求；规定了 V 级、Q 级、T 级、N 级（塑封器件）四个产品质量保证等级；是以过程基线的认证为依据，从设计、晶圆制备、封装等各个工艺过程提出具体要求的，强调工艺在线监控、统计过程控制（SPC）等，以保证器件的质量和可靠性；适用于半导体集成电路，包括单片集成电路和多片集成电路。

（5）GJB 548B—2005《微电子器件试验方法和程序》

该标准规定了军用微电子器件的环境、机械、电气试验方法和试验程序，以及为保证微电子器件满足预定用途所要求的质量和可靠性而必需的控制和限制措施；适用于军用及空间应用的微电子器件。

（6）GJB 9001B—2009《质量管理体系要求》

该标准规定的质量管理体系是对产品要求的补充，适用于内部或外部（包括认证机构）

评定组织满足顾客要求，适用于产品的法律法规要求和组织自身要求的能力。

（7）GJB 360B—2009《电子及电气元件试验方法》

该标准规定了电子及电气元件的基本环境、物理性质和基本电性能等方面的通用试验方法；适用于电阻器、电容器、电感器、电连接器、开关、继电器和变压器等电子及电气元件。

（8）GJB 3014—1997《电子元器件统计过程控制体系》

该标准适用于电子元器件的生产。该标准用于指导电子元器件的承制方建立和实施一个文件化的 SPC 体系，以便于有效地应用 SPC 技术，确保电子元器件满足产品规范要求，以及不断改进过程能力，提高产品质量和可靠性水平。

（9）GJB 4027A—2006《军用电子元器件破坏性物理分析方法》

该标准规定了军用电子元器件破坏性物理分析（DPA）的通用方法，包括 DPA 程序的一般要求，以及典型电子元器件 DPA 试验与分析的通用方法和缺陷判据；适用于有 DPA 要求的军用电子元器件。

（10）GJB 546B—2011《电子元器件质量保证大纲》

该标准规定了电子元器件质量保证大纲实施和管理的准则及要求；适用于为确保质量稳定，需对设备、材料和过程进行控制的电子元器件。

1.3.4 美国标准

1. 对照

在高可靠集成电路方面，有些美国军用标准与我国军用标准有所对应。下面举例说明。我国与美国部分相关标准对照如表 1-4 所示。

表 1-4　我国与美国部分相关标准对照

我国标准号	我国标准名	对应的美国标准
GJB 33A—1997	半导体分立器件总规范	MIL-PRF-19500
GJB 597B—2012	半导体集成电路总规范	MIL-PRF-38510
GJB 2438B—2017	混合集成电路总规范	MIL-PRF-38534
GJB 128A—1997	半导体分立器件试验方法	MIL-STD-750
GJB 360B—2009	电子及电气元件试验方法	MIL-STD-202
GJB 548B—2005	微电子器件试验方法和程序	MIL-STD-883
GJB 4027A—2006	电子元器件破坏性物理分析方法	MIL-STD-1580

2. 简介

下面就美国军用标准中有关高可靠集成电路的部分重要标准进行简要介绍。

（1）微电路试验方法标准 MIL-STD-883

该标准建立了适用于高可靠电子系统的微电子器件试验的统一的方法、控制和程序，包括用以确定对高可靠应用中自然因素和条件等有害影响的抵抗力的基本环境试验、机械和电气试验、工艺和培训程序，以及为确保适用于这些器件预期应用的统一质量和可靠性水平而被认为必要的其他控制和限制。在该标准中，术语"器件"包括单片、多芯片、薄膜和混合微电路、微电路阵列及形成电路和阵列的元件等。

（2）航天和运载火箭的电子零件、材料和工艺标准 MIL-HDBK-1547

该标准旨在帮助设计师及零件、材料和工艺（PMP）专家，来设计、开发和制造，在太空和运载火箭的极端条件和环境下运行时，需要长寿命或高可靠性的电子系统。该标准的目的是建立和维护一致和统一的方法，用于制定空间和运载火箭的设计、开发和制造中使用的电子部件、材料和工艺的技术要求。

（3）混合集成电路通用规范标准 MIL-PRF-38534

该标准建立了混合微电路、多芯片模块和类似器件的一般性能要求，以及确保这些器件满足适用性能要求的验证要求。验证是通过使用两个质量程序之一来完成的。

该标准的主体描述了性能要求和获得 QLM 列表的要求。该标准的附录旨在为制造商制定验证程序提供指导。相关详细要求、特定特性和其他对特定预期用途敏感的规定，应在适用的器件规范中指定。

（4）集成电路制造通用规范标准 MIL-PRF-38535

该标准建立了集成电路和微电路的一般性能要求，以及质量和可靠性的保证要求。

（5）半导体器件的性能规范、通用规范标准 MIL-PRF-19500

该标准建立了半导体器件的通用性能要求。其明细中规定了详细要求和特性。该标准及其明细的修订旨在确保相同类型器件的可替代性，无论生产数据代码或一致性检验，均由前缀 JAN、JANTX、JANTXV、JANJ、JANS 区分。JANTXV 和 JANS 质量水平提供了 8 个辐射加固等级。这些由质量水平后面的 M、D、P、L、R、F、G、H 字母指定。该标准提供了两个非密封器件的质量水平，即 JANHC 和 JANKC。

参考文献

［1］STRONG A W, WU E Y, ROLF-PETER V, et al. Reliability Wearout Mechanisms in Advanced CMOS Technologies［M］. Piscataway：Wiley-IEEE Press, 2009.

［2］李国良, 刘帆. 微电子器件封装与测试技术［M］. 北京：清华大学出版社, 2017.

［3］孙家坤, 姚鼎. 军用集成电路质量控制方法分析与探讨［J］. 环境技术, 2016, 34（6）：22-25.

［4］廖光朝. 二次筛选中电子元器件的可靠性保障［J］. 电子测试, 2007（6）：68-70, 77.

［5］董西英. 元器件二次筛选中的质量控制［J］. 企业技术开发, 2009（10）：105.

［6］SASANGKA W A. Characterization of Cu-Sn-In Thin Films for Three-Dimensional Heterogeneous System Integration［D］. Singapore：NTU, 2012.

［7］李一雷. 摩尔定律何去何从之一：摩尔定律从哪里来？摩尔定律到极限了吗？［EB/OL］.（2016-06-05）［2020-7-16］. https://zhuanlan.zhihu.com/p/21262505.

［8］ELEXCON 深圳国际电子展. 关于后摩尔时代产业链的分析和介绍［EB/OL］.（2019-10-23）［2020-7-16］. http://www.elecfans.com/d/1011270.html.

［9］童志义. 后摩尔时代的封装技术［J］. 电子工业专用设备, 2010（06）：1-8.

第**2**章 划 片

2.1 划片工艺概述

2.1.1 划片工艺介绍

半导体制造起始于对硅的加工，首先是将纯度达到 99.9999% 的硅晶柱切割成不同厚度的晶圆，一般来说 4in[⊖] 晶圆的厚度为 $520\mu m$，6in 的为 $670\mu m$，8in 的为 $725\mu m$，12in 的为 $775\mu m$。在晶圆上按照窗口刻蚀出一个个电路芯片，整齐划一地在晶圆上呈现出小方格阵列，每一个小方格代表着一个能实现某种特定功能的电路芯片。在半导体制造过程中，受到圆形影响，晶圆边缘一定区域芯片图形工艺不完整，大致有三种情况，如图 2-1 所示。考虑边缘区域图形不完整，制作掩模版时将其去除，每一个图形都是工艺、功能完整的晶粒，以便于良率统计、晶粒分拣、盲封。硅晶柱的尺寸越大，能切割出来的晶圆面积就越大，能产出功能完整的有效芯片晶粒数量就越多。所以芯片制造工艺越先进，晶圆尺寸越大，其中的每一只电路芯片的成本越能摊薄，半导体的生产成本就能下降。

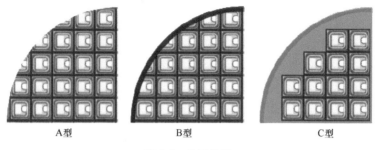

A型　　　　　　　B型　　　　　　　C型

图 2-1　晶圆边缘

半导体器件的发展方向是单个芯片越来越小，且单个芯片集成的晶体管数量越来越多。硅晶圆的发展趋势是晶圆尺寸越来越大，硅晶柱随着工艺的进步能生长为 1in、2in、4in、6in（约 150mm）、8in（约 200mm），近年来发展出 12in 甚至研发更大规格（14in、16in，甚至 20in 以上）。

⊖　in：英寸（旧也作吋），1in≈2.54cm。

16

一片晶圆上重复刻蚀了几只至几十万只电路芯片。晶圆上，电路芯片单元之间通过一定区域相互隔离开来，称作芯片晶粒；隔离区域称作划片槽，如图 2-2、图 2-3 所示。在使用芯片晶粒前需要通过有效的手段将其分割并单独取下。这时，就需要划片这道工序，将晶圆分割成一个个单独的芯片晶粒，再对芯片晶粒进行镜检、焊接、键合、封盖等工序，从而封装出能实现各种功能且不易被环境损伤的成品集成电路。

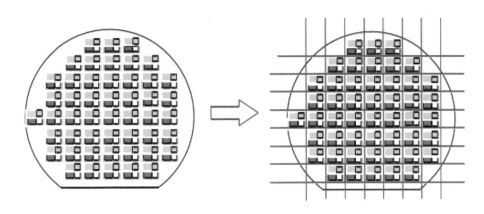

图 2-2　晶圆切割晶粒示意图

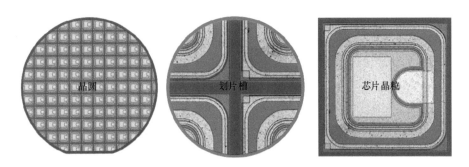

图 2-3　晶圆、芯片晶粒与划片槽

晶圆生产线制造好的一整片晶圆，在经过了探针台电测试后，通过切割工艺分割成制作集成电路所需的具有电气性能的独立芯片的过程，称为晶圆切割或划片。

图 2-4 给出了集成电路制造封装流程及划片工序位置。晶圆划片是电子封装工艺流程的首道工序，主要通过研磨、灼烧等方式完成分割。期间伴随着对晶圆的固定、清洗等工艺步骤，以保证芯片不被划片过程中产生的污物污染，保持晶粒的洁净度。同时，还要保证在划片过程中芯片电路功能的完整性和可靠性。

2.1.2　划片方式

最早的晶圆切割方法是物理切割，通过划片刀横、纵的切割运动，将晶圆分割成方形的芯片晶粒。现在，用金刚石砂轮划片刀（见图 2-5）进行晶圆切割的方法仍然占据主流地位。机械划片的力直接作用在晶圆表面，会使晶体内部产生应力损伤，容易造成芯片崩边及

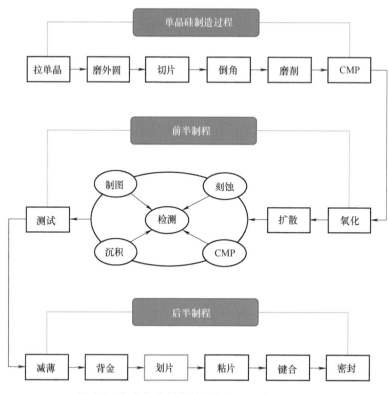

图 2-4　集成电路制造封装流程及划片工序位置

晶圆破损。特别是对厚度在 $100\mu m$ 以下的晶圆划片时，极易导致晶圆破碎。机械划片速度一般为 $8\sim10mm/s$，划片速度较慢，且要求划片槽宽度大于 $30\mu m$，高可靠电路的划片槽宽度则应更大，甚至达到 $50\sim60\mu m$，以确保芯片划片后的完整性和可靠性。一般芯片的预留划片槽宽度与切制用金刚石砂轮划片刀的推荐值如表 2-1 所示。机械划片原理示意如图 2-6 所示。

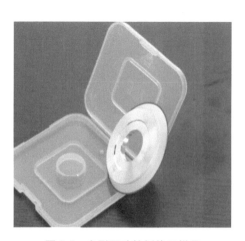

图 2-5　金刚石砂轮划片刀样品

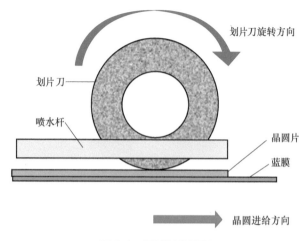

图 2-6　机械划片原理

表 2-1　一般芯片的预留划片槽宽度与切制用金刚石砂轮划片刀厚度的推荐值

划片槽宽度/μm	划片刀厚度/μm
50	15~20
50~64	20~25
64~76	25~30
76~89	30~35
89~102	35~41
102~127	41~51
127~152	51~64

激光切割属于无接触式划片，不对晶圆产生机械应力，对晶圆的损伤较小，可以避免芯片破碎、损坏等问题（见图 2-7）。由于激光在聚焦上可达到亚微米数量级的特点，对晶圆的微处理更具有优势。同时，激光划片速度可达 150mm/s，较机械划片速率有很大提高，并可以胜任较薄晶圆的加工任务，也可以用来切割一些较为复杂

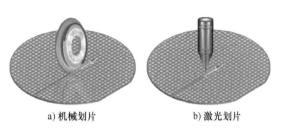

a) 机械划片　　　b) 激光划片

图 2-7　机械划片与激光划片

形状的芯片，如六边形。但是昂贵的设备成本是制约激光划片普及的因素之一。

2.1.3　划片工艺步骤

划片工艺开始前，首先要进行必要的准备工作；之后，是将待切割的晶圆片粘贴到蓝膜上，将蓝膜框架放入划片机开始划片过程，并实时清除掉划片产生的硅渣和污物；最后，把分割开的芯片拾取、保存，具体步骤如图 2-8 所示。

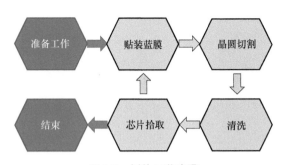

图 2-8　划片工艺步骤

1. 准备工作

采用乙醇、无尘布擦拭贴膜机，并用氮气枪吹净工作台面及区域，必要时，打开去离子风扇，吹淋工作区域，去除静电干扰。检查待划片的晶圆（见图 2-9），核对晶圆数量、批次信息，确保晶圆完好无破损。

2. 贴装蓝膜

贴装蓝膜后的晶圆如图2-10所示。

图 2-9 晶圆

图 2-10 贴装蓝膜后的晶圆

（1）蓝膜

蓝膜用来把晶圆背面固定在金属膜框上，起到固定晶圆、束缚晶粒的作用，从而使晶圆被切割分开成晶粒后晶粒不会散落。晶圆一般按照尺寸区分，这里的尺寸指的是晶圆的直径，常见的有6in、8in、12in。现在使用的高可靠电路，有一些稳定的老品种也使用4in晶圆。蓝膜也具有相应尺寸的不同规格。

蓝膜的特征参数是厚度与黏附力。大多数用于硅晶圆划片的蓝膜厚度为80~95μm。蓝膜的黏附力必须足够大，保证划片过程中能将已分离的每个晶粒牢牢地固定在膜上。当划片完成后，又能很容易地从膜上取下晶粒。

最常用的是普通蓝膜和紫外（UV）膜。普通蓝膜的成本大约是UV膜的1/3。UV膜的粘接强度是可变的，经紫外线照射之后，由于其粘接剂聚合发生固化，其黏附力减小90%，更易脱膜、揭膜，且无残留物。UV膜具有极强的黏附力以固定晶圆，即使小晶粒也不会发生位移或剥除问题。通过紫外线照射降低黏附力，即使大晶粒也能轻松分拣，应力极其微弱，且晶粒背面无残留物。

（2）贴膜框

贴膜框又称为晶圆环、膜框、金属框架等，采用金属材质，且具有一定的刚性，不会轻易变形，与贴膜机配套使用。贴膜框用于绷紧蓝膜，固定晶圆，便于后期的晶圆划片、晶粒分拣，避免晶圆切割后晶粒间由于蓝膜褶皱相互碰撞挤压而造成的损伤。

（3）装配过程

图2-11给出了晶圆、蓝膜及贴膜框的装配图，图2-12给出了晶圆、蓝膜及贴膜框的装配过程。首先，取出一片晶圆，正面朝下，背面朝上，将其放置在贴膜机工作盘上，打开真空开关，吸住晶圆。然后，将贴膜框放置在贴膜机工作台上，使其中心与晶圆中心对齐，并将侧边定位

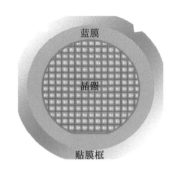

图 2-11 晶圆、蓝膜及贴膜框的装配图

框移动至贴膜框外侧,将其左右限位。最后,拉出足够长度的蓝膜,拉紧后,贴在贴膜机后部,覆盖整个贴膜框区域,用滚筒压过蓝膜,将晶圆、蓝膜及框架装配到一起。

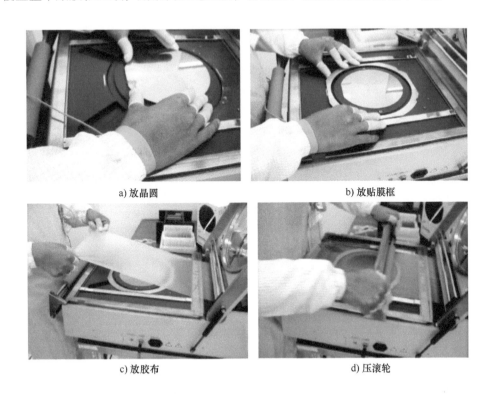

a) 放晶圆   b) 放贴膜框

c) 放胶布   d) 压滚轮

图 2-12 晶圆、蓝膜及贴膜框的装配过程

3. 晶圆切割

按照芯片大小将晶圆分割成单一的晶粒,用于随后的芯片贴装、引线键合等工序。

虽然,机械划片存在很多可靠性和成本上的问题,如晶圆机械损伤严重、晶圆划片线宽较大、划片速度较慢、需要冷却水切割、刀具更换维护成本较高等,但是,机械切割现在仍然是主要的划片方式。人们通过调整划片工艺参数、选择最佳的刀具类型、采用多次划片等方式,来解决机械划片中芯片崩边、分层、硅渣污染等问题。划片机切割晶圆如图 2-13 所示。

4. 清洗

晶圆切割过程中主要是清洗划片时产生的各种硅碎屑、粉尘,清洁晶粒,并对划片刀起到降温冷却作用。

冷却介质根据划切材料的质量要求,用去离子水或自来水及其他冷却介质。冷却流量一般用流量计调节控制流量大小,正常为 0.2~4L/min。流量大小要根据刀刃及划切材料的种类和厚度来调节,流量大会冲走划切中粘接不牢固的芯片,对特别薄的刀刃,流量大有时也影响刀刃的刚性;流量小又会影响刀刃寿命和划切质量。

5. 芯片拾取

用 UV 光照射后,UV 膜黏性减退,便于拾取分割好的晶粒,如图 2-14 所示。

图 2-13　划片机切割晶圆

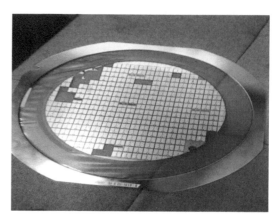

图 2-14　从 UV 膜上拾取所需芯片

表 2-2 给出了划片工序涉及的主要设备、部件及耗材和作用。

表 2-2　划片工序涉及的主要设备、部件及耗材和作用

阶　　段	主要设备、部件及耗材	作　　用
准备阶段	去离子风扇	除静电
	乙醇	清洁工作区域
	无尘布	清洁工作区域
	氮气	吹除污物
贴装蓝膜	贴膜机	实现晶圆片、蓝膜和框架的贴装
	蓝膜	贴装晶圆、粘结晶粒
	框架	支撑蓝膜
	刀具	裁剪多余蓝膜
	指套	防止晶圆沾污
晶圆切割	划片机	实现晶粒的切割
	氮气枪	吹洗晶圆
	划片刀	分割晶粒
清洗	去离子水	去除硅渣及污物、冷却
芯片拾取	镊子	取下晶粒

2.1.4　机遇与挑战

使用晶圆划片机的目的是希望基本无损地把整个晶圆划切成单个的集成电路芯片,然后进行装片和引线键合等工艺。由于划片的对象是成本昂贵的晶圆,所以设备必须具有高精度和高可靠性。在晶圆划片机方面要面对的主要挑战如下:

1)晶圆直径已经从 150mm、200mm 增加到 300mm,且集成度越来越高,芯片尺寸越来越小;切割道宽度也不断缩小,从 $75\mu mm$、$65\mu m$、$50\mu m$ 到目前的 $30\mu m$,这已经到了机械式砂轮划片的极限。

2）先进 3D 叠层封装要求晶圆及芯片的厚度越来越薄，甚至到了 50μm 以下，超薄晶圆对机械应力和热应力都非常敏感，要求划片过程应力残留越小越好。

3）低 K 介质层铜互联材料的多孔网状结构容易碎裂，金属材料对金刚石砂轮刀具有极强的黏粘性，必须寻找新的划切方法。

4）化合物半导体材料（GaAs、InP）和第三代半导体材料（SiC、GaN 和金刚石）的应用越来越广泛，这些高硬度材料的划切无论是对设备还是刀具都提出了新的要求。

5）由于电子封装行业对成本控制要求，以及高可靠集成电路对可靠性的根本要求，划片成品率应尽量达到 100%，一旦划片出现质量问题，往往可能导致整个晶圆甚至整个批次晶圆的损坏。

尽管砂轮划片这种机械划片方式至今并没有发生根本性的变化，但是以上这些挑战让设备厂商不得不探索新的划切方法。

2.2　划片刀及原理

2.2.1　划片刀组成

划片刀（Wafer Saw）主要由电铸镍基结合剂、金刚石/类金刚石等硬质颗粒组成。切割时由主轴带动刀片高速旋转获得高刚性，从而去除材料实现切割。由于刀片具有一定的厚度，要求划片线宽较大。金刚石划片刀能够达到的最小切割线宽为 25~35μm。切割不同材质、厚度的晶圆，需要更换不同的刀具。在旋转砂轮式划片过程中，需要采用去离子水对刀片进行冷却，并带走切割后产生的硅渣碎屑。

2.2.2　划片刀结构特点

划片刀表面粗糙，有凸起的硬质颗粒和刀口，如图 2-15 所示。普通刀具，刀尖表面较为光滑，刃部尖锐，刀尖与水平面的夹角 θ 较大；而划片刀的刀尖表面粗糙，刃部近似矩形，与水平面的夹角 θ 接近 0°，如图 2-16 所示。

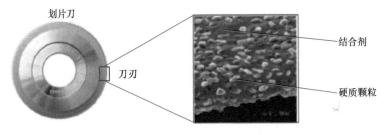

图 2-15　划片刀刀刃组成

1. 高速转动

普通刀具利用锋锐尖端在物体表面施加集中应力，可直接分裂物体进行切割。划片刀与普通刀具不同。因为本身结构、材质特性，在静态或低速转动时，划片刀无法实现切割，必须高速旋转获得高刚度，从而以碾碎去除材料的形式实现切割（见图 2-17）。在这种切割方

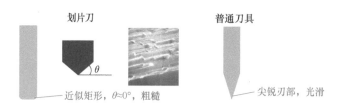

图 2-16　划片刀结构特点对比

式下，金刚石刀片以 30000~40000r/min 的高转速切割晶圆划片槽。同时，承载着晶圆的工作台以一定的速度沿刀片与晶圆接触点的切线方向呈直线运动，切割晶圆产生的硅屑被去离子水冲走。

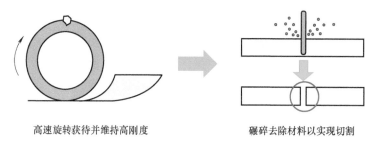

图 2-17　划片刀划片方式

2. 刀口

刀口是经磨刀后在刃部形成的，由顺刀方向硬质颗粒及其与结合剂尾端间的细微凹槽或空洞组成（见图 2-18），其根据刀片配方不同而变化。刀口具有排屑和冷却的作用，刀口的存在使刀片切割能力得以维持。

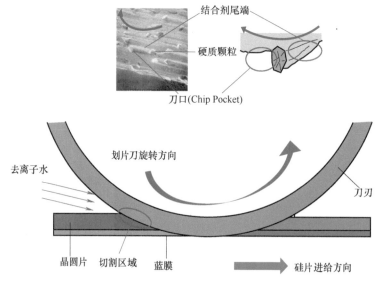

图 2-18　刀口运动机制

表 2-3 给出了 3 种划片刀刀刃材质参数，包括刀刃的磨料粒度号、浓度和结合剂强度。图 2-19 给出了基于镍基结合剂的金刚石划片刀刀刃扫描电镜（SEM）图。

表 2-3 3 种划片刀刀刃材质参数

序 号	磨料粒度号	磨料浓度	结合剂强度
1	M3/6	50	软（S）
2	M2/4	70	中（M）
3	M1/2	90	硬（H）

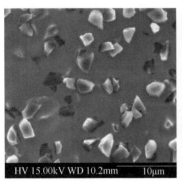 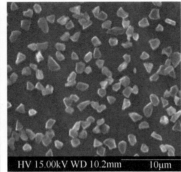 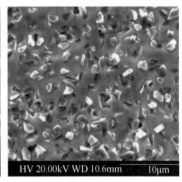

a) M3/6   b) M2/4   c) M1/2

图 2-19 基于镍基结合剂的金刚石划片刀刀刃扫描电镜图

2.2.3 划片刀切割机理

图 2-20 给出了划片刀切割机理示意。

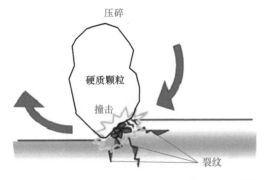 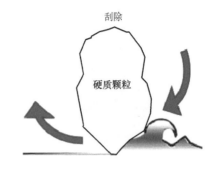

图 2-20 划片刀切割机理示意

1. 撞击

切割硅等硬脆性材料时，刀片依靠高速旋转使金刚石等硬质颗粒高频撞击晶圆，在表面形成微裂纹，压碎后利用刀口将碎屑带走。

2. 刮除

切割延展性金属材料时，刀口持续刮擦物体表面，将表面拉毛，刮除，并将碎屑排除。

硬质颗粒的撞击和刀口的刮擦使材料能够从物体表面剥离，同时刀口能够将碎屑及时排除。这两者协同作用以保持物体表面材料被持续剥离，达到切割的效果。

为了使去除的材料尽可能少，那么使用的划片刀越薄越好。但是，如果划片刀太薄，在切削过程中又很容易变形，导致加工质量变差甚至损坏工件。一般切割硅晶圆的刀片突出刃长度与硅晶圆厚度关系如表 2-4 所示。

表 2-4　刀片突出刃长度与硅晶圆厚度关系

硅晶圆厚度/μm	刀片突出刃长度/μm
小于 254	380~510
254~330	510~640
330~432	640~760
432~533	760~890
533~635	890~1020
635~762	1020~1140

2.2.4　刀刃与线宽

划片线宽指的是使用划片刀切割晶圆所需破坏的线条宽度尺寸，是划片工艺的特征尺寸，表征着划片工艺的技术水准。影响线宽的主要因素有以下三个：

1）刀片厚度。

2）崩边尺寸。

3）扩展尺寸。

图 2-21 给出了划片刀具与划片线宽的关系图。划片线宽与主要因素之间的关系如下：

$$W = t_{刀片} + 2w_{崩边} + 2w_{扩展} \tag{2-1}$$

式中，W 为划片线宽；$t_{刀片}$ 为刀片尺寸；$w_{崩边}$ 为崩边尺寸；$w_{扩展}$ 为毛刺扩展区域尺寸。

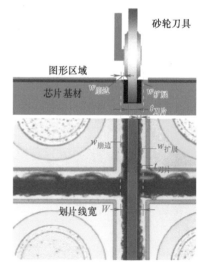

图 2-21　划片刀具与划片线宽的关系

2.2.5　刀片磨损

基于刀片切割运动形式（高速旋转、水平进给）及工作环境（去离子水及添加剂），刀片主要受以下作用影响：

1）机械应力，法向、切向压力及切屑的摩擦力。

2）热应力，摩擦导致的温升热应力。

3）化学腐蚀，切割水酸碱度（pH 值）及化学物质反应。

在一般情况下刀片连续切割，主要考虑机械应力导致的磨损。划片刀的组成、结构特点、运动模式和工作环境，决定刀片磨损主要为硬质颗粒断裂和结合剂磨耗两种模式。

1. 断裂

硬质颗粒在长期的撞击之下，某些颗粒会破裂而磨损，如图 2-22 所示。

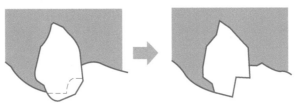

硬质颗粒受撞击破裂

图 2-22　硬质颗粒磨损

2. 磨耗

切割时，硬质颗粒外包裹的结合剂也会因磨损而越来越少，当结合剂减少到某种程度，不足以再承受切割物体和切屑的作用力时，硬质颗粒会自然脱落（见图 2-23），暴露出新的颗粒，形成新的刀口。

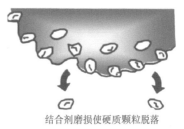

结合剂磨损使硬质颗粒脱落

图 2-23　硬质颗粒脱落

可以说，刀片在磨损的同时也是再生的过程。硬质颗粒断裂可在断裂面形成一些锐角，使刀片能够继续维持在锋利的状态，硬质颗粒会自然脱落，暴露出新的颗粒，形成新的刀口。在刀片和被切物之间，通过参数维持适当的磨损可使刀片保持相对稳定的切屑力。

研究表明，刀具在划片过程中的磨损可以分为两个阶段。第一个是过渡阶段，切割距离在 0~300m，划片缝宽度、刀具磨损率和表面粗糙度迅速增加。第二个是稳定阶段，切割距离在 300~2000m，刀具磨损率缓慢增长，划片缝宽度和表面粗糙度缓慢降低。这是由于，在过渡阶段，金刚石与刀片粘结较少的砂粒首先脱落，留下空穴，刀具表面粗糙度上升，并导致较大的切屑尺寸。在稳定阶段，大多数砂粒均匀地嵌入结合剂中，因此磨损均匀。因此，叶片的粗糙度趋于稳定。这两个阶段的划片机制是不同的，在过渡阶段，金刚石砂粒的冲击和摩擦力主导切割；在稳定阶段，晶圆靠金刚石摩擦力切割。图 2-24~图 2-26 分别给出了划片缝宽度、刀具磨损率、刀具表面粗糙度与切割距离的关系。

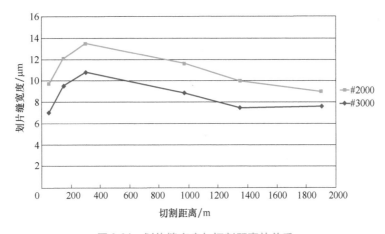

图 2-24　划片缝宽度与切割距离的关系

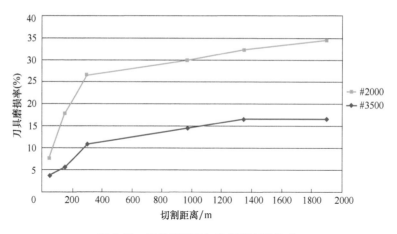

图 2-25　刀具磨损率与切割距离的关系

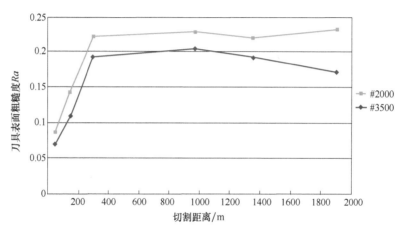

图 2-26　刀具表面粗糙度与切割距离的关系

2.3　崩边、分层及影响因素

因为硅材料的脆性，机械切割方式会对晶圆的正面和背面产生机械应力，从而在芯片的边缘产生正面崩边（Front Side Chipping，FSC）及背面崩边（Back Side Chipping，BSC）。正面崩边和背面崩边会降低芯片的机械强度，初始的芯片边缘裂隙在后续的封装工艺中或在产品的使用中会进一步扩散，从而可能引起芯片断裂，导致电性能失效。正面崩边多是芯片外延层崩裂，而背面崩边多是减薄后研磨层断裂。不同材质芯片崩边的机理和主要影响因素是有区别的，但本节主要探讨的是硅基芯片。

2.3.1　正面崩边

正面崩边指的是划片时，带有电路图形的芯片正面边缘产生裂纹或破损缺失一部分区域。如果崩边进入芯片电路图形内部，则其电性能和可靠性都会受到影响。图 2-27 给出了芯片正面裂纹。图 2-28 给出了芯片长距离崩边。图 2-29 给出了芯片崩边缺陷区域微观形貌。

图 2-27　芯片正面裂纹

图 2-28　芯片长距离崩边

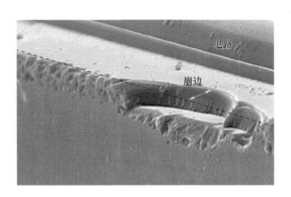

图 2-29　芯片崩边缺陷区域微观形貌

　　划片刀具选型与芯片崩边有很大关联性，主要体现在金刚石颗粒尺寸、结合材料硬度和颗粒密度三个方面。一般认为，较大的金刚石颗粒会降低切割质量，引起芯片正面崩边；小的颗粒能够减少正面崩边，但代价是划片效率降低。高密度的金刚石颗粒可以减少正面崩边，同时划片刀具的寿命也会更长。软的金刚石结合材料可以减少正面崩边，但也会降低刀具寿命。所以，在实际划片过程中，要在控制崩边尺寸与生产成本间进行平衡。也有人提出，对于硅基芯片正面崩边的主要影响因素是金刚石颗粒尺寸，而结合材料硬度和颗粒密度对正面崩裂尺寸基本无影响，因此，选用将大颗粒比例降到最低的优质划片刀，精确控制粒度分档，可以有效应对各类晶圆的正面崩边。正面崩边优化措施如表 2-5 所示。

表 2-5　正面崩边优化措施

序　号	影 响 因 素	优 化 方 向
1	砂轮转速	高速
2	金刚砂粒度	细（影响大）
3	结合剂	软（影响小）

（续）

序　号	影响因素	优化方向
4	金刚砂密度	高（影响小）
5	刀具安装	垂直晶圆
6	刀具主轴	稳定
7	薄晶圆	后处理

2.3.2 背面崩边

1. 减薄应力

在芯片制造的传递、流片过程中，需要晶圆具有一定的厚度；直到电路封装前，再对晶圆进行机械研磨，切削晶圆背面多余的基体材料，去除一定的厚度，这一工艺过程称为晶圆减薄工艺（见图2-30）。在晶圆减薄过程中，会在晶圆背面形成一定厚度的损伤层，而背面损伤层的存在破坏了晶圆内部单晶硅的晶格排列，使晶圆内部存在较大的应力。

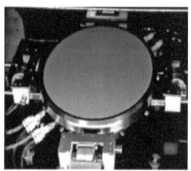

图 2-30　晶圆减薄工艺

划片时，晶圆内部的应力从芯片背面的切割面释放，形成不规则的微小裂纹；当这些微小裂纹足够长并汇合到一起时就产生了芯片背面崩裂（见图2-31）。晶圆内部存在的应力大小与损伤层的厚度成正比，损伤层的厚度又与研磨砂轮金刚砂直径成正比，所以选择小直径的砂轮，可以尽可能减小内部应力，避免芯片背面崩裂。

2. 薄晶圆翘曲

如果硅晶圆厚度达到 $300 \sim 400\mu m$，那么仍然具有足够的厚度来容忍减薄应力，其刚性足以使硅晶圆保持原有的平整状态。之后再继续减薄，晶圆自身抵抗上述应力的能力就变弱了，晶圆外部会发生翘曲（见图2-32）。晶圆翘曲度越大，其内部应力就越大，划片时应力释放也越大，越容易产生背面崩裂。

图 2-31　背面裂纹

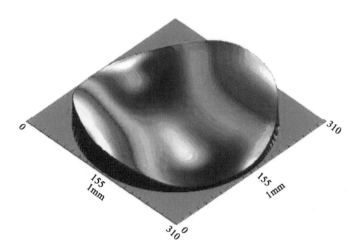

图 2-32　晶圆翘曲

3. 应对措施

背面崩裂的优化方法如表 2-6 所示。

表 2-6　背面崩裂优化

序　号	影 响 因 素	优 化 方 向
1	砂轮转速	高速
2	金刚砂粒度	细
3	结合剂	软
4	金刚砂浓度	低
5	刀具安装	垂直晶圆
6	刀具主轴	稳定
7	薄晶圆	后处理

（1）转速

砂轮转速对背面崩裂有影响，转速过慢切割晶圆能力不足，划片刀容易变钝；转速过快会使切割温度过高产生划片刀过载现象。所以，要选择合适的转速来有效控制芯片背面崩裂。

（2）金刚砂

划片刀具选型也与背面崩边有很大关联性。一般认为，划片刀金刚砂粒度对背面崩裂有影响，较小的颗粒容易在划片时从刀片上剥落，保持刀具"自锐性"，划片后晶圆背面崩裂小。较软的金刚砂结合剂，使金刚砂颗粒容易从刀具上剥落，露出新的颗粒，保持刀具的锋利，划片后晶圆背面崩裂小。低浓度金刚砂划片刀能减小晶圆背面崩角。总而言之，选用细金刚砂粒度，精准控制金刚砂浓度，配合软结合剂，可有效解决背崩问题。

（3）刀具安装

刀片安装正常的话，切割时是与工作台上的晶圆垂直的。如果刀片安装倾斜，会多发背面崩边现象。此外，划片时主轴振动也会引起大面积背面崩边。

（4）后处理

对于薄晶圆，需要采用化学机械抛光、干刻蚀和化学湿刻蚀等后处理方式去除残留缺陷、释放应力。这些方法可以显著地减小硅片的翘曲度，同时提高芯片的强度。

2.3.3　划片刀选型

金刚石划片刀选型要考虑三个要素：金刚石颗粒尺寸、浓度和结合剂。

（1）金刚石颗粒尺寸

金刚石颗粒尺寸影响硅芯片切割质量，在相同的转速下，较大的颗粒能磨掉更多的硅材料，但会降低切割质量，引起芯片正面崩边，金属与层间电介质（ILD）分层。另一方面，大颗粒尺寸可使刀具的寿命得到延长。

（2）浓度

高浓度的金刚石颗粒可以减少晶圆正面崩边；低浓度的金刚石颗粒可以减少晶圆背面崩边。

高浓度颗粒的金刚石刀具寿命长于低浓度的金刚石刀具。

（3）结合剂

软的结合剂可以凸显出金刚石颗粒的自锐效应，令金刚石颗粒保持尖锐的棱角形状，从而减少正面崩边、分层。

刀具选取的基本原则是越硬的材料划切选取越软的刀体材料，越软的材料划切选取越硬的刀体材料。如果硬脆材料划切选择硬刀具，划切时会出现一些背崩、背裂现象。

高密度结合剂则比低密度结合剂为划片刀带来更长的使用寿命。

划片刀的选用要兼顾切割质量和划片刀寿命。试验表明，优选 $2\sim4\mu m$ 的金刚石颗粒，较低的金刚石颗粒浓度和较软的结合剂，可以抑制低 k 介质晶圆的崩边和分层。

2.3.4　砂轮转速

在划片刀切割晶圆过程中，划片刀的转速、进给速度和芯片厚度需要匹配。如果划片刀转速太低，则芯片背面分割不充分，在进行分离时背面就会被强行分开，从而导入相当大的应力，使芯片背面产生裂纹和缺损。当划片刀转速从 30000r/min 变为 20000r/min 时产生的背面裂纹，如图 2-33 所示。但同时，正面没有明显影响。

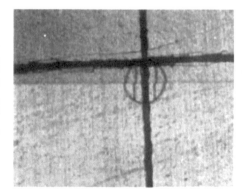

图 2-33　转速降低后背面裂纹

2.3.5　蓝膜粘接强度

蓝膜粘接强度对划片切割质量来说是一个重要指标。首先，期望在足以保证芯片切割后不分离、掉落的前提下，蓝膜的粘接强度尽量小，以便从蓝膜上拾取芯片，防止过大的拾取应力损伤芯片。另一方面，试验证明，提高蓝膜的粘接强度对降低低 k 介质晶圆背面崩边比较有效。一般选用的紫外光敏薄膜（即 UV膜），与硅芯片的粘接力，在经过紫外光照射后显著降低到原来的 3.75%。这样可以很好地兼顾划片、拾取的工艺需要。

2.3.6　晶圆厚度

为了切透较厚的晶圆，需要选用刀刃较高的划片刀；同时，考虑到划片槽的宽度有限，刀刃的宽度应该尽量窄。这时，选用的划片刀高度和宽度之比是较大的。所带来的后果是划片时机械摆动严重，在划片过程中会对晶圆引入了更大的机械应力。因此，这易引发厚晶圆背面崩边和分层问题。

采用分层划片方式切割厚晶圆，可以有效抑制分层和崩边。先采用较厚的刀具划开晶圆的上表面，达到某一深度 h_1；再采用较薄的刀具沿着第一次划片槽的中心位置继续划透剩余的晶圆，并深入到蓝膜内。

分层划片的原理，是采用不同的刀具，解决了较厚的芯片厚度难以划开的问题，并去除了正面崩边和背面崩边问题之间的耦合关系，把需要兼顾的一个问题拆解成了独立的两个问题去解决。用第一次划片和第一把刀具解决正面崩边问题，再用第二次划片和第二把刀具解决背面崩边问题。

分层划片的原理如图 2-34 所示。

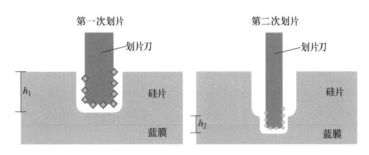

图 2-34　分层划片的原理

2.3.7　冷却水添加剂

晶圆切割过程中，产生的硅碎屑及金属颗粒会在晶圆片表面和划片刀表面堆积。这些堆积的硅碎屑及金属颗粒是造成芯片背面崩边的一个主要原因。同时，这些污物附着在芯片表面钝化层、金属化区域及焊盘上，会造成芯片污染（见图 2-35）。划片过程中划片机喷射的冷却水可以带走大量硅碎屑及金属颗粒。在冷却水中添加化学添加剂，可以降低冷却水的表面张力，抑制污物堆积，从而减少划片背面崩裂现象。

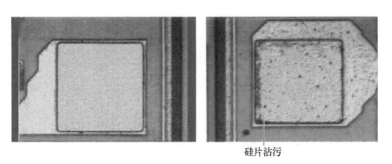

硅片沾污

图 2-35　晶圆切割导致的硅片沾污

2.3.8 划片参数

根据试验数据，划片刀转速、运动速度和切割深度是影响划片质量的三个重要因素。

1. 划片刀转速

划片刀转速的高低同样影响晶圆切割质量。过高的划片刀转速导致切割能力不足，切割时刀片容易变钝，切割温度过高产生刀片过载现象，切割崩裂大，同时刀磨耗量大。过低的划片刀转速会出现芯片未被完全划开，即背面还没有划开，在进行分离时背面就被强行分开，由于导入相当大的应力，使芯片背面产生裂纹和缺损。

2. 运动速度

运动速度是指划片刀进给速度，速度过快时，磨损的金刚砂颗粒不能及时脱落更新，会造成划片刀过载，导致刀刃表面粗糙度上升、刀具损耗及划片缝变宽；但速度太慢，容易造成硅渣在晶圆表明残留污染。

3. 切割深度

美国学者比法诺（Bifano T. G.）在对玻璃、陶瓷等脆性材料做了大量磨削实验的基础上，得到的超精密磨削中的临界切削厚度公式如下：

$$d_c = 0.15 \frac{E}{H}\left(\frac{K_c}{H}\right)^2 \tag{2-2}$$

式中，d_c 为临界切削厚度；E 为材料的弹性模量；H 为材料硬度；K_c 为材料的断裂韧性。不同粒度的磨粒对材料表面的影响是不同的。

2.4 激光切割

2.4.1 激光切割的优势

随着厚度不断减薄，晶圆会变得更为脆弱，因此机械划片的破片率大幅增加，而此阶段晶圆价格昂贵，百分之几的破片率就足以使利润全无。另外，当成品晶圆覆盖金属薄层时，问题会变得更加复杂，金属碎屑会包裹在金刚石刀刃上，使切割能力大大下降，严重的会有造成破片、碎刀的后果；崩边现象会更明显，尤其是交叉部分破损更为严重。当机械划片遇到无法克服的困难时，人们自然想到用激光来划片。

激光划片可进行椭圆等异形线型的划切，也允许晶圆以更为合理的方式排列，可在同样大的晶圆上排列更多的晶粒，使有效晶粒数量增加（见图 2-36）。对于六边形等异形芯片，机械划片难以处理，激光划片可发挥其优势。不规则芯片拼版如图 2-37 所示。

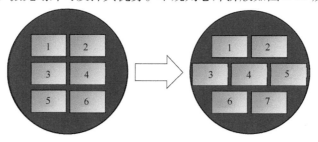

图 2-36　有效晶粒数量增加

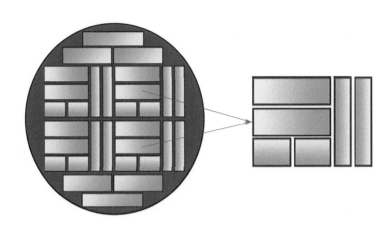

图 2-37　不规则芯片拼版

2.4.2　紫外激光划片

1. 原理与关键参数

与 YAG 和 CO_2 激光通过热效应来切割不同，紫外激光直接破坏被加工材料的化学键，从而达到切割目的，这是一个"冷"过程，热影响区域小。另外，紫外激光的波长短、能量集中且切缝宽度小，因此在精密切割和微加工领域具有广泛的应用。表 2-7 和表 2-8 分别给出了激光划片设备的关键参数和工艺关键指标。

表 2-7　激光划片设备关键参数

序　号	设备关键参数
1	激光波长
2	最大功率
3	脉冲频率
4	工作面积
5	定位移动精度
6	定位分辨率

表 2-8　激光划片工艺关键指标

序　号	工艺关键指标
1	划片宽度
2	划片深度
3	芯片侧边质量

目前，激光划片设备采用工业激光器，波长主要有 1064nm、532nm、355nm 三种，脉宽

为 ns（纳秒）、ps（皮秒）和 fs（飞秒）级。理论上，激光波长越短脉宽越短，加工热效应越小，越有利于微细精密加工，但成本相对较高。

2. 光斑直径

光斑直径是指光强降落到中心值的点所确定的范围，这个范围内包含了光束能量的 86.5%。在理想情况下，直径范围内的激光可以实现切割。实际上，划片宽度略大于光斑直径。

在划片时，聚焦后的光斑直径当然是越小越好，这样划片所需的划片槽尺寸就会越小。相应方法就是减小焦距。但是，减小聚焦镜焦距的代价就是焦深会缩短，使得划片厚度减少。因此，焦距的确定需要综合考虑划片的厚度和划片槽的宽度。

3. 功率

激光功率是影响划片深度和划片宽度的主要因素，在其他参数固定不变时，划片宽度和划片深度随着激光功率的增加而增大，功率对划片宽度和划片深度的影响如图 2-38 所示。这是因为，紫外激光虽然属于"冷切割"，但还是存在一定的热效应，热量会积累在切割处。当激光功率一定时，晶圆受到照射的时间越长，获得的能量就越多，烧蚀现象就越严重。

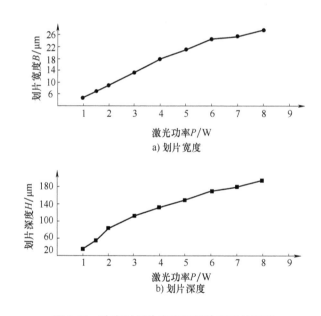

图 2-38　功率对划片宽度和划片深度的影响

4. 频率

频率会影响激光脉冲的峰值功率和平均功率，从而对划片深度、划片宽度和划片质量均产生影响。增大频率，脉冲峰值功率会下降，但整体平均功率会上升，这相当于在划片过程中提供了更高的能量，又避免了激光功率持续输出产生的热效应累积，给热量的耗散预留了空间。

试验表明，在其他参数不变的情况，频率小于 10kHz 时，划片声音尖锐刺耳，划片深度较浅，划片宽度较宽；频率增大，划片深度增加，划片宽度减少。当频率达到 50kHz

时，划片深度最大；当频率继续增大，划片深度开始减小。这是由于，在较小的频率下，虽然单个脉冲的峰值功率高，但是总体平均功率处于较低水平，虽然切割范围大，但却无法达到理想深度；频率增大以后，单个脉冲峰值功率有所下降，但是总体平均功率持续升高，到达临界频率时，可以得到较理想的划片深度和较窄的划片宽度；再增大频率，单个脉冲的峰值功率偏低，不足以对硅片进行"切割"，即使平均功率很高，划片深度也趋于变小。

5. 速度

划片速度决定了激光聚焦在晶圆上划片槽某一区域的时间，也就是决定了在某一区域内输入的划片功率，因此会直接影响划片深度和划片宽度。值得一提的是，激光光斑对划片槽区域硅材料切割线可以看成是一个又一个光斑切割微圆叠加而成的，较高的频率和适当的速度可以得到致密、均匀的切割痕迹，速度太快或频率不足则相邻两个切割微圆的圆心较远，芯片切割边缘呈巨齿状，切割质量下降。

综上，划片功率、频率、速度等参数共同影响了划片宽度、划片深度、划片质量等划片的关键指标。

2.4.3 激光隐形划片

激光隐形划片（Stealth Dicing，SD），是将激光聚焦在材料内部，形成改质层，然后通过裂片或扩膜的方式分离芯片，该技术应用于 MEMS、存储和逻辑器件的薄或超薄芯片，以及如 CMOS、CCD 的成像设备。激光划片表面无粉尘污染，几乎无材料损耗，加工效率高。实现激光隐形划片的两个条件：材料对激光透明；有足够的脉冲能量产生多光子吸收。图 2-39 给出了厚度为 50μm、直径为 200mm 的晶圆激光隐形划片后效果。图 2-40 和图 2-41 给出了激光隐形划片芯片及侧截面的微观形貌。

图 2-39　厚度为 50μm、直径为 200mm
晶圆激光隐形划片后效果

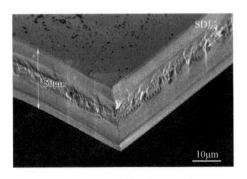

图 2-40　隐形划片芯片微观形貌

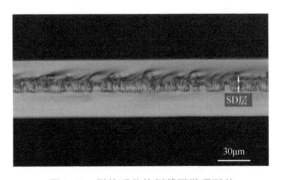

图 2-41　裂片后芯片侧截面微观形貌

2.4.4 微水刀激光

在激光"冷切割"过程中，热量的堆积也会引发硅片熔体的溅射，少许熔融的高温小颗粒会以极高的速度从切割道中溅射出来，附着在切割道两旁的晶圆表面上，在冷却的过程中会和晶圆融为一体，污染晶圆表面，甚至引发短路。

有人提出微水刀激光这一解决措施，在激光划片过程中提供微水柱冲刷晶圆表面，激光在微水柱中全反射，形成微水刀，切割晶圆，并利用微水柱带走热量，使高温熔融的小颗粒在溅射到晶圆表面之前被冷却并被带走，或者直接令硅片冷却使熔融体无法形成，其原理如图 2-42 所示。

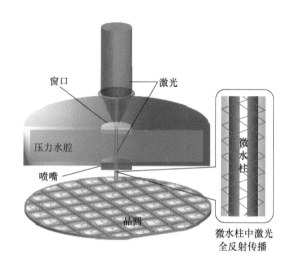

图 2-42　微水刀激光原理

微水刀激光加工无热影响区，不烧蚀晶圆，划片道干净，无熔渣、无毛刺、无热应力、无机械应力、无污染，适合半导体电子、医疗、航天等高精密器件的切割加工。而且，微水刀激光划片速度可以达到传统的砂轮划片速度的 5 倍以上。

但该技术难度大，相关的设备成熟度不高，作为易损件的喷嘴制作难度大，如果不能精确稳定地控制微细水柱，飞溅的水滴会烧蚀芯片，从而影响成品率。

此外，还要注意防护激光辐射！

2.5　划片工艺面对的挑战

2.5.1　超薄晶圆

硅芯片上的电路布线层厚度一般为 $5\sim10\mu m$，这仅占芯片总厚度很小的一部分。为了保证芯片完整性，必须有足够厚度的支撑层，因此，硅晶圆的厚度极限为 $20\sim30\mu m$。总厚度 90%左右的衬底材料是为了保证晶圆在制造测试和运送过程中有足够的强度。超薄晶圆容易弯曲。图 2-43 和图 2-44 所示的超薄硅晶圆和玻璃晶圆，都比较容易弯曲。

高可靠集成电路芯片的厚度一般减薄到 $300\mu m$；有的更薄一些，为 $250\mu m$ 或 $200\mu m$。

一些智能卡所用的芯片厚度已减到 $100\mu m$ 以下，高性能电子产品的立体封装需要厚度小于 $50\mu m$ 甚至 $30\mu m$ 的超薄芯片。

图 2-43　超薄硅晶圆

图 2-44　超薄玻璃晶圆

金刚石砂轮划片工艺在超薄晶圆加工方面遇到了更多的挑战，激光划片则提供了另一种解决方案。

2.5.2　低 k 介质晶圆

硅芯片导线和介质寄生的电阻、电容和电感等，会产生传输延时、串扰噪声和功率损耗。为了提高芯片传输速度和效率，一方面，要减小电阻率，采用铜（电阻率 $1.75\times10^{-8}\Omega\cdot m$）导线代替铝（电阻率 $2.83\times10^{-8}\Omega\cdot m$）导线；另一方面，用低 k 介质（$k<3$）代替 SiO_2（$k=3.9\sim4.2$），降低金属互连层间的绝缘层的介电常数 k，以满足 90mn 以下工艺对 k 的要求。

由于材料本身的性质，低 k 介质晶圆的划片缺陷较多，且不同于非低 k 介质晶圆的划片缺陷。有研究人员研究了划片刀具选型与低 k 介质晶圆崩边的关联性，他们认为较大的金刚石粒度可以在相同刀具转速下，磨去更多的硅材料，它会降低切割质量，尤其是会发生正面崩角和分层。实验还发现，金刚石颗粒浓度高可以延长划片刀的寿命，同时也可以减少晶圆背面崩裂。金刚石颗粒浓度低可以减少正面崩边。软的结合剂能够保持金刚石颗粒的"自锐效应"，因而可以减少正面崩边或分层，但代价是划片刀寿命缩短。这与之前提到的普通硅基芯片崩边情况稍有差别，主要体现在金刚石颗粒浓度大小对正面、背面崩裂的影响上。

另一方面，激光划片被应用到低 k 介质晶圆上。激光光束并不是切割低 k 介质层，而是依靠激光能量产生的高温熔化金属层，因此，对金属层产生的机械应力很小，所以不会产生分层现象。先采用激光开槽，再结合刀具机械划透的混合划片方式，也被用在低 k 介质晶圆划片上。

低 k 介质晶圆芯片边缘的金属层与 ILD 层的分层和剥离也是一个主要缺陷。只要能止步于铜密封环外，在划片槽上金属与 ILD 分层是允许的。这主要是因为，低 k 介质硅晶圆采用铜作为互连线与介质的附着力差，当金刚砂轮切割铜等软而富有延展性的材料时，会把这些材料带走，使更多的剪切应力作用于铜导线层和 ILD 层，引发分层现象。

2.5.3 砷化镓

作为第二代半导体，砷化镓（GaAs）单晶价格昂贵，相当于同尺寸硅单晶的 10~30 倍。砷化镓材料性脆而硬，是典型的硬脆材料。划切流程效率低，加工质量不稳定，导致成品率低下。尤其对于同一张晶圆，其两个方向上的划切效果截然不同。

砷化镓晶体一般有<1 1 1>、<1 0 0>、<2 1 1>等晶向。晶体的解理，就是当晶体受到定向机械应力的作用时，可以平行一个或几个平整的面分裂开的性质。这些分裂的平整平面称为解理面。在砷化镓晶体中，镓原子带负电，砷原子带正电。因此在<1 1 1>晶面与<-1 -1 -1>晶面之间存在静电引力作用，外来的机械作用力不易把它们分裂开。而在每个<1 1 0>晶面间上都有相同数目的镓原子和砷原子，所以<1 1 0>晶面间不存在静电引力。同时，因<1 1 0>晶面间单位面积上作用的键数仅比<1 1 1>晶面多，而比其他晶面都少，所以<1 1 0>晶面在外来机械作用力的作用下极易分裂开，成为极完整的解理面。解理面方向切割如图 2-45 所示。解理面垂直方向切割如图 2-46 所示。

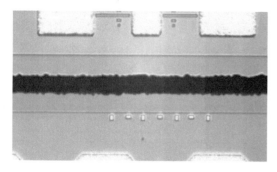

图 2-45　解理面方向切割

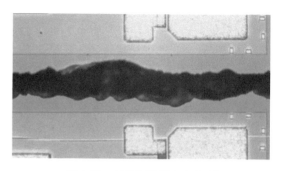

图 2-46　解理面垂直方向切割

研究认为，划片刀配方对砷化镓晶圆和硅晶圆划切崩裂尺寸的影响规律是不同的。研究人员对金刚石砂轮切割碳化硅晶圆过程中崩边的影响因素开展了研究。研究结果表明，磨料粒度对崩边情况的影响很大，而结合剂强度及磨料浓度的影响几乎可以忽略。图 2-47 给出了正面崩边主要影响因素的帕累托图。图 2-48 给出了磨料粒度对正面崩边尺寸的影响规律。图 2-49 给出了背面崩裂主要影响因素的帕累托图。图 2-50 给出了磨料粒度对背面崩裂尺寸的影响规律。

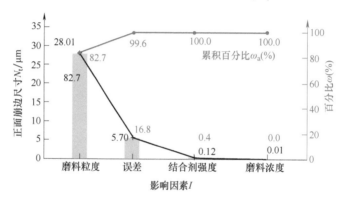

图 2-47　正面崩边主要影响因素帕累托图

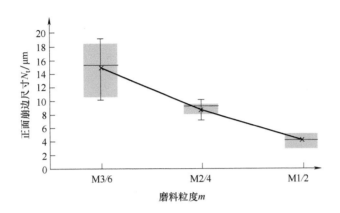

图 2-48 磨料粒度对正面崩边尺寸的影响规律

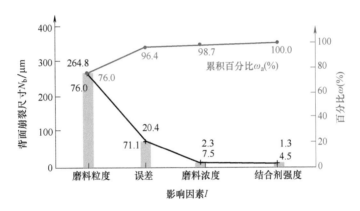

图 2-49 背面崩裂主要影响因素帕累托图

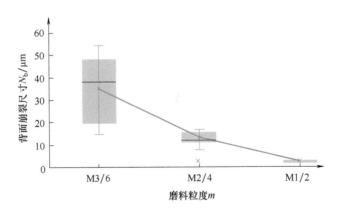

图 2-50 磨料粒度对背面崩裂尺寸的影响规律

在超精密磨削过程中，金刚石砂轮磨料粒度的大小必然会影响临界切削厚度，磨料粒度越细正背侧面崩裂尺寸越小。如图 2-51 和图 2-52 所示，磨料粒度分别为 3500# 和 4800#，在同等的划切条件下，分别进行划切实验，4800# 划切质量更好，并且划切稳定。

 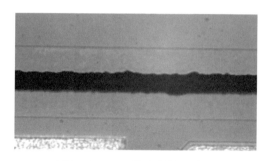

图 2-51　3500#粒度划片刀效果　　　　　图 2-52　4800#粒度划片刀效果

2.5.4　碳化硅

作为第三代半导体材料，碳化硅（SiC）是宽禁带半导体器件制造的核心材料，如最常用的 4H-SiC 的禁带能量是 3.23eV。材料带隙（即禁带能量）决定了器件很多性能，包括光谱响应、抗辐射、工作温度、击穿电压等。击穿电场和热导率决定了器件的最大功率传输能力。SiC 热导率高达 5W/(cm·K)，比许多金属还要高，因此非常适合用来制作高温大功率器件和电路。综上，SiC 器件具有、耐高温、耐辐射、抗干扰、体积小、重量轻等诸多优势，是目前硅和砷化镓等半导体材料所无法比拟的。

SiC 是 Ⅳ-Ⅳ 族二元化合物半导体，具有很强的离子共价键，结合能量稳定。SiC 热稳定性很好，可以工作在 300~600℃。SiC 硬度高，耐磨性好，常用来研磨或切割其他材料，这就意味着对 SiC 衬底的划切非常棘手。

如果采用金刚砂轮划片，金刚砂的莫氏硬度为 10 级，仅比硬度为 9.5 级的 SiC 略高，反复地低速磨削不仅费时，而且费力，同时也会造成刀具频繁磨损。例如，4in SiC 晶圆划切每片需要 6~8h，且易造成崩边缺陷。

采用激光全划切割 SiC 芯片时，355nm 紫外激光加工热效应小，但未完全气化的熔渣会在切割道内粘连堆积，使得切割断面不光滑，附着的熔渣在后续工艺环节容易脱落，影响器件性能（见图 2-53）。1064nm 的皮秒激光器采用较大的功率，划切效率高，材料去除充分，断面均匀一致，但加工热效应太大，芯片设计中需要预留更宽的划片槽。

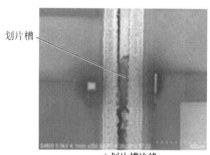 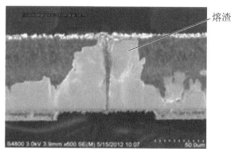

a) 划片槽边缘　　　　　　　　　b) 划片槽横截面

图 2-53　355nm 激光划切 SiC 晶圆

试验表明，激光隐形切割加裂片是切割 SiC 晶圆的一种良好方式。1064nm 激光光子能量小于 SiC 材料的吸收带隙，SiC 晶圆对 1064nm 激光在光学上呈透明特性，满足隐形划切的条件。实际的透过率与材料表面特性厚度掺杂物的种类等因素有关，实测 300μm 厚晶圆的激光透过率约为 67%。选用脉冲宽度极短的皮秒激光，多光子吸收产生的能量不转换成热能，只在材料内部引起一定深度的改质层，改质层是材料内部裂纹区、熔融区或折射率变化区。然后，通过后续的裂片工艺，晶粒将沿着改质层分离。SiC 材料解理性差，改质层的间隔不能太大。有试验采用 JHQ-611 全自动划片机，划切 22 层，划切速度 500mm/s，裂开后的断面比较光滑、崩边小、边缘整齐，如图 2-54 所示。

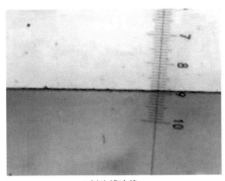
a) 划片槽边缘

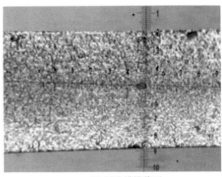
b) 划片槽横截面

图 2-54　激光隐形划切 SiC 晶圆

参考文献

[1] 杨宏亮. 全自动划片机关键技术及工艺研究 [D]. 长沙：湖南大学，2018.

[2] 王志越，易辉，高尚通. 先进封装关键工艺设备面临的机遇和挑战 [J]. 电子工业专用设备，2012，41（4）：1-6，12.

[3] LIN J W，CHENG M H. Investigation of chipping and wear of silicon wafer dicing [J]. Journal of Manufacturing Processes，2014，16（3）：373-378.

[4] 王志杰. 半导体封装划片工艺及优化（一）[J]. 集成电路应用，2009（1）：47-48.

[5] 张迪，崔庆安，祝小威，等. 划片刀配方对砷化镓晶圆切割崩裂的影响 [J]. 金刚石与磨料磨具工程，2020，40（01）：61-66.

[6] 秦岭农民. 半导体晶圆划片磨损机理简释. [EB/OL]. （2021-01-21）[2021-03-15]. https://mp.weixin.qq.com/s/G2zsi73bvJ44iMBHxaUUVg.

[7] 王志杰. 半导体封装划片工艺及优化（二）[J]. 集成电路应用，2009，5（3）：42，44.

[8] 刘定斌，胡超先，张燕. 晶圆切割崩裂的成因和预防措施探讨 [J]. 中国集成电路，2013，22（6）：56-60.

[9] 龚平. 晶圆切割中背面崩裂问题的分析 [J]. 电子与封装，2008，8（7）：1-5.

[10] 吴建忠，张林春. IC 封装中引起芯片裂纹的主要因素 [J]. 电子与封装，2009，9（4）：33-36.

[11] 赵腊玲. Low-k 介质硅晶圆切割崩裂失效研究 [D]. 苏州：苏州大学，2016.

[12] BIFANO T G，DOW T A，SCATTERGOOD R O. Ductile-regime grinding：a new technology for machining brittle materials [J]. Journal of Engineering for Industry，1991，113（2）：184-189.

[13] 杨伟，彭信翰，张骏. 紫外激光切割晶圆的工艺研究 [J]. 电子工艺技术，2009，30（1）：37-40，52.

［14］高爱梅，黄卫国，韩瑞. 碳化硅晶圆划片技术研究［J］. 电子工业专用设备，2020，49（1）：32-35.

［15］BORKULO J V，EVERTSEN R，STAM R. A more than Moore enabling wafer dicing technology［C］//2019 IEEE 69th Electronic Components and Technology Conference（ECTC），May 28-31，2019，Las Vegas，Nevada. New York：IEEE，c2019：423-427.

［16］BORKULO J V，STAM R. Laser-based full cut dicing evaluations for thin Si wafers［C］//2018 IEEE 68th Electronic Components and Technology Conference（ECTC），May 29-June 1，2018，San Diego，California. New York：IEEE，c2018：1951-1955.

［17］KUMAGAI M，UCHIYAMA N，OHMURA E，et al. Advanced dicing technology for semiconductor wafer—stealth dicing［J］. IEEE Transactions on Semiconductor Manufacturing，2007，20（3）：259-265.

［18］荣宇. 微水刀激光划片机的切割原理［J］. 科技展望，2015，25（7）：157.

［19］郎小虎，张玮琪，孙彬，等. 砂轮划片机在砷化镓材料切割中的应用研究［J］. 电子工业专用设备，2014，43（4）：12-14，53.

第 3 章 粘 片

3.1 粘片工艺概述

3.1.1 粘片工艺介绍

粘片是完成芯片和管壳之间连接和固定的一道工艺，实现了封装对芯片基本功能中的固定功能和芯片背面电连接的功能。粘片，是行业内对这一工序的泛泛的称呼，因为粘片的主要作用是固定芯片，因此也称为固晶工艺、贴片工艺。粘片这一工艺英文为"Die Bonding"或"Die Attach"。

"粘"，在生活中一般是指用胶将两个物体连接起来，这是一个物理连接的过程，因此粘片这一称呼用来描述芯片的导热胶粘接工艺更加生动和贴切。与此相对的另一种使用合金焊料片将芯片焊接在管壳、基板、载体上的工艺过程，被称为芯片烧结、合金烧结或合金粘片等，这是一个有多种金属参与的复杂的反应过程。

芯片和外壳或基板之间的贴装方式主要有导热胶粘接和合金焊料烧结（这里不介绍倒装焊）。导热胶对被粘接芯片和外壳的要求相对低一些，只需要保证原材料的清洁，导热胶就能有效固化并完成粘接。烧结需要合金焊料，焊料的可焊性、熔点、机械强度、热膨胀系数等均影响焊接的质量和可靠性。这些是材料生产厂商需要考虑和优化的问题。封装厂要做的，就是去选取一款适合的成熟焊料片，然后在器件中使用。每一种焊料片，由于其成分的配比、本身的性质固定，其焊接所需的合适的条件也是相对固定的，不需封装厂开展很多研究，只需要使用对应的烧结曲线完成这些焊料和芯片的焊接即可。从这个角度看，粘片工艺对后期技术研发的依赖性相对较低。

但是，国内外仍然有大量的研究集中在粘片工艺上。这主要是因为，设备存在波动、焊料存在变质、原材料有缺陷、背面金属化层有质量问题等，影响了粘接和焊接的正常进行，必须通过研究和分析找到问题所在。特别是在早期，原材料的氧化问题、人员手工贴片的手法差异问题、设备真空度瓶颈问题和保护气氛的施加方式问题等，给粘片工艺稳定性引入了很大的波动，使得为了得到良好焊接效果所需使用的粘片工艺参数出现很大的不确定性。此外，粘片工艺在封装中，是顺序比较靠前的工序，后续工序，还会对粘片可靠性产生影响。因此，在设计封装工艺方案时，要统筹包括粘片在内的各个工序间的匹配关系，包括温度的梯度、应力的叠加等，以免后续工艺影响了粘片质量。与此同时，不但其他工序会影响粘片，粘片也会影响其他工序。比如，粘片过程的偏移是器件小型化过程中需要应对的挑战，导热胶的胶晕影响键合丝与管壳的键合强度等。

不管怎样，粘片工序仍然是集成电路封装工艺中，最基本、最关键的工艺之一。值得一提的是，后续筛选考核中，包括热冲击、温度循环、机械冲击、扫频振动、恒定加速度等试验，都是在考核粘片可靠性，可见这一工艺可靠性十分重要。

3.1.2 粘片工艺的选择

导热胶粘接和合金烧结两种粘片方式，具有各自的优缺点。

导热胶粘接适用性很强，可以用于粘接大多数的芯片和器件。但导热胶的热膨胀系数较高，与陶瓷、金属、硅芯片的匹配不如焊料，容易发生热失配。另外，导热胶等胶黏剂吸附气体，并在服役过程中缓慢分解释放有害气体，会对器件内部产生危害。

合金烧结可靠性很高，具有较高的焊接强度、电导率和热导率。对于高可靠器件，一般要求使用合金焊料烧结粘片，以满足器件服役环境的大温区变化、高应力冲击等条件。有一些焊料可能出现颗粒飞溅问题。

每一种导热胶的固化温度不同，所能耐受的环境温度也不同，超过耐受温度后，导热胶粘接易发生失效。合金烧结的器件再次经受超过固化温度的环境考验时，焊接材料会重熔，这时芯片容易脱落，或者形成氧化、更多的焊接空洞等。

综上，在选择粘片工艺时，需根据产品的性能指标要求去选用不同的粘片工艺。

3.1.3 粘片质量标准——剪切强度

评价粘片质量的好坏，常见的方法是剪切应力试验。芯片粘接或烧结的强度就是芯片粘结强度。按照 GJB 548B—2005 中方法 2019.2 芯片剪切强度中固定的方法开展试验。芯片粘结强度与芯片面积存在关联，方法中给出了粘结强度是否合格的判据，如图 3-1 所示。

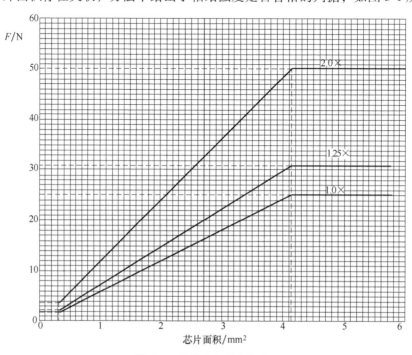

图 3-1 芯片剪切强度标准

当芯片粘结面积大于 4.13mm²，应最小承受 25N 的力或其倍数。

当芯片粘结面积大于或等于 0.32mm²，但不大于 4.13mm² 时，芯片承受的最小剪切强度可通过图 3-1 所示的标准确定。

当芯片粘结面积小于 0.32mm²，应承受的最小剪切强度为 1 倍时的 6N/mm² 或 2 倍时 12N/mm²。

3.1.4 粘片质量指标——空洞率

高可靠的集成电路产品，一般使用烧结粘片，并对芯片焊接空洞率提出要求。当存在以下任意一种情况时，粘片空洞率不合格：

1）接触区空洞超过整个接触面积的 1/2。

2）单个空洞横贯半导体芯片的整个长度或宽度范围，并且超过整个预定接触面积的 10%。

3.2 导热胶粘片

3.2.1 粘接原理

芯片粘接是指用胶黏剂在芯片与管壳、基板等载体之间形成一层互连材料，通过升温等条件，粘合剂内部发生化学变化，状态由液相到凝胶化再到固相转变，形成牢固的机械、电学、热学功能。从环保角度考虑，导热胶和 AuSn 焊料是用于替代传统 SnPb 合金焊料的较好选择。

集成电路封装最常用的胶黏剂是环氧树脂。环氧树脂是一种高分子聚合物，分子式为 $(C_{11}H_{12}O_3)_n$，是分子中含有两个以上环氧基团的一类聚合物的总称。它是环氧氯丙烷与双酚 A 或多元醇的缩聚产物。由于环氧基的化学活性特点，可用多种含有活泼氢的化合物使其开环，固化交联生成网状结构，因此它是一种热固性树脂。双酚 A 型环氧树脂不仅产量最大、品种最全，而且新的改性品种仍在不断增加，质量正在不断提高。

无填料的环氧树脂导热性差且不导电，通过在环氧树脂中添加陶瓷填料如 Al_2O_3 或 AlN，可以增大热导率。按导电与否可分为导电胶和绝缘胶。掺银的导电胶可以实现导电连接功能，对于背面存在电极的芯片，可通过导电胶实现芯片背面电极与基板焊盘之间的电连通。导电胶还用于粘接电阻、电感、电容等阻容元件。不导电胶用于粘接不需要背面导通的芯片。大多数胶粘芯片都使用不导电胶粘接，除了实现导热功能，还能起到增加绝缘性的作用。这里，把集成电路芯片粘接用胶黏剂统称为导热胶。

环氧树脂的固化剂通常为胺类，以粉末形式分散在环氧树脂中。在常温条件下，固化剂与环氧基团极少发生化学反应，但到一定温度后，固化剂获得足够的能量开始熔解。固化剂与环氧树脂上的环氧基团发生化学反应，使这些链不断化学交联。环氧基团转化成一种称为醇盐的新的化学结构。醇盐基团与其他环氧基团发生反应（温度足够高时），从而导致在临近聚合物链之间形成新的醚键。该过程产生一种高度交联的三维网状结构。伴随着分子链的增长，黏度也不断增强，从而由线性聚物交链成网状结构而固化成热固性聚合物。

3.2.2 导电胶的固化

以导电胶固化方式的不同来分类，导电胶又可分为热固化和光固化两类。其中，热固化按照固化温度的不同，分为室温固化、中温固化（150℃）和高温固化（150~300℃）。

室温固化需要的时间太长——数小时到几天，工业上很少应用。高温固化速度快，但在电子工业中，温度高会对器件的性能产生影响，一般避免使用。中温固化一般需数分钟到一小时，应用最多。光固化导电胶的固化主要是依靠紫外光的照射而引起树脂基体发生固化发应，紫外光固化速度快，树脂基体在避光的条件下可以长时间保存，目前也正是人们研究的热点。

3.2.3 玻璃化转变温度 T_g

1. 玻璃态与橡胶态

环氧树脂导热胶是一种有机聚合物。玻璃化转变温度，是指非晶态高聚物（包括晶态聚合物的非晶态部分）在玻璃态和橡胶态之间相互转变的温度。以玻璃化转变温度 T_g 为界，聚合物在不同温度下有两种截然不同的状态：玻璃态和橡胶态。

玻璃态是一种无定形固体状态，其中原子不存在结构上的长程有序或平移对称性。玻璃态也可以理解为保持液体结构的固体状态。橡胶态是指聚合物中链段可以运动而整个分子链不产生移动的状态，在这个状态下，较小的外力即可使之产生很大的形变。当除去外力时，形变又可恢复。也有研究文献将玻璃态和橡胶态称为玻璃态和高弹态。

大多数高分子聚合物都属于玻璃态，玻璃化转变温度是聚合物中大分子链自由运动的最低温度，通常不是很固定的数值，而是一定的温度范围。当聚合物的温度高于 T_g 时，聚合物表现出高弹性。当温度低于 T_g 时，聚合物表现出脆性。因此，T_g 是一个很重要的工业指标。

2. T_g 与材料性质

玻璃化转变温度指的是，在一个温度区域而非特定的温度。玻璃化转变的理论有很多种，但是目前为止，还没有一种理论能够很好地解释玻璃化转变这一现象。

T_g 的测定方法有四种类型，包括体积的变化、热力学性质的变化、力学性质的变化及电磁效应。当聚合物处于玻璃化转变时，它的很多性质会发生较大的变化，如比体积、比热容、膨胀系数、导热系数等都发生不连续变化。以 H35 导电胶为例，在低于玻璃化转变温度时，其热膨胀系数是 $31\times10^{-6}in/(in\cdot℃)$；在高于玻璃化转变温度时，其热膨胀系数是 $97\times10^{-6}in/(in\cdot℃)$。

从分子结构上讲，T_g 的转变是高聚物无定形部分从冻结状态到解冻状态的一种松弛现象，而不像相转变那样有相变热。在 T_g 以下，高聚物处于玻璃态，分子链和链段都不能移动，只是构成分子的原子（或基团）在其平衡位置振动；而在 T_g 时分子链虽不能移动，但是链段开始运动，物质表现出高弹性质；温度再升高，就使整个分子链运动而表为出粘流的熔融体或液体。

玻璃化转变温度是聚合物特征温度之一。聚合物的玻璃化转变温度越低，聚合物分子链柔性越大；聚合物的玻璃化转变温度越高，聚合物分子链刚性越大。除此之外，在玻璃化转变温度上下，聚合物胶黏剂的导电性等重要性质也可能发生变化。

3.3　导电胶的特性

3.3.1　导电胶的组成

导电胶是聚合物材料和导电填料的复合物。导电胶主要由树脂基体和导电填料组成，此外还包括一些固化剂、稀释剂、分散剂和其他助剂。

目前，市场上使用的导电胶大都是填料型的。填料型导电胶的树脂基体通常使用热固性胶黏剂，如环氧树脂、有机硅树脂、聚酰亚胺树脂、酚醛树脂、聚氨酯、丙烯酸树脂等。这些胶黏剂在固化后形成导电胶的分子骨架结构，为导电胶提供力学性能和粘接性能，并使填料粒子形成导电通道。

导电胶中的填料要有良好的导电性能，常用的有金、银、铜、铝、锌、铁、镍的粉末和石墨及一些导电化合物。按照导电填料的不同，导电胶可分为金系导电胶、银系导电胶、铜系导电胶和碳系导电胶。

集成电路粘片常见的是银系导电胶。现在先进封装领域提到较多的是纳米银膏。银具有优良的导电性能和导热性能，电导率可达 $6.3×10^7S/m$，热导率达 $429W/(m·K)$。银在空气中不易被氧化，且氧化后的产物仍具导电性；同时，银价格低于金或铂。因此，银是较为常用、较为理想的导电填料之一。

反映导电胶主要性能的参数有弹性模量、热导率、体积电阻率、玻璃化转变温度、剪切强度等。

3.3.2　导电胶的导电原理

导电胶导电原理主要有渗流理论、隧道导电理论和场致发射理论三种。

渗流理论认为，导电填料间的相互接触形成导电通路，使导电胶具有导电功能。导电胶在固化之前，导电填料处于独立状态，不相互接触，因此不导电。导电粘合剂在干燥固化后，溶剂的挥发及基体的交联，让导电胶的体积收缩，从而使导电填料相互间形成稳定连续接触而呈现导电性。随着导电填料含量的增加，导电胶体积电阻率的变化是不连续的，当导电填料的填充量达到某个临界值时，导电粒子间相互接触足够形成稳定的导电网络，导电胶的电阻率将发生突变由半导体变为导体，这个电阻率发生突变的临界值称为"渗流阈值"。

隧道导电理论认为，聚合物基复合材料中的一部分导电填料相互接触形成链状的导电网络，另一部分导电填料则以孤立粒子或小团体的形式分布在聚合物基中。当孤立粒子或小团体的距离很近时（小于1nm），由于热振动引起的电子在导电填料粒子间跃迁，这种迁移形成电子通道，从而产生导电现象。

场致发射理论认为，当导电粒子间的距离小于10nm时，粒子之间存在的强大电场可以诱使发射电场的产生，从而形成电流。这是一种比较特殊的隧道导电机理，将填充导电复合材料的导电行为归因于内部电场发射的特殊情况。

3.3.3　各向异性导电胶

按导电胶的导电方式不同，可以分为各向异性导电胶（Anisotropic Conductive Adhesives，

ACA）和各向同性导电胶（Isotropic Conductive Adhesives，ICA）两类。各向同性导电胶在 X、Y、Z 各个方向有相同的导电性能；各向异性导电胶在 Z 方向导电，在 X、Y 方向是绝缘的，如图 3-2 所示。在大多数情况下，使用各向同性导电胶即可；在需要横向绝缘的情况下，需要使用各向异性导电胶。

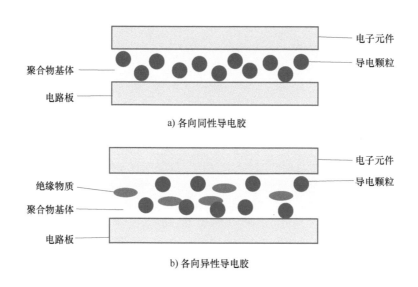

图 3-2 导电胶导电原理

各向异性导电胶的主要实现方式如下：

1）在导电粒子中加入绝缘粒子，它们之间均匀分布。这样，导电粒子在 X、Y 方向被绝缘粒子隔离开来，导电胶在 X、Y 方向上表现为绝缘，在 Z 方向表现为导电。

2）在导电粒子外再涂一层绝缘层，使导电粒子之间不导电，只有当导电胶在使用时，受到芯片、基板 Z 方向上的压力时，导电粒子的绝缘层被压碎，实现 Z 方向上的导电。

各向异性导电胶在细间距、高可靠封装中有所应用，这是为了利用其在 X、Y 方向上的绝缘性，避免引脚间、多芯片间、芯片与引线键合点间的短路。对于各向异性导电胶，当 Z 轴导通电阻值与 XY 平面绝缘电阻值的差异超过一定比值后，既可称为良好的导电异方性，形成的产品包括异方性导电膏和异方性导电膜。很多厚度 $25\mu m$ 的导电胶膜就是各向异性导电胶。

各向异性导电胶一般粘接工艺如下：

1）首先在基板上放置与之相应大小的导电胶或导电胶膜（热固型或热塑型）。

2）导电胶与基板预粘接。

3）揭掉导电胶上部的隔膜。

4）芯片压在导电胶上进行固化。

3.3.4 导电性与粘接强度

从复合材料力学角度看，银粉的填充量有一个最佳值，超过了这个值，聚合物网络结构的连续性会遭到破坏，导电胶的强度会立即下降。另外，要提高剪切强度可以减少银粉的填充量，但这样会使导电胶的电阻率上升。所以，必须找到一个合适的填充值，满足力学和电学性能的要求。

导电胶粘接剂的粘接强度虽然不及烧结焊接那么大，但其粘接强度已经足够了。

相比于焊料，导电胶更容易返修。对于热塑性导电胶粘接剂（无玻璃化转变温度），重新局部加热后，元器件可轻易移去；对于热固性的导电胶粘接剂，局部加热到 T_g 以上，其剪切应力变得非常小。

3.3.5　水汽与导电性

导电胶是一种经过干燥和固化后，同时具备粘接性和导电性的封装材料。研究表明，在温度冲击、随机振动条件下，导电胶的微观形貌几乎无变化，并未产生影响导电性能的微观形貌变化，而固化压力、加电过程及水汽环境对导电胶的导电性能影响显著。其中，导电胶承受的向下压力越大，其固化后的体积电阻率越小，性能越优；加电过程会导致导电胶电阻值上升，电阻值呈先迅速增长、后缓慢增长、最终再迅速增长的过程；影响最大的是水汽环境，烘烤去除水汽后可显著降低导电胶的电阻值。这是因为，在水汽含量较高的环境中，导电胶的基体环氧树脂吸潮后体积膨胀增大，这使得原本实现稳定电连接的银颗粒之间的接触面积发生变化，造成导电胶的体积电阻率增加。而烘烤除湿后，环氧树脂基体体积部分恢复，使得体积电阻率下降。

3.3.6　固化温度与导电性

国内研究人员对导电胶不同固化温度条件下微观形貌做了观察和分析，并测量了电阻率，阐述了固化温度与电阻率的关系，揭示了导电胶从固化到导电过程的微观本质。图 3-3～图 3-6 分别给出了导电胶在 150℃、200℃、270℃、300℃ 温度条件下固化的微观形貌。

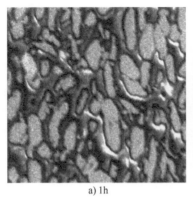 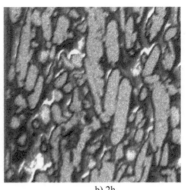

a) 1h　　　　　　　　　　　　　　　　　b) 2h

图 3-3　导电胶在 150℃ 下固化的微观形貌

如图 3-3 和图 3-4 所示，可以看出，导电胶中的银颗粒体积较小，银颗粒之间的填充剂等残留较多，银颗粒之间相互被阻隔，因此导电性能差；在 200℃ 固化条件下，银颗粒的体积要比 150℃ 固化时稍大。

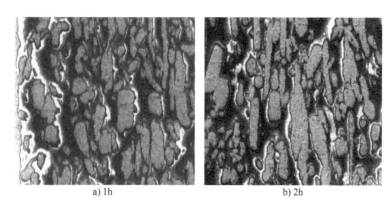

a) 1h   b) 2h

图 3-4　导电胶在 200℃下固化的微观形貌

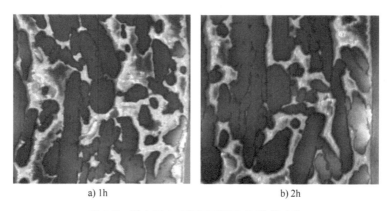

a) 1h   b) 2h

图 3-5　导电胶在 270℃下固化的微观形貌

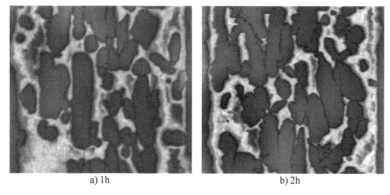

a) 1h   b) 2h

图 3-6　导电胶在 300℃下固化的微观形貌

如图 3-5 和图 3-6 所示，可以看出，固化温度为 270℃和 300℃时，银颗粒的体积基本一致，但比固化温度为 150℃和 200℃时明显变大，并且银颗粒之间的填充剂等残留较少，颗粒间接触面积增大。

研究还使用数字电阻测量仪测量了上述情况中导电胶的电阻率，150℃和 200℃固化后，导电胶电阻率无穷大，没有表现出导电性。270℃和300℃固化后导电胶表现出导电性，体电阻率数值分别为 $0.0125\Omega \cdot cm$（270℃，1h）、$0.016\Omega \cdot cm$（300℃，1h）、$0.008\Omega \cdot cm$（270℃，2h）和 $0.011\Omega \cdot cm$（300℃，2h），考虑到胶层厚度波动会影响电阻率，以及测量存在误差，认为数值较为接近。

综上，研究得出结论，固化温度是影响固化后树脂基体体积和导电颗粒间接触程度的重要因素，提高温度可以使树脂基体体积减小、银颗粒生长，使导电颗粒间接触更加紧密，而延长固化时间对固化后银颗粒体积和导电颗粒间接触程度的影响不大。

3.3.7 银迁移

掺银环氧粘接是当前最流行的芯片粘接方法之一，它所需的固化温度低，可以避免引入大的热应力，但有银迁移的缺点。

在电子产品中，金属迁移时有发生。在潮湿环境中，存在直流电压梯度的区域容易发生电迁移。阳极区域中，导电胶中的银，在电场作用下，与水汽发生如下反应：公式如下：

$$2Ag^+ + 2OH^- \longleftrightarrow 2AgOH \longleftrightarrow AgO_2 + H_2O \qquad (3-1)$$

导电胶中的银首先离解产生 Ag^+，并与 OH^- 形成 $AgOH$。$AgOH$ 中的 $Ag—O—H$ 化学键弱，易分解成胶状的 AgO_2 与 H_2O。生成物 AgO_2 不稳定，在光线照射和高温等条件下又转变为金属银。

Ag^+ 在电场作用下直接从电解液中迁移至阴极，接收电子并完成电化学沉积，形成金属银，公式如下：

$$Ag^+ + e^- = Ag \qquad (3-2)$$

3.4 粘接可靠性的失效模式与影响分析（FMEA）

3.4.1 FMEA

失效模式与影响分析（Failure Mode and Effects Analysis，FMEA）是生产过程中一项事前预防的分析手段。工程技术人员自设计、策划阶段开始，通过严密分析，列出系统潜在失效模式，评估可能造成的后果，在设计、组装等作业时加强控制，通过各个阶段持续评估、分析及改进，使产品逐步达到最佳。通过 FMEA 方法可以分析出系统在可靠性、维修性、安全性等方面所受的影响。

在进行 FMEA 的过程中，最为重要也是最为核心的是对产品失效模式的分析。通过对失效模式的影响分析来明确可靠性的方向和目的，在明确了目标后，通过对产品设计、生产过程中各组成模块及单元可能存在的故障模式对产品质量和产品功能的影响分析，以故障模式的产生原因及机理为研究基础，提出具有针对性的预防改进措施，提高产品的可靠性。这样可在大批量投产前就完成可靠性的提升，杜绝可能在设计生产过程中存在的可靠性隐患。这是一种事前行为，与传统的可靠性提升方法不同，这是一种由后至前的方法，从器件失效原因逐步向上分析，直至对整个器件或组件进行分析，评价其影响和后果，用分析的方法对器件的结构、材料、工序和工艺等失效模式、失效机理、影响严重程度与发生概率进行评估。

3.4.2 芯片粘接失效模式统计

粘片工序的主要作用是将集成电路芯片固定到管壳或基板上，并形成需要的导电、导热通道。粘片工序作为集成电路封装的一个重要步骤，对集成电路性能和可靠性具有重大影响。粘片工序的主要失效模式及其原因如下。

1. 芯片破裂

芯片的破裂是指在聚合物粘接芯片的过程中，因为工艺参数的不当所造成的芯片的任何部位出现损坏，这种失效是十分严重的。导致芯片破裂的主要原因如下：

（1）粘接区域的空洞过多

粘接区域形成空洞后，在经历温度的剧烈变化后，因为热膨胀系数的不匹配，造成在空洞边缘处形成应力。根据力学原理，应力会沿着薄弱处累积，进而形成应力释放点。相对于有效粘接区域，芯片空洞处所能承受的力相对较小，进而易造成芯片的碎裂。

（2）粘接区域的面积过大或过小

粘接区域的过大或过小都会造成在聚合物粘接过程中，胶黏剂的分布不均匀，使芯片的受力不均匀而导致芯片的碎裂。

（3）粘片层的厚度不足

粘片层的作用是固定芯片，同时传导热量和缓冲应力，如厚度不足，起不到上述作用，在受到应力时，容易造成碎片。

（4）不良应力

不良应力主要指从粘片膜上取片时过大的取片压力或粘片时过大的弹出压力。这些多是设备调试或是设备故障时才会出现的问题。

2. 芯片掉落

芯片掉落，即芯片从粘片区域或腔体内脱落，是一种严重的失效情况。其后果是造成集成电路完全失去功能。导致芯片掉落的主要原因如下：

（1）粘接区域污染

粘接区域或腔体内被污染及芯片背面被污染，因为污物的存在使得在粘接区域与聚合物粘接剂间形成隔离层，造成聚合物粘接剂与管壳衬底间不能形成良好的粘接界面，而容易发生脱落。

（2）粘接区域空洞过多

粘接区域空洞过多，必然会造成有效粘接面积的相对较小，那么必然会影响芯片的粘接质量，使芯片的粘接强度明显降低。

（3）不充分的粘接区域

实际涂胶区域面积小于设计粘接面积，造成芯片实际粘接强度小于设计粘接强度。

（4）不充分的粘片固化

粘接聚合物固化不充分，其粘接强度远远小于充分固化后所能提供的正常粘接强度。

3. 芯片划伤

芯片划伤是由于各种原因造成芯片的机械损伤。导致芯片划伤的主要原因如下：

（1）操作不当

操作人员的培训不充分，进而在操作工程中操作不当，使芯片表面产生不可逆的损伤，破坏了芯片的有效图形，造成集成电路的功能失效，有些轻微划伤会损伤芯片表面的钝化层，使集成电路产生可靠性隐患。

（2）工具污染

这方面造成芯片划伤的原因主要包括拾取和放置工具的损坏或污染。

（3）工作台位置不好等因素

工作台位置不好等因素会影响粘片操作，容易造成芯片划伤。

4. 由粘片引起的内部水汽过多

在聚合物芯片粘接过程中，工艺参数控制不当，会造成聚合物粘接剂内部气氛的挥发不彻底，进而在聚合物粘接剂内部产生局部残留；残存的气体在温度循环中重复热胀冷缩的过程，使器件遭受应力损伤；应力会沿着薄弱处产生应力释放，形成应力释放通道；随着应力的不断反复释放，在应力释放通道内，应力得到积累，进而使聚合物粘接质量产生不可逆转的失效，造成芯片的破裂或聚合物粘接处的断裂，最终导致器件掉片。另外，在聚合物芯片粘接过程中，聚合物粘接剂内所含气体的挥发不彻底，会在长期贮存过程中或是在温度剧增的环境及温度循环中沿着聚合物粘接面外立面的细微孔洞释放，造成芯片表面及引线键合丝的氧化，导致集成电路芯片电性能变差及引线键合强度降低，形成严重的产品功能失效。

5. 粘接短路

粘接短路是由于导电的粘片材料在芯片表面暴露的金属线焊盘焊点或焊线之间形成了导电通路。导致短路的原因主要是：

粘片时导电胶黏剂滴落到芯片表面或合金粘接时的金属颗粒搭接了未被钝化层覆盖的部分，这样就会造成短路。

从上述的失效模式来看，涉及聚合物粘片的失效过程，包括粘接面积不足；聚合物的固化条件不充分，粘接面的空洞过多；粘接面不均匀，使芯片受力不均等。这些缺陷都会给电路粘接的可靠性带来很大影响，因此，上述问题都需要在粘片工艺中得到更好的控制。

3.4.3　芯片粘接 FMEA 表格的建立

通过分析生产中常用的聚合物粘接芯片工艺过程，对其易产生的失效模式进行了统计及归类，应用统计学原理分析处理了大量的实验数据，进而得到上述聚合物粘接芯片过程中各类失效模式的严重度频度及探测度。根据其产生的难易程度、对产品质量的影响程度及是否容易检测等判别依据，分别将严重度频度和探测度分为 1～10 级，分析计算得到风险系数（Risk Priority Number，RPN）的具体数值如表 3-1 所示。

表 3-1　芯片粘接失效的 RPN 表

工序	失效后果	故　障　原　因	严重度	频度	探测度	RPN
芯片粘接	芯片脱离	粘片区域或腔体内被污染	8	5	4	160
		芯片背面被污染	8	4	4	128
		粘接区域的空洞过多	8	3	4	96
		不充分的粘接区域	8	3	4	96
		不充分的粘片固化	8	2	4	64

（续）

工序	失效后果	故障原因	严重度	频度	探测度	RPN
芯片粘接	芯片破裂	粘接区域的空洞过多	8	5	5	200
		粘接区域的面积过大或过小	8	3	3	72
		粘片层的厚度不足	8	4	2	64
	芯片短路	粘片时导电胶粘接剂滴落到芯片表面	8	4	5	160
	芯片划伤	操作人员的培训不充分	7	2	2	28
		拾取或放置工具的损坏或污染	7	2	2	28
		工作台位置不好	7	2	2	28
	芯片损坏（由于气氛原因）	粘接材料的吸湿或分解	7	4	4	112
		密封过程的环境控制不足	7	5	5	175

通过对表 3-1 进行分析，可以清晰看到诸多失效模式对于聚合物粘接质量的影响大小。按照 RPN 数值对其进行排序，数值越高越影响聚合物粘接质量。根据对聚合物粘接质量影响程度的高低，结合失效模式的产生机理及原因，制定出具有针对性的改进措施。

3.5 导热胶的失效

3.5.1 吸湿与氧化腐蚀

胶黏剂吸湿能力较强，有实验对比了潮热实验前后导热胶重量的变化，发现试验后质量增加 2.3%。由于水汽和杂质离子的存在，电化学势不同的两种金属互相接触，容易形成电化学腐蚀，导致界面金属层腐蚀和氧化。这会导致粘接面的接触电阻数值上升，粘接强度也会下降。高温环境会加速粘接界面的腐蚀与氧化速率，对于金、铂、银等化学性质相对稳定的贵金属母材或镀层，导热胶粘接后的腐蚀和氧化现象不明显。

3.5.2 裂纹和分层

导热胶粘接而成的电子器件可以视为一种复合结构，当外界温度发生变化时，由于器件的各部分（如，胶黏剂、硅芯片、陶瓷外壳、金属外壳、金属基板、FR4 基板、PI 柔性基板、陶瓷基板等）的热膨胀系数不匹配，从而产生热应力。热冲击应力带来的热机械疲劳将加剧裂纹的产生。特别是在高低温交变的温度循环载荷作用下，各组件不断地膨胀和收缩，更容易导致胶层连接发生疲劳失效。

热应力往往导致导热胶粘接的裂纹和分层。导热胶粘接的裂纹和分层应该算是最常见的失效模式，其形式主要有以下三种：

1）导热胶与被粘接材料的粘接界面剥离失效。

2）导热胶基体内部断裂失效。

3）上述两种情况同时发生的复合失效。

导电胶属于脆性粘接剂，在低温条件下，导电胶的脆性增加，更容易出现开裂现象。

3.5.3 蠕变

导电胶的主体为聚合物，在使用过程中可能发生蠕变，尤其是当环境温度超过玻璃化转变温度 T_g 时，聚合物形变明显，上述蠕变、变形现象均会在导电胶与被粘接物的界面处形成较大的应力，长期作用导致裂纹的出现。确保导热胶粘接的器件工作在玻璃转化温度 T_g 以下，是抑制蠕变的重要手段。

3.5.4 溢出胶量与应力

有研究人员对电容器件粘接导电胶的胶量与应力之间的关系开展了仿真分析和试验，对比器件侧面无溢出胶量、溢出胶量高度为器件高度 1/4、1/2 和 3/4 等几种情况。其中，侧面无溢出胶量和溢出胶量高度为器件高度 1/2 的仿真结果如图 3-7 和图 3-8 所示。从仿真分析结果可以看出，导电胶的胶量对导电胶底部应力的影响不大，而对导电胶侧面应力有影响，会随着胶量的增大而增大。

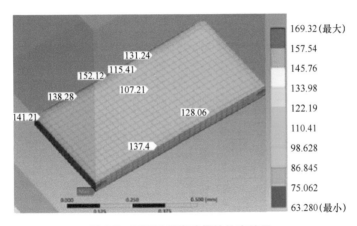

图 3-7　侧面无溢出胶量的仿真结果

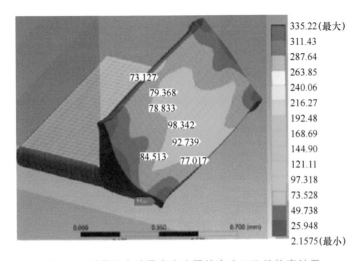

图 3-8　测量溢出胶量高度为器件高度 1/2 的仿真结果

用 H20E 导电胶将片式电容粘接在陶瓷基板上，如图 3-9 所示。在 −55~85℃进行 30 次温度循环后，溢出胶量高度为器件高度 1/2 的样品导电胶边缘部分开始有裂纹，溢出胶量高度为器件高度 3/4 的样品导电胶边缘部分裂纹明显。

可见，导电胶的溢出量并不是越多越好。

图 3-9　导电胶粘接电容样品

3.5.5　胶层厚度与应力

有研究对 FR4 基板-环氧胶粘接层-SiC 芯片的粘接结构进行有限元分析，变化的参数是环氧胶粘接层的厚度。从研究结果上看，粘接层厚度对芯片位移影响不大，当厚度从 $10\mu m$ 变化到 $30\mu m$ 时，芯片的位移变化了 $0.3\mu m$。在粘接层厚度增加的过程中，SiC 芯片的第一主应变和范式（Von Mises）等效应力均呈现出下降的趋势，如图 3-10 所示。

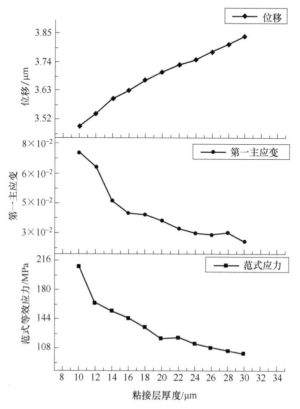

图 3-10　SiC 芯片应力、应变、位移随粘接层厚度的变化

3.5.6 不良应力与导热胶粘接失效

封装过程中引入的不良应力会引发导热胶粘接失效。对于使用导热胶粘接在金属外壳上的陶瓷基板，在器件的筛选考核试验中，发现有基板脱落的现象。

观察失效样品脱落后的基板背面导热胶状态，可见，固化后的导热胶全部粘贴在基板背面，且完全覆盖基板并有溢出基板边缘胶体，说明导热胶涂抹量足够。失效发生后，逐步排查生产加工过程中的人、机、料、法、环，没有发现违规现象和异常情况；进一步针对容易引起导热胶失效的各种因素都进行专项对比试验，然而结果显示，可能引起导热胶粘接失效的种种因素都不足以致使基板脱落。

随后，排查储能焊密封前预烘焙过程和封盖过程，发现储能焊的电极由于使用次数过多，有一定磨损。电极磨损导致电路管座在封盖过程中四周受力不均，产生扭矩，破坏导热胶粘接结构。将多只样品进行超声扫描分析，结果表明基板的初始粘接状态良好，基本不存在空洞，如图 3-11 所示；经过储能焊封盖、温度循环、恒定加速度后，在电极磨损的一侧出现批次性大面积空洞，如图 3-12 所示。经过储能焊电极修复后，粘接失效的现象得到了解决。

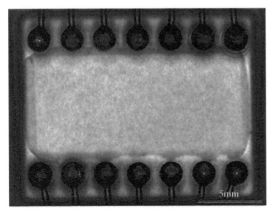

图 3-11　粘接界面良好

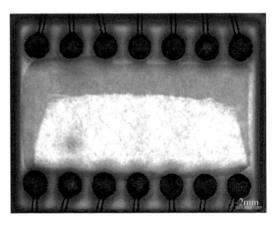

图 3-12　粘接界面大面积分离

结合超声扫描结果和分析试验发现，基板脱落并非单一因素造成的，而是多种因素共同作用的结果。储能焊密封后，导热胶粘接界面被破坏，裂纹和空洞逐步扩展，有效粘接面积锐减，导致粘接力不足，最终在恒加试验中基板与管壳分离。

这里要注意的是，导热胶本身粘接能力弱化，导致粘接强度不足，如导热胶过期固化不充分、粘接面有沾污等；还要注意的是后期引入过度机械应力，破坏了原有粘接结构，如温循应力、恒加应力和封装过程引入的不良应力都可能导致粘接界面的破坏，如图 3-13 所示。

3.5.7 保存与使用失效

1. 多次回温

在批量生产中，如何通过管理和技术方法来确保导电性和粘接强度成为生产线管理人员必须面对的问题。

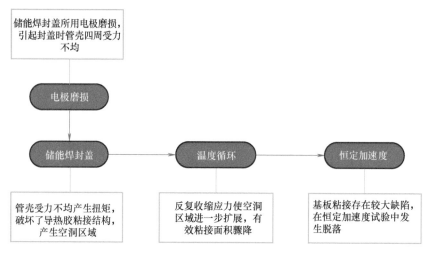

图 3-13　导热胶失效的原因

引发剂负责引发树脂聚合形成网状聚合物，如引发剂被污染或部分分解，将会导致芯片粘接强度不够。很多聚合物胶黏剂要求保存在-40℃的冰箱中。

为了节约原材料，通常对未使用完的胶黏剂采取再次冷冻保存，这中间存在多次冷冻、回温的过程。回温过程中，空气中的水汽在胶黏剂上凝结和吸附，冷冻后，水分作为一种慢性引发剂中毒剂会缓慢造成大量引发剂分子失效。

聚合物吸附的水会在很大的范围内产生影响，有些影响是可逆的，有些是不可逆的。聚合物中吸附的水可引起塑化和浸胀。作为塑化的水有可能降低聚合物的玻璃化转变温度、强度和胶黏剂的模量。一般认为，导电胶的老化是由于高聚物在湿热作用下的降解所引起的。

2. 搅拌不匀

双组分胶黏剂的混合过程将决定引发剂在树脂基体的分布密度，当密度不均匀时将出现部分树脂基体缺少引发剂甚至无引发剂的现象。

导电胶中掺杂了导电银粉，在使用前，导电胶也应充分搅拌，使导电银粉和树脂材料均匀混合。

若使用前胶黏剂搅拌不充分、不均匀，在使用时可能存在无法固化，或者导电性不良等问题。

3.6　芯片的堆叠与应力

3.6.1　多芯片堆叠

多芯片堆叠是器件小型化、集成化发展的产物。这与先进封装中提到的系统级封装（SIP）有所不同。先进封装的几大工艺技术包括重布线层（RDL）、硅通孔（TSV）、金属凸点（Bump）和晶圆级封装（WLP）等。晶圆级的封装，实际上已经超出了传统封装的划片、粘片、键合和密封的工艺范围，无论是芯片的再布线、凸点生长和倒装焊接，还是芯片的通孔、叠层和互连，再到晶圆级的扇出型晶圆级封装（FOWLP）、扇入型晶圆级封装

（FIWLP），都是更广义的封装范畴。尽管有的中道线工艺在一些工厂中被划分在后道，但实际上比起后道的封装工艺，它们与前道的晶圆制造工艺更加贴近。

多芯片堆叠所形成的器件，也是 SIP，但所使用的工艺仍然是传统的芯片粘接和引线键合，因此是传统封装的一种。芯片的叠层粘接可以节省很多的空间，但同时要保证下层芯片的管脚（Pad）点不被上层芯片或粘接剂所覆盖，以免影响引线键合。一般多芯片堆叠的主要形式如图 3-14~图 3-16 所示，堆叠的方式主要由芯片的大小、形状和管脚点的分布决定。

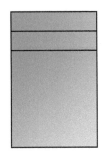

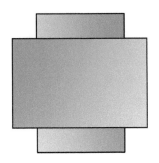
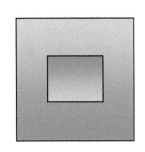

图 3-14　多芯片的错层堆叠　　　图 3-15　多芯片的交叉堆叠　　　图 3-16　多芯片的金字塔堆叠

3.6.2　多层芯片堆叠应力集中

多层芯片堆叠，由于芯片正面存在钝化层，因此芯片间无法使用合金烧结的方式堆叠，一般选择胶黏剂来粘接。粘接的工艺步骤为，先粘接最下层芯片；然后在最下层芯片表面涂胶，再粘接上层的芯片，依次叠加粘接。研究表明，由于胶黏剂与硅芯片之间存在热膨胀系数差异，多芯片间存在较大的应力。

有研究对塑封的多层芯片堆叠器件做了建模仿真，发现应力集中的三种主要形式，如图 3-17 所示。

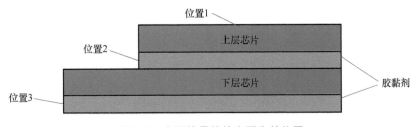

图 3-17　多层堆叠粘片主要失效位置

1）上层芯片与环氧塑封料之间存在应力，导致芯片与塑封料之间的分层。

2）上下层芯片之间存在应力，在上层芯片的边角处集中，往往导致下层芯片的裂纹甚至断裂，引发致命危害，如图 3-18 所示。

3）下层芯片边缘与环氧塑封料之间存在应力，导致芯片和胶黏剂作为一个整体，与塑封料之间分层。

研究指出，这些应力的大小与材料的热膨胀系数、芯片厚度等关键参数有很大的关联性。

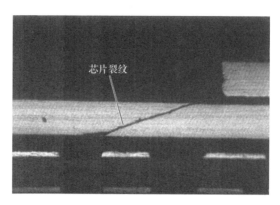

图 3-18　下层芯片裂纹

3.6.3　芯片的裂纹

　　为了使目检可以观察到胶黏剂从芯片四周溢出的轮廓，在芯片下方悬空的部分进行了不导电胶的填充。将硅片切割成与待封装芯片同等尺寸的大小，堆叠至两层、三层、四层，进行−55~125℃温度循环试验。结果表明，填充了不导电胶的电路发生了热失配现象，在温度循环后，上层芯片均发现了不同程度的裂纹，裂纹沿底层芯片边缘位置延展，逐步扩展，最终横向贯穿整个芯片，如图 3-19 所示。

　　从仿真结果看，使用不导电胶填充的模型最大应力位置与观察到的上层芯片裂纹位置相同，出现在上层芯片、填充的不导电胶、下层芯片边缘三者交接面上。而不使用不导电胶填充的模型，上层芯片最大应变比使用不导电胶填充的模型减少了91.7%。可见，是硅芯片与胶黏剂之间的匹配性差异，引发了芯片的裂纹，这些裂纹在温度循环等可靠性试验中会进一步延展，甚至导致芯片的断裂。底部无填充的堆叠芯片如图 3-20 所示。

图 3-19　堆叠粘片的裂纹

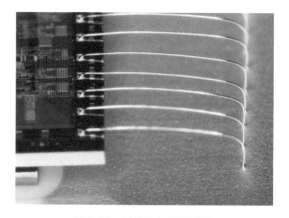

图 3-20　无填充的堆叠芯片

3.6.4　爬胶与胶膜

　　传统封装工艺中，芯片粘接多是直接使用导热胶，这种胶黏剂使用起来很方便，而且粘接强度也足够。但是，在多层堆叠的芯片中，往往芯片会被减薄到很薄，有的甚至到100μm。这时，芯片与芯片之间的粘接，如果选用导热胶，很容易有爬胶问题，使部分导热胶溢到芯片表面，污染管脚（Pad）点，影响键合。材料供应商开发了导热胶膜，来代替传统导热胶。导热胶膜具有一定的厚度，使得胶量和粘接厚度可控，避免爬胶现象，实现高度和设计灵活性的优化。据资料显示，在民用产品中，有的已经堆叠了百余层，图3-21给出了一种存储器芯片的堆叠示意图。

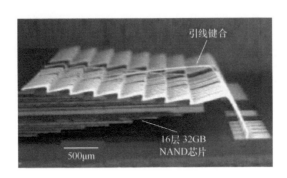

图 3-21　一种存储器芯片的堆叠示意图

3.7　焊接的基本概念

3.7.1　润湿

润湿是指液体排开固体表面的气体，在固体表面扩张的现象。

附着润湿是固体与液体接触后，将气-液相界面和气-固相界面变为固-液相界面的过程。浸渍润湿是固体浸入液体过程，气-固相界面为固液相界面所取代，而液相表面没有变化。铺展润湿是液滴在固体表面上铺开的过程，即固-液相界面和新的气-液相界面取代气-固相界面和原来的气-液相界面的过程。

在钎焊时，液态焊料必须很好地润湿母材表面，才能填满焊缝。实际钎焊时，多为铺展润湿的过程。润湿现象本质上与纳米尺度的微流体有关，是尖端的科学研究对象。

可以用经典的下面式（3-3）的杨氏（Young）方程和式（3-4）的杨-杜普雷（Yong-Dupre）方程描述液体对固体的非反应润湿行为。杨氏方程为

$$\cos\theta = \frac{\sigma_{SG} - \sigma_{SL}}{\sigma_{LG}} \tag{3-3}$$

式中，σ_{SG}为气-固表面张力；σ_{SL}为液-固表面张力；σ_{LG}为气-液表面张力，如图3-22所示。定义了在固、液、气三相交界点处，固体平面与液体所形成的角度为接触角，用θ表示。当$\theta = 0°$时，为完全润湿，液体在固体表面铺展。当$0° < \theta < 90°$时，液体可润湿固体，θ越小，说明液体对固体的润湿性越好。当$90° < \theta < 180°$时，液体不润湿固体。当$\theta = 180°$时，为完全不润湿，此时，液体在固体表面成球状，若液体为焊料，则固化后形成球状焊料块。液体在固体表面的润湿性和接触角的示意图如图3-23所示。

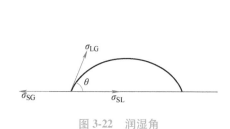

图 3-22 润湿角

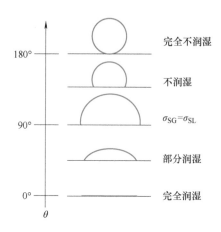

图 3-23 液体在固体表面的润湿性和接触角的示意图

改变三相物质中任意一项的组成，就相应地改变了表面张力，也必然影响焊料对母材的润湿性。杨-杜普雷方程为

$$\cos\theta = \frac{W_a}{\sigma_{LG}} - 1 \tag{3-4}$$

杨-杜普雷方程则描述了接触角 θ、液体表面能 σ_{LG} 及粘附功 W_a 之间的关系。因此，只需要查出液体的表面能就可以求出粘附功 W_a，这是预测界面强度较为重要的指标之一。当 $\theta = 0$ 时，$W_a = 2\sigma_{LG}$，也就是粘附功等于液体的内聚功，固-液分子间的吸引力等于液体分子与液体分子的吸引力，因此固体被液体完全润湿。当 $\theta = 180°$ 时，$W_a = 0$，固-液分子之间没有吸引力，分开固-液界面不需要做功，此时液体对固体完全不润湿。

必须指出的是，上述两个方程是在液体与固体物相互作用的情况下导出的。在实际钎焊过程中，母材和熔融焊料间会发生剧烈的相互作用。在这种复杂的情况下进行的表面润湿、铺展和毛细现象更为复杂。

3.7.2 铺展

铺展性是液态焊料在母材表面上流动展开的能力。

在芯片焊接过程中，焊料对母材的铺展性对焊接形貌和焊接质量起到关键作用。若焊料的铺展能力太强，则焊料溢出芯片的范围不易控制。若焊料铺展能力太弱，焊接面积不好保证，焊接强度不足，也容易产生焊接空洞。在大多数情况下，芯片的焊接，不仅要确保芯片、焊料、管壳、基板等材料保存良好，确保焊接环境没有氧气等不良气氛的介入，更要人为提供额外的焊接压力，促进熔融焊料在母材表面的铺展。

大量研究表明，影响焊料的润湿及铺展的主要因素如下：

（1）焊料和母材的成分

不同材料具有不同的表面自由能，当焊料和母材成分变化时，其界面张力值必然发生变化，这将直接影响焊料对母材的润湿和铺展。

（2）钎焊温度

液体的表面张力与温度相关，随着温度的升高，液体表面张力不断减小。一般来说，温度越高，润湿效果越好，铺展面积也就越大。但铺展面积过大会造成焊料过分流失，不利于焊料的填缝。

（3）保温时间

钎焊过程中，保温时间增加到一定极限时会导致润湿角的减小。进一步增加保温时间，则不再影响润湿角的变化。

（4）真空度

在真空钎焊（真空烧结）时，真空度对焊料铺展有很大影响。

（5）钎剂

钎剂可以清除焊料和母材表面氧化膜，改善润湿。当焊料和母材表面覆盖了一层熔化的钎剂后，它们之间的界面张力将发生变化。

（6）金属表面氧化物

大多数金属表面都有一层金属氧化膜。金属氧化膜为固态，其表面张力值很低，因此在钎焊时将导致不润湿现象，表现为焊料成球、不铺展。所以，在焊接过程中，必须采取适当的措施来去除母材和焊料表面的氧化膜，以改善焊料对母材的润湿。

（7）母材表面状态

母材表面粗糙，对液态焊料起到了特殊的毛细作用，促进了焊料的铺展，改善润湿。在很多焊接过程中，母材与焊料相互作用强烈，这些粗糙表面会被液态焊料迅速溶解而不复存在。

（8）母材间隙

母材间隙是直接影响钎焊毛细填缝的重要因素。间隙越小，填缝长度越大。

3.7.3　填缝

钎焊时，熔融的焊料在焊缝附近，有自动填充缝隙的能力，即焊料的填缝。毛细现象是使焊料自动填缝的原因，对钎焊过程具有重要意义。

液态焊料对母材的润湿性越好，缝隙越小，液态焊料填缝能力就越强。因此，要确保焊料对母材的润湿性，并尽量减小焊缝间隙。

3.7.4　钎焊

用焊料将固态金属连接起来的过程称作钎焊。它是将熔点比母材低的焊料和母材一起加热，在母材不熔化的情况下，焊料熔化并润湿和填充于母材之间，形成钎缝。在钎缝中，焊料与母材相互溶解和扩散，从而获得牢固结合。钎焊与熔焊、压焊一起构成现代焊接技术的三大组成部分。

钎焊可分为以下三个基本过程：

一是钎剂的熔化及填缝过程。即，钎剂在加热熔化后流入母材间隙，并与母材表面氧化物发生物理、化学作用，以除去氧化膜，清洁母材表面，为焊料填缝创造条件。

二是焊料的熔化及填满钎缝的过程。即，随着加热温度的继续升高，焊料开始熔化并润湿、铺展，同时排出钎剂残渣。

三是焊料同母材的互相作用过程。即，在熔化的焊料作用下，小部分母材溶解于焊料，同时焊料扩散进入母材当中，在固液界面还会发生一些复杂的化学反应。

当焊料填满母材间隙并保温一段时间后，开始冷却凝固形成焊接区域。

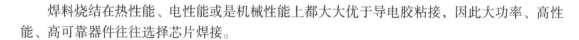

焊料烧结在热性能、电性能或是机械性能上都大大优于导电胶粘接，因此大功率、高性能、高可靠器件往往选择芯片焊接。

3.7.5　软焊料

在微电子器件中，焊料种类以 Sn-Pb、Sn-In、In-Sn-Pb、Pb-Sn-Ag、Pb-In-Ag、Sn-In-Ag、Sn-Ga、Au-Sn、Au-Sb、Au-Ge、Au-Si 等为主，一般采用预成型的球形、片形、环形或焊膏焊料。

由于历史上的原因，焊料被分为软焊料和硬焊料（又称为软钎料和硬钎料），通常液相线低于450℃的为软焊料，液相线高于450℃的为硬焊料。

软焊料有锡铅焊料和铟焊料等。由于锡铅焊料中含铅不符合环保要求，一些无铅焊料被开发出来替代含铅焊料，但锡铅焊料在高可靠器件中仍然具有不可替代的重要作用；铟焊料熔点低且软，塑性变形和浸润性好，能缓解芯片与热沉间热膨胀系数不匹配而产生的应力，但铟在空气中极易氧化，制备后需要立即使用。

3.7.6　界面金属间化合物（IMC）

在金属焊接过程中，两种金属的原子按一定比例化合，形成与原来两者的晶格均不同的合金组成物，该合金组成物称为界面金属间化合物（Inter-Metallic Compound，IMC）。

在润湿过程中，熔化的焊料与固态基体接触并与其反应。这时有两个过程几乎同时发生：基体金属熔融到液态金属中，同时焊料中的活性成分与金属基体发生反应。两个过程都可以在熔化的焊料和基体之间的连接区域形成 IMC。

互联界面间形成了 IMC，说明一种良好的焊接结合已经形成。但 IMC 的脆性会对焊料的力学性能带来破坏性影响，因此应注意使 IMC 保持合适的厚度。

3.7.7　共晶

在一定温度下，由一定成分的液相同时结晶出两个成分一定的固相的转变过程，称为共晶转变或共晶反应。共晶转变的产物为两个相的混合物，称为共晶组织。

以二元合金为例，在非共晶成分时，随着加热温度的升高，温度先达到合金的固相线，合金开始熔化，形成固液共存状态，继续升高温度至液相线，合金完全熔化，形成完全的液态合金；对于共晶成分的合金，加热温度至共晶温度时，固液合金变成液态合金。由于加热过程合金不会长期存在固液共存的现象（只在共晶温度点），因此，钎焊时，共晶点或靠近共晶点组成的焊料，其熔化温度区间小，焊料的流动性也更好，焊缝填充效果好。

对于非共晶成分焊片，液相线和固相线温区跨度大。在这个跨度区间，存在固相和液相共存的状态。在焊料熔化过程中，当温度上升到共晶温度时，一部分焊料先以共晶成分的比例转化成液相；另一部分残余的成分，由于此时的温度还未达到该相的液相线，仍以固体形式存在。此时，焊料长时间处于固液共存的状态，直到温度上升到残余相的液相线为止，焊料全部变成液态。在这个熔化过程中，会长时间存在固相残留，导致焊料的流动性差。同时，在此过程中，焊料存在两个熔化阶段：一个阶段是焊料达到共晶点时，先以共晶成分熔化，这些先熔化的焊料最先向外润湿和铺展完成流淌；另一个阶段是当温度达到残余相的液相线温度时，残余相开始熔化流淌，所以非共晶成分比例焊料的熔化流淌不易控制。在焊料凝固时，当温度下降到液相线时，先析出其中一成分比例高的固相，其余残余相仍以液相存在，此时，焊料处于固相和液相共存，并长期保持这种固液共存状态。随着这个偏析过程，焊料的成分比例逐渐发生变化，向共晶成分比例靠近，最终达到共晶成分后，偏析结束。此时，温度达到了共晶温度点，残余焊料以共晶的形式直接从液相析出两种固相。在这个过程中，焊料的凝固分成两个层次：第一个层次是偏析的固体先形核生长；第二个层次是在共晶温度点共晶相的析出，并沿着之前的固相生长，产生枝晶偏析倾向大，最终容易形成分散的缩孔，形成空洞，影响焊接性能。

在共晶成分上，从高温到低温时熔融的合金不经过液态与固态混杂的"泥浆相"直接从液相过渡到固相，形成共晶的固态合金；相应地，从低温到高温时固态合金也不经过"泥浆相"直接从固相到液相，形成共熔的液态合金。在共晶成分上，焊料在熔化和凝固过程中不存在长期固液共存状态（只在共晶温度点），固相线和液相线重合，即为共晶点。表3-2 给出了几种常用共晶合金属性。

表 3-2　几种常用共晶合金属性

型　　号	成分质量分数（%）			共熔或共晶温度/℃
Sn62Pb36Ag2	Sn：62	Pb：36	Ag：2	179
Sn63Pb37	Sn：63	Pb：37		183
Sn96.5Ag3.5	Sn：96.5	Ag：3.5		221
Sn10Pb90	Sn：10	Pb：90		268
Au80Sn20	Au：80	Sn：20		280
Pb97.5Ag2.5	Pb：97.5	Ag：2.5		304
Au88Ge12	Au：88	Ge：12		356
Au97Si3	Au：97	Si：3		363

注：有资料表明，金硅的共晶成分是 Au96.76Si3.24、Au96.85Si3.15、Au97.15Si2.85 等。也有资料表明，金锡的共晶温度是 278℃。

共晶焊料具备特有的性质如下：

1）比组成共晶焊料中的任意一种单一组元材料熔点低，降低了焊接所需温度。

2）共晶合金焊料比纯金属有更好的流动性，在凝固中可防止阻碍液体流动的枝晶形成，从而改善了铸造性能。

3）在共晶温度点析出共晶成分，无凝固温度范围，减少了铸造缺陷，如偏聚和缩孔。

4）共晶凝固可获得多种形态的显微组织，尤其是规则排列的层状或杆状共晶组织，可成为优异性能的原位复合材料。

3.7.8　固溶体

所谓固溶体（Solid Solution）是指，溶质原子溶入溶剂晶格中而仍保持溶剂类型的合金相。当一种组元 A 加到另一种组元 B 中形成的固体，其结构仍保留为组元 B 的结构，这种固体称为固溶体。B 组元称为溶剂，A 组元称为溶质。组元 A、B 可以是元素，也可以是化合物。工业上所使用的金属材料，绝大部分是以固溶体为基体的，有的甚至完全由固溶体所组成。例如，广泛用的碳钢和合金钢，均以固溶体为基体相，其含量占组织中的绝大部分。

固溶体分成置换式固溶体和间隙式固溶体两大类。

3.7.9 相图

相图是表示合金系中的合金状态与温度、成分之间关系的图解。利用相图可以知道各种成分的合金在不同温度下存在哪些相、各个相的成分及其相对含量。

3.8 芯片焊接工艺

3.8.1 芯片焊接

实现芯片与管壳、基板的连接，也就是所说的固晶（Die Bonding），有几种不同的方式，如图 3-24 所示。除了之前章节提到的使用粘接剂粘接芯片外，更多高可靠器件是使用焊料片焊接。实现焊接的设备有多种，如真空烧结炉、加热台、再流焊炉、高温烘箱等。

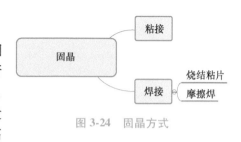

图 3-24　固晶方式

3.8.2 共晶摩擦粘片

在较早的工艺条件下，很多都是使用摩擦焊。例如，Au-Si 或 Au-Sn 焊料片，直接在无保护气氛的加热台上加热或使用气嘴对其吹保护气体，管壳和焊料达到焊料的熔点后，通过手动夹持、放置芯片并适当摩擦，形成芯片、焊料和管壳间的相对运动，打破表面氧化膜，并通过摩擦迅速形成互联界面，促使三者完成共晶焊接。

该方法虽然装置简单、操作方便、灵活性大、适用不同尺寸芯片，但缺点是焊接精度和一致性差，芯片表面易被镊子划伤或产生崩边，且对焊接人员技能要求高。自动粘片设备发展以后，芯片的拾取和共晶摩擦由芯片吸头完成。

研究表明，在共晶摩擦焊接中，焊料尺寸、摩擦幅度、摩擦次数对焊接质量产生重要影响。

3.8.3 烧结粘片

另外一种焊接是烧结粘片，就是预先将管壳、芯片和焊料装配好，放入到烧结炉当中，对多个器件批量进行烧结粘片。烧结过程中烧结炉腔体是密闭的，有保护气氛，防止烧结时焊料的氧化。有的采用真空烧结，在烧结时抽真空，更有利于不良气氛的排除，提高烧结质量。

3.8.4 多温度梯度粘片

1. 实际应用的意义

多温度梯度粘片工艺，也可以叫作多温度梯度焊接工艺，是指在同一封装体内（一般是同一封装外壳内，或者同一个封装基板上），采用多种不同焊接温度的焊料，按温度递减顺序，先焊接高温焊料，再焊接低温焊料，实施梯度焊接，可以避免多次焊接时前一步焊接的焊料重熔，实现多芯片、基板、外壳的高可靠焊接。

为了实现多温度梯度的粘片，有时需要共晶焊料和非共晶软钎焊焊料搭配使用。表 3-3 给出了一些焊料的共晶点或固相线、液相线。

表 3-3　一些焊料的共晶点或固相线、液相线

焊 料 名 称	共 晶 点	固 相 线	液 相 线
Au98Si2	—	370℃	800℃
Au88Ge12	356℃	—	—
Pb92.5In5Ag2.5	—	307℃	310℃
Pb92.5Sn5Ag2.5	—	287℃	296℃
Au80Sn20	280℃	—	—
Pb75In25	—	250℃	264℃
Sn96.5Ag3.5	221℃	—	—
Sn90Cu10	217℃	—	—
Pb60In40	—	195℃	225℃
Sn63Pb37	183℃	—	—
In80Pb15Ag5	154℃	—	—
Sn48In52	120℃	—	—

2. 多温度梯度粘片的实现方法

一般来说，选择多温度梯度粘片，要求后一温度梯度选择的工艺温度比前一温度梯度焊料的熔点低 20~50℃。

有研究人员提出了采用如下三种不同的焊料实现多温度梯度焊接的方法（见图 3-25）：

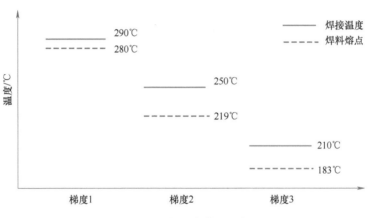

图 3-25　多温度梯度组合

1）芯片共晶焊接选用 Au80Sn20 焊料，液相点 280℃。

2）基板焊接选用 Sn96.5Ag3Cu0.5，熔点 217~219℃。

3）I/O 接插件和载体焊接选用 Sn63Pb37 焊膏，熔点 183℃。

第一温度梯度 GaAs 裸片采用 Au80Sn20 焊料焊接，焊接温度为 290℃左右。第二温度梯度基板采用 Sn96.5Ag3.0Cu0.5 焊膏焊接，焊接温度为 250℃左右。第三温度梯度 I/O 接插件和载体焊接采用 Sn63Pb37 焊膏焊接，焊接温度为 210℃左右。

报道指出，多温度梯度焊接是解决微波组件复杂安装的一种重要方法，具有螺钉固定不可比拟的优势。它通过焊接方式取代基板和 I/O 与腔体的螺钉固定方式，大大减小了器件的体积和质量，同时保证了基板和 I/O、器件的可靠接地，大幅提高了组件散热能力，提升了组件的可靠性。

3.9 典型焊料相图与性质

3.9.1 Sn-Pb 合金

图 3-26 给出了 Sn-Pb 二元合金相图。Sn-Pb 二元合金相图中有 L、α、β 三种相，α 是溶质 Sn 在 Pb 中的固溶体，β 是溶质 Pb 在 Sn 中的固溶体。相图中，有三个单相区，L、α、β；有三个两相区，$\alpha+L$、$\beta+L$、$\alpha+\beta$；有一个三相区，水平线的 dbe；液相线为 abc，固相线为 $adbec$。水平线的 dbe 为共晶线。a、c 分别为 Pb、Sn 的熔点，分别为 327℃、232℃。点 b 称为共晶点。在共晶温度 183℃以下，结晶出点 d 成分的固溶体 α 和点 e 成分的固溶体 β，形成两个相的机械混合物。这种在一定温度下，由一定成分的液相同时结晶出两个成分和结构都不相同的新的固相的转变过程称为共晶反应。共晶反应的产物称为共晶体或共晶组织。

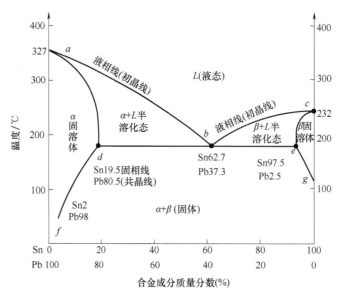

图 3-26　Sn-Pb 二元合金相图

3.9.2　Au-Sn 合金

图 3-27 给出了 Au-Sn 二元合金相图，AuSn20 焊料处于 Au-Sn 二元共晶点，共晶温度为278℃。温度高于 278℃，AuSn 焊料迅速熔化。当温度缓慢下降时，首先会发生共晶反应 $L \to \zeta + \delta\text{-AuSn}$，其中，$\zeta$ 为不稳定相。温度下降到 190℃时发生包析反应 $\zeta + \delta \to \zeta'\text{-Au}_5\text{Sn}$，生成六方晶格 $\zeta'\text{-Au}_5\text{Sn}$ 相。

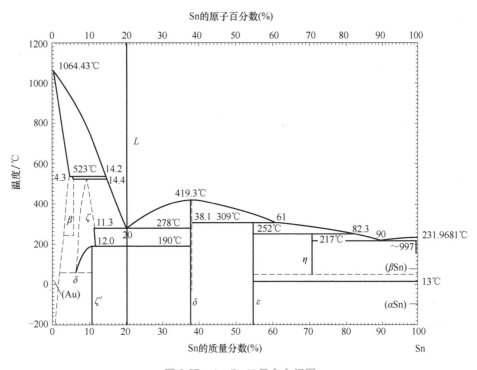

图 3-27　Au-Sn 二元合金相图

AuSn20 是共晶金锡合金，具有最低熔点，由中间相 δ（AuSn）和密排六方相 ζ（Au₅Sn）组成。在室温下，由于 AuSn20 焊料由 δ-AuSn 和 ζ'-Au₅Sn 两种脆性相组成，因此具有很大的脆性，很难通过常规的制备方法加工成形。

在 Au 和 Sn 的互扩散中，如 Au 和 Sn 的不同比例，会形成很多种中间相。表 3-4 给出了金锡合金中间相的成分及性质。Au-Sn 系统的复杂性主要是因为存在不同的稳定的金属间化合物，并且有两种共晶成分和至少三个包晶反应。

表 3-4　金锡合金中间相的成分及性质

相	Sn 含量（%）	结构	熔点/℃	密度/（g/cm³）
α（Au）	0~6.81	Cu	1064.4~532.0	19.3~18.6
β（Au₁₀Sn）	8.0~9.1	Ni3Ti	532.0	—
ζ	10.0~17.6	Mg	521.0	—
ζ'（Au₅Sn）	16.0	Hcp	190.0	17.08

（续）

相	Sn 含量（%）	结构	熔点/℃	密度/(g/cm³)
δ(AuSn)	50.0~50.5	NiAs	419.3	11.74
ε(AuSn$_2$)	66.7	正交	309.0	10.07
η(AuSn$_4$)	80.0	PtSn4	257.0	9.20
βSn	99.8~100.0	βSn	232.0	7.28

　　现在，大量集成电路采用金锡焊料完成芯片的粘片。由于金锡具有良好的导热性能，LED、光电器件均可采用金锡焊料完成固晶。在微波电路中，通常频率在 1GHz 以上，金锡焊料可提供大功率芯片与基体的接地连接和散热，因此选用该合金焊料较为合适。对电阻要求高的二极管、晶体管及任何无钝化、对污染十分敏感的器件应使用金锡共晶焊片。金锡焊料在射频电路中也应用广泛。

3.9.3　Au-Si 合金

　　Au-Si 共晶焊不需借助其他焊料，利用两者之间的共熔产生 Au-Si 共熔合金，从而达到焊接的目的。Au 的熔点为 1063℃，Si 的熔点为 1414℃，作为金属半导体合金体系的一个典型代表，AuSi3（Si 的质量分数约为 3%）能形成熔点为 363℃的共晶合金体。图 3-28 给出了 Au-Si 二元合金相图。

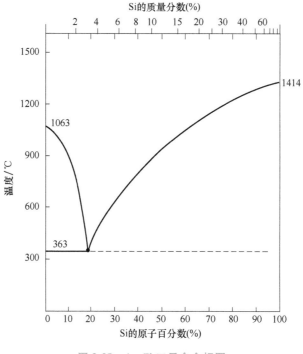

图 3-28　Au-Si 二元合金相图

　　Au-Si 焊料自身含有一定量的硅元素并且金元素的含量较高，因此对于硅片背面金属化的要求较低，普通的镍-金双层结构或较厚的纯金结构都可以满足其粘接要求，并且粘接效果较好。

Au-Si 共晶具有机械强度高、热阻小、稳定性好、可靠性高和含杂质较少等优点，得到了高可靠器件应用的青睐。但由于其共晶温度达 363℃，过高的温度可能会对芯片性能造成影响，因此目前应用范围已经大幅缩小。

Au-Si 共晶焊接一般是摩擦焊接。在 400~500℃，在一定的压力下，将硅芯片在镀金载体和 Au-Si 焊料片上一起轻轻摩擦，擦去表面氧化物。芯片的 Si 与载体上的 Au 紧密接触点首先共熔成液态的 Au-Si 合金，由两个固相形成一个液相，进一步扩大 Si 与 Au 的接触面并共熔，直至整个接触面成液态的 Au-Si 合金。然后，当温度低于 Au-Si 共熔点（363℃）时，由液相形成的晶粒形式互相结合成机械混合物 Au-Si 共熔晶体，从而使硅芯片牢固地焊接在载体上，并形成良好的低阻欧姆接触。

3.9.4　Au-Ge 合金

图 3-29 给出了 Au-Ge 二元合金相图。室温下，Ge 在 Au 中的固溶度小于等于质量分数 0.1%，而 Au 在 Ge 中实际不固溶，因此该合金在固态是由富 Au 固溶体和纯 Ge 组成的共晶体。

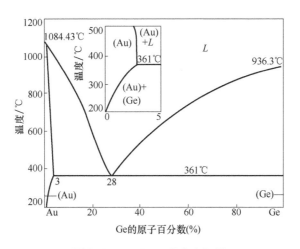

图 3-29　Au-Ge 二元合金相图

通常情况下，在共晶焊接中焊接温度要比共晶温度高 30~50℃。由于 Au-Ge 的共晶温度为 356℃，根据被焊件热容量的大小，焊接的峰值温度在 410℃左右。因此对电路基板的耐高温特性提出了要求，要求电路基板能承受 400℃以上的高温。

3.10　真空烧结粘片

3.10.1　真空烧结的含义

真空烧结是指在一定的真空度下，利用熔点比被焊接材料低的合金做焊料，通过加热使焊料熔化，靠毛细作用将液态焊料填充到焊接接触面的间隙中，通过液态焊料与被焊金属之间相互扩散溶解形成金属间化合物,最后经过冷却形成高可靠的焊接。

在烧结过程中,焊料温度升高、活性增强,极易被环境中的气氛氧化。保持烧结环境的真空,是避免焊料烧结氧化的一种重要途径。一般共晶焊接时的真空度为 5~10Pa,但对于有更高可靠性要求的器件来说,真空度要求往往更高,一般到 5×10^{-3} Pa,甚至更高。为了使芯片和封装载体之间粘接强度高、空洞少、接触电阻和接触热阻小、热匹配好,使器件具有高的抗热疲劳性能和较高的可靠性,通常需要在芯片背面制作多层金属化层,使得真空烧结后芯片多层金属化层焊料载体应力相匹配,粘附牢固。

3.10.2 烧结温度曲线

烧结工艺的好坏直接决定着粘接空洞面积的大小,通过优化烧结工艺可以改善焊料的浸润,减小空洞面积。真空烧结过程主要分为如下三个部分,工艺曲线如图 3-30 所示。

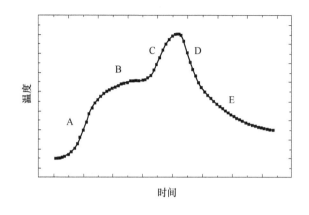

图 3-30　真空烧结工艺曲线

1)AB 段为长时间去气,以较小升温速率从室温开始加热;在焊料熔点以下 40℃左右停留一段时间,这样充分预热可以使热容较大的底座和管芯处于等温状态,从而可以防止局部冷焊或焊点过热。

2)调整烧结温度和焊料熔化时间,C 段为短时间焊料高温熔化,预热后快速升温达到焊料液相线以上 60℃左右,短时间停留。峰值温度及停留时间不仅影响润湿效果,而且对焊料和被钎焊材料之间钎焊接面发生冶金反应的程度也有很大影响。如果温度过高或停留时间过长,金属间化合物的成长就会增大,金属间化合物的晶粒过大或数量过多对焊接质量是有害的。所以制定适当的峰值温度及停留时间是很重要的。

3)真空烧结芯片的主要指标为强度和韧性,晶粒细化是同时提高材料强度和韧性的唯一方法。其基本途径是保证焊料及被钎焊材料同时快速冷却,提高晶核成长速度。D 段为从峰值温度快速冷却到 260℃左右,从而细化晶粒、提高粘接强度。E 段为缓慢冷却,可降低焊接面的残余应力,进一步提高可靠性。这是因为残余应力的存在会降低焊接区金属的塑性和抗疲劳强度,适当延长烧结电路在炉内的冷却时间,将焊接产生的弹性应变变成塑性应变,可使应力得到释放。

以铅铟银(PbIn5Ag2.5)焊料为例,通过排气、真空、预热、加温、保温、降温、进气等过程实现合金烧结工艺的全过程，优化后的合金烧结工艺参数设置如图 3-31 所示。

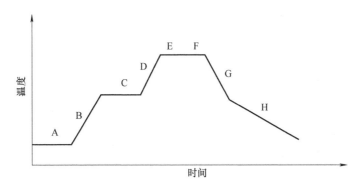

图 3-31　优化后的烧结温度曲线

A 段：抽真空排气过程，通过抽真空排气和充气过程使加热室内形成惰性气体环境，降低氧气浓度。在第二次充气时按 5∶1 比例充入工艺气体，能够在高温下有效还原氧化物。

B 段：工艺气体环境下加热升温过程。

C 段：电路在焊料熔点以下 30℃ 左右进行保温过程，通过多次试验得出合适的保温时间，使管壳与芯片处于等温状态，防止局部冷焊或过热焊点。

D 段：预热后快速升温达到焊料液相线以上 60℃ 左右。

E 段：焊料熔化，与被焊接材料间发生冶金反应。峰值温度及停留时间不仅影响润湿的效果，而且对焊料和被焊材料之间钎焊接面发生冶金反应的程度也有很大的影响。如果温度过高或停留时间过长，IMC 的成长就会增大，IMC 的晶粒过大或数量过多对焊接质量是有害的。

F 段：抽真空排气过程，在焊料熔化状态下通过抽真空将焊接区周围的气体以及焊接材料释放出的气体排出，减少空洞。

G 段：从峰值温度快速冷却到 260℃ 左右，细化晶粒，提高粘接强度。

H 段：以较缓速率冷却，降低焊接面的残余应力，进一步提高可靠性。

从优化结果上看，预热温度设置为 285℃，预热时间设置为 210s，峰值温度设置为 375℃，保温时间设置为 210s，并且在保温过程增加排气过程，排气时间设置为 180s。在此工艺条件下，合金烧结芯片样品剪切强度明显提高，平均值可达到 500N 左右，粘接面积平均值大于 80%；在显微镜下观察烧结界面形貌，焊料溢出芯片范围约 2mm，流淌形貌规则，满足项目技术指标规定的要求。

3.10.3　焊料熔融时间

在烧结过程中，焊料的熔融时间和最高焊接温度决定了焊接界面上 IMC 的厚度，最高焊接温度越高、熔融时间越长，IMC 越厚。而 IMC 厚度与焊点剪切强度密切相关，IMC 厚度在合适范围内时剪切强度较大，且随厚度改变变化不大，一旦 IMC 厚度超过该合理范围则剪切强度会急剧下降。因此，可通过不同熔融时间下焊接的剪切强度来确定合适的 IMC 厚度范围及熔融状态时间范围。

3.10.4 烧结过程中的气氛

1. 保护气氛与温变速率

烧结过程中，在不同的温度阶段，通过控制烧结环境中的气氛，可以获得更加良好的焊接效果，如图 3-32 所示。

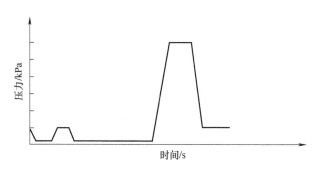

图 3-32 烧结炉内压力与时间关系图

（1）预热阶段

在焊料温度较低的预热阶段，或者在加热升温开始之前，先反复抽几次真空，将烧结炉中的环境气氛完全置换成氮气。通过抽真空、充氮气的过程，可以使管壳、基板、芯片和焊接材料中吸附、潜藏的有害气氛从材料缝隙中逃溢出来，并被真空泵带走。

（2）升温阶段

焊接前抽真空处理可以带走残留气体，避免烧结过程中的氧化现象，减少烧结空洞率。但是，全程真空环境会降低加热速率，延长烧结工艺完成时间，温度不易控制。为此，可采取全过程高纯氮环境，或者在高温适当的时机再抽真空处理，也可达到相同的效果，减少空洞的产生。

烧结过程中冲入一定压强的氮气，可以为芯片施加焊接压力，有利于焊料与芯片间的浸润。

（3）降温阶段

在降温阶段通入冷却气体，可以提高冷却速率，较快的冷却速率获得的焊料结晶晶粒较为细腻，光泽度较好。但也有研究人员认为，冷却气体需要在焊料凝固以后开启，防止气体混入熔融焊料中，增大空洞率。

2. 气压变化与气泡收缩

焊料在真空条件或保护气氛下加热至熔点后熔化，与芯片背部金属和载体表面发生化学反应形成 IMC，实现芯片与载体的可靠连接。

有研究人员提出，焊料熔化后，部分气体会残留在芯片底部的焊料中，通过施加一定气体压力，减小残留气体的体积。根据理想气体方程，理想气体在处于平衡态时，压强、体积、温度间存在一定的关系如下：

$$PV = nRT \tag{3-5}$$

式中，P 为压强（Pa）；V 为气体体积（m^3）；n 为气体物质的量（mol）；R 为摩尔气体常数，也叫普适气体恒量 [J/（mol·K）]；T 为温度（K）。

由式（3-5）得

$$\frac{P_1 V_1}{T_1} = \frac{P_2 V_2}{T_2} \tag{3-6}$$

式中，P_1 为施加气体压力前的气压；V_1 为施加气体压力前的气体体积；T_1 为施加气体压力前的温度；P_2 为施加气体压力后的气压；V_2 为施加气体压力后的气体体积；T_2 为施加气体压力后的温度。

在焊接过程中的某一时间点，等式左右两边的时间 T 是相同的，而气体的体积随压强变化而改变；当外部通入保护气体，压强增大时，焊料中被包裹的气泡压强随着增大，从而体积减小。这样，形成的空洞面积也会减少。

可见，适时通入保护气体，不仅可以对芯片施加压力，有利于气泡的排除，也有利于压缩焊料中气泡的体积。为此，研究人员还给出了焊接空洞与焊接温度的对应关系曲线，如图 3-33 和图 3-34 所示，并指出采用适当的方法控制后，真空烧结粘片的空洞率可低于 1%。

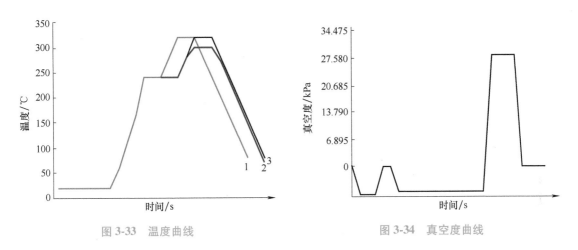

图 3-33　温度曲线　　　　　　　　　　图 3-34　真空度曲线

从曲线可以看出，保护气体的通入在烧结温度达到峰值之后，还有一段延迟时间。这是因为焊料温度上升是一个吸热的过程，实际的温度曲线滞后于环境温度曲线。在峰值温度的前半段有利于保持烧结炉内的温度，使焊料充分熔化，并通过真空环境吸走被熔融焊料包裹的气氛。当剩余气泡与熔融焊料张力达到平衡状态，再增加时间也不能进一步促进气泡的排除，此时通入保护气体，增加压强，压缩气泡体积，达到减少空洞面积的效果。这个压强要一直保持到焊料降温到凝固点以下，即焊料固化后，再解除为宜。

3. 加压时机与空洞率

有研究人员专门针对烧结过程中通入保护气体增加压强的时机进行了研究，发现随着通入保护气氛的时间段不同，焊接空洞有明显的变化。研究对比了以下几种加压时机：

1）全过程保持真空。

2）低于焊料熔点前加压并在熔化过程中保持真空。

3）低于焊料熔点前加压并在焊料熔化后凝前进行降压。

4）焊料熔化过程中加压并在焊料凝固前降至常压。

5）焊料熔化过程中加压至焊料凝固后泄压（加压压强 0.31MPa）。

6）焊料熔化过程中加压至焊料凝固后泄压（加压压强 0.38MPa）。

通过对比试验，不同加压时机焊接效果统计结果如表 3-5 所示。

表 3-5　不同加压时机焊接效果统计结果

加压时机	外观检查结果	空洞率
1)	焊料熔化不充分、不圆润，且无光泽，明显欠焊	—
2)	焊料熔化充分、圆润、色泽光亮，但不够连续，基片四周有局部断点	10.2%
3)	焊料熔化充分、圆润、色泽光亮，基片四周均匀连续	34.5%
4)		26.7%
5)		14.2%
6)		5.4%

可见，在烧结过程中，通入保护气氛增加压强的时机与焊接效果有很大关系。焊料熔化过程中加压至焊料凝固后泄压（加压压强为 0.38MPa），是一种降低焊接空洞率的良好方法，并且可以使焊料充分熔化，所得到的焊点外观圆润、色泽光亮，芯片四周均匀连续。

3.10.5　烧结过程中的还原气体

1. 反应原理

甲酸（HCOOH）、氮氢混合气体（通常体积分数氮为 90%、氢为 10%）等还原性气体对烧结粘片质量有很大的影响。

甲酸溶液在低温下不容易挥发，在烧焊过程中有甲酸溶液残留的地方会产生焊接空洞，因此往往使用甲酸和高纯氮气的混合气体来作为还原剂。在 150℃ 以上的温度条件下，甲酸气体将和金属氧化物发生如下反应：

$$Me_xO_y+2yHCOOH \Longleftrightarrow Me_x(HCOO)_{2y}+yH_2O \tag{3-7}$$

在 200℃ 以上，甲酸盐分解反应如下：

$$Me_x(HCOO)_{2y} \Longleftrightarrow xMe+2yCO_2+yH_2 \tag{3-8}$$

通过以上两步反应过程，甲酸（HCOOH）完成对氧化物的处理。

氮氢混合气体和金属氧化物发生如下反应：

$$Me_xO_y+yH_2 \Longleftrightarrow xMe+yH_2O \tag{3-9}$$

真空焊接腔室中的水分子含量越少，越有利于氢气与金属氧化物还原反应的进行。

2. 还原效果

图 3-35 和图 3-36 给出了一组烧结粘片效果对比图，烧结使用 AuSn 焊料片，芯片背面为 Ti-Ni-Au 多层金属化结构，陶瓷管壳的衬底表层镀 Au。图 3-35 所示的样品，在烧结过程中没有使用还原气体，芯片焊接后，空洞率接近 10%，最大空洞非常明显易见；同时，芯片四周焊料的溢出的宽度非常不均匀，这说明焊料的浸润较差。图 3-36 所示的样品，在烧结过程中适时通入少量还原气体，芯片焊接后，空洞率大幅下降，且单个空洞的尺寸大幅度减小；同时，芯片四周焊料溢出效果良好，既可以观察到焊料的溢出，又使得流淌范围控制在芯片四周较近的范围内。

通过对比可以看出，还原性气体不仅影响焊料的流淌性，同时也对粘接空洞率有很大的影响。适当的使用还原性气体有利于提高粘片质量，降低空洞率。

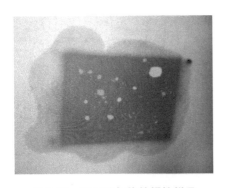

图 3-35　无还原气体的焊接样品

图 3-36　加入还原气体的焊接样品

3.10.6　烧结过程中的焊接压力

焊接压力是指在芯片烧结粘片过程中，除了芯片自身重力以外，再通过夹具、压块等方式对芯片上表面施压，提供额外的压力作用对焊料形成挤压作用，使得焊料在熔融状态时内部压强增大，这有利于焊料与母材的浸润，也有利于排除内部气泡，降低空洞率。图 3-37 给出了焊接压力的施加方向。

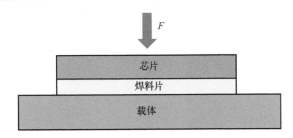

图 3-37　焊接压力的施加方向

图 3-38 所示的石墨或金属夹具可用来对多芯片混合电路烧结过程中芯片施加压力。焊接夹具一般选用高纯石墨，或者不易变形、高热导率的金属。在石墨夹具设计好的孔隙中穿入不锈钢压柱，由压柱的重量对芯片提供焊接压力，如图 3-39 所示。

高纯石墨的特点如下：

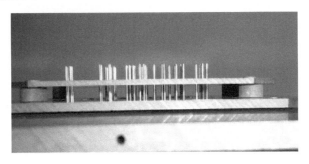

图 3-38　石墨或金属夹具

1）高温变形小，对器件影响较小。

2）导热性好，有利于热量传播，使温度均匀性好。

3）化学稳定好，长期使用不变质。

4）可塑性好，容易加工。

另外一种夹具，是针对每一只器件单独制作的，一个夹具一次装配一只器件，如图 3-40 所示。夹具由上、中、下三种模块组成，主要作用是完成芯片的定位并提供一定的压力。这种夹具为了解决焊接炉内腔尺寸小和每一炉烧结器件数量尽可能多的问题，设计的尺寸应可能的小，一般优选铝合金材质。

图 3-39　不锈钢压柱完成芯片压力施加

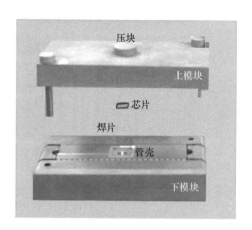

图 3-40　单一器件的芯片焊接夹具

对于混合集成电路，一个器件中有多种不同尺寸的芯片，需根据芯片大小设计不同的施压夹具。图 3-41 所示的多种重针是可实现不同压力的夹具，可针对不同规格基片载板等的特性，设计不同重量的重针组。

图 3-42 和图 3-43 分别给出了在相同焊接条件下，不使用压块和使用压块的焊接效果对比。图 3-42 所示为不使用压块的焊接样品，可以看出，空洞弥散在焊料层中。图 3-43 所示为使用压块的焊接样品，可以看出，焊接空洞的数量大幅减少了，单一空洞的面积明显下降。两者对比可以发现，合理地施加压力可以进一步提高粘接质量，降低空洞率，增加了压块使得芯片的焊接压力提高后，粘接质量会有很大提高。

图 3-41　多种重针实现不同压力

图 3-42　不使用压块的焊接样品

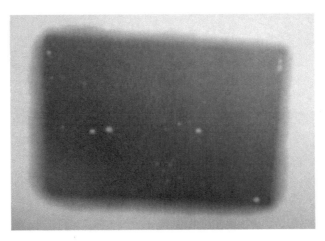

图 3-43　使用压块的焊接样品

可见，对被焊件施加压力可以有效克服被焊件两面不平行导致的间隙，增强焊料的毛细作用，使得焊料更易铺展和浸润。

3.11　芯片焊接失效模式

3.11.1　失效模式分析

影响芯片焊接强度的因素较多，涉及焊料、工艺条件、管壳衬底质量和芯片背面的粗糙度、洁净度等。对于气密封装的集成电路，还需要控制电路内部气氛，保证封装腔体内保持较低的水汽含量。

芯片焊接的直接失效模式主要有以下两种：

（1）芯片脱落

芯片从粘片区域或腔体内脱落。这是一种严重的失效情况，后果是造成集成电路完全失去功能。导致芯片脱落的因素主要有，芯片背面洁净度、粗糙度，芯片背面金属化层质量，烧结工艺影响等。

（2）焊接空洞

在合金烧结中，空洞的出现是不可避免的。空洞率高、空洞面积过大，会增加器件热阻，降低可靠性，扩大芯片碎裂、脱落的可能。影响粘接空洞率的主要因素有烧结过程中焊料浸润性、粘接面洁净程度及烧结工艺等。

间接导致密封失效模式主要是内部水汽含量超标：

电路封装后，腔体内气氛超过 GJB 548B—2005 规定的水汽含量小于 5000ppm⊖标准，会造成功能失效及贮存寿命减少等影响。不合格原因主要有，半成品电路吸附水汽、芯片粘接或焊接材料挥发有害气体、封盖工艺气体纯度不够等因素。

⊖　ppm：百万分之一。

3.11.2 芯片脱落失效原因及采取措施

（1）背金前硅片有杂质及氧化层

若背面金属化前的清洗采用的是有机溶剂，虽然能够去除有机杂质，却有可能由于冲水不净而使溶剂本身成为新的粘污。

硅片减薄后进行有机溶剂漂洗的过程中产生的自然氧化层，同样影响着芯片的质量。选用适当比例的 HF 将硅片背面在此期间生成的自然氧化层去掉，以露出新鲜的硅表面，保障金属与硅片的充分粘结，保证背金质量。

（2）金属化层与硅的粘附性不好

现有 Ni-Au 结构，Ni 既起粘附层作用又起阻挡层作用，当 Au 与焊料发生反应生成合金后粘附在 Ni 层上。背面金属化采用 Ti-Ni-Au 三层金属，可以提高背面金属与硅的粘附性。多层金属化结构还可以兼顾芯片与焊料之间的机械强度和电学性能，提高器件的热疲劳寿命。

（3）硅片背面太光滑或太粗糙

减薄时若芯片背面太光滑，不利于增大焊料与芯片的接触面积；若太粗糙，不利于焊料浸润。通过背面腐蚀来改善硅片背面粗糙度，提高芯片粘接强度。

（4）芯片背面粘污

芯片在传递过程中可能会出现粘污，影响焊料的浸润性。所以，有必要进行有效的超声清洗和等离子清洗及严格的检查来保证芯片粘接前的表面状态。

（5）背金未熔

对于大面积芯片电路，容易出现管壳温度低于焊料共晶温度的问题。这种情况下，焊料仍能熔化，但没有足够的温度来扩散到芯片背金层，造成局部冷焊。优化温度曲线，充分预热，可以使热容较大管壳与芯片处于等温状态，提高焊接质量。

3.11.3 粘接空洞失效原因及采取措施

（1）焊料浸润性差

浸润性的好坏直接影响焊料流淌性能及焊接强度，良好的浸润性能减少空洞，提高焊接强度。

选用的铅铟银焊料是一种软焊料，容易与含金的界面接合，并使焊接面更具有延展性和良好的耐疲劳寿命。根据实际需要，焊料大小为芯片面积的 90%，厚度为 50μm。

焊料的浸润性差，一方面可以认为焊料与芯片背面的接触面积较小；另一方面说明浸润液体边缘受到的界面张力较大，阻碍了焊料的铺展过程。对芯片施加一定的正压力，可以在焊料熔化时对抗表面张力，增加焊料与芯片背面的接触面积，提高浸润性，增大焊接面积及焊接强度。

（2）焊料表面氧化层

焊料存放时间过长，会使其表面产生过厚的氧化层。如果在焊接过程中没有人工干预，氧化层是很难去除的，焊料熔化后形成的氧化膜会在焊接后形成空洞。

焊料应做真空防氧化处理，抽真空保存；采用等离子清洗技术对焊接表面作进一步清洗，清除掉在材料表面的杂质，并将管壳、焊料、芯片的氧化程度降到最低；在真空环境下进行共晶焊接，可以防止焊接过程中氧化物的产生，同时如果焊接过程中充以甲酸气体等具有还原性的气体，还能够将焊料中已经形成的氧化膜进行还原，从而减少空洞的产生，提高焊接质量。

（3）焊接表面颗粒及粘污

在焊接过程中，如使用了不洁净的管壳或芯片背面受到了污染，会造成焊接过程中的焊料不能完全扩散，形成空洞，影响焊接效果。因此，管壳、芯片、焊片在焊接前要严格处理，去除材料在加工期和传递过程中带来的污染。采用超声和等离子清洗可有效去除材料表面的颗粒、有机粘污和离子沾污。

（4）焊接时气泡未排出

焊接时焊接区周围的气体及焊接材料释放出的气体，容易在焊接后形成空洞。通过优化烧结工艺曲线，在焊料充分熔化浸润后，增加抽真空排气过程，尽可能将气泡排出，减少空洞的产生。

3.11.4　内部气氛不合格原因及采取措施

（1）封装材料释放

通过对有害气氛来源进行分析，制定相应的解决措施。需要对管壳进行预烘烤，从而有效降低腔体内氢气含量；用等离子清洗技术对焊片表面进行处理，去除焊片表面的碳酸铅及其他氧化物，进一步降低内部二氧化碳含量等。

（2）半成品电路吸附水汽

由于水分子的亲和力，水汽在管壳腔体或芯片表面容易吸附形成一层水分子膜。尤其是封装管壳的内表面粗糙，存在凹凸不平，而凹陷处对水分子的吸附力远大于平面处的吸附力，因此在表面的凹陷处水分子容易集聚。为了解决管壳和芯片表面吸附的水汽，电路在封盖前要经过预烘焙等高温烘烤，以去除表面吸附的水汽。

（3）封盖工艺气体含杂质

为控制水汽含量，要求在封装过程中在高纯氮气的气氛中进行封盖，以解决因环境问题造成的水汽含量超标，即封装气氛为高纯氮。根据设备特点还要设置合适的氮气流量，保持管道内的正压力。

3.12　焊接空洞

3.12.1　焊接空洞的标准

所谓空洞，就是在焊料和母材的界面处，存在未润湿的空隙，或者在焊料内部存在空洞。导致空洞缺陷产生的因素是多方面的，主要因素有残留气体、表面氧化、表面污染、焊剂残渣和母材表面粗糙度等。

空洞面积与芯片面积的比值称为空洞率。焊接检验中一个重要内容就是焊接空洞率的检测。常用的空洞率检测方法是 X 射线照相检查，也有使用超声检测的方法观察空洞的。一般来说，高可靠电路中，要求芯片空洞率小于 50%，航天专项工程电子元器件标准要求则更高，要求必须小于 25%。图 3-44 给出了焊接空洞的 X 射线照相观察结果。

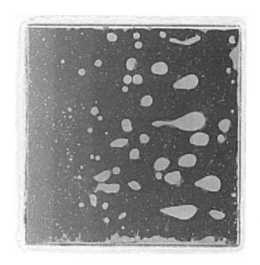

图 3-44　焊接空洞的 X 射线照相观察结果

3.12.2　氧化对空洞的影响

有研究人员采用保存良好的 IGBT 散热底板和被氧化的散热底板,进行了焊接空洞率对比试验。在其他条件不变的情况,对空洞超声扫描检测结果表明,散热底板氧化后,SnPbAg 焊料片焊接样品中,空洞率范围从 0.24%~1.57% 增加到 0.78%~6.64%,最大空洞面积占焊接区域占比范围从 0.04%~0.33% 增加到 0.04%~0.64%。可见,焊接母材的氧化,使得焊接空洞率和最大空洞面积范围的上限值有了很大的增加。

3.12.3　助焊剂选型与空洞

在集成电路封装过程中,多数焊料都不需要额外使用助焊剂,但助焊剂在器件的表面贴装工艺中广泛应用。

有研究人员使用 SAC305、Sn42Bi57Ag1、Sn63Pb37 三种不同的焊料来焊接氧化后的芯片,并选用为 SAC305 焊料开发的助焊剂来去除氧化。图 3-45 给出了助焊剂用量对焊接空洞的影响,可以看到焊接后的空洞率测量值。如图 3-45 所示,针对 SAC305 开发的助焊剂,随着使用量的增加,对降低高温焊料空洞有较大帮助,但对低温焊料却起到了相反的作用。可见,应选用与焊料相匹配的助焊剂,才能有效去除空洞。

3.12.4　焊接工艺与空洞率

如图 3-46 所示为焊接空洞随焊接方式和芯片尺寸的变化趋势,可以看到 Au-Si 共晶摩擦焊、Au-Sn 焊料真空烧结和 Au-Sn 焊料保护气氛下静压烧结,三种焊接方式对空洞率的影响,以及芯片焊接面积增大后焊接层中空洞率和单个最大空洞尺寸的变化趋势。

研究得出结论,三种焊接方式相比较,空洞率依次为,Au-Si 共晶摩擦焊小于 Au-Sn 真空烧结小于 Au-Sn 保护气氛静压烧结。其中,共晶摩擦焊接的空洞率最小。并且,对于不同尺寸的芯片,三种工艺方案均体现出了相同的趋势。同时,随着芯片面积的增大,单个最大空洞的面积有增大的趋势。

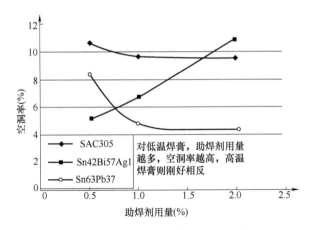

图 3-45 助焊剂用量对焊接空洞的影响

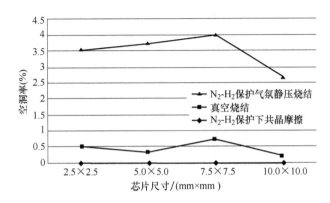

图 3-46 焊接空洞随焊接方式和芯片尺寸的变化趋势

3.12.5 真空度与焊接空洞

真空度和保护气氛是影响共晶焊接质量的重要因素。有研究人员专门对烧结过程中抽真空的真空度对焊接空洞的影响开展了研究。图 3-47 给出了真空度与焊接空洞率的关系。可以看出，随着真空度的升高共晶焊的空洞面积呈递减趋势，真空度为 1Pa 时其空洞面积接近最小，之后随着真空度的升高空洞面积呈平稳趋势，通过试验确定共晶焊的真空度至少为 1Pa。

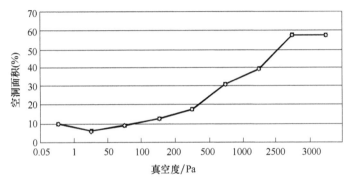

图 3-47 真空度与空洞率的关系

参考文献

[1] 孙曼灵, 等. 环氧树脂应用原理与技术 [M]. 北京: 机械工业出版社, 2003.

[2] 吴大海. 电子封装连接用中温固化型各向同性导电胶的开发 [D]. 武汉: 华中科技大学, 2005.

[3] 骆琳. 一种低玻璃转化温度的光折变聚合物体系 [D]. 昆明: 昆明理工大学, 2010.

[4] 王红霞. 纳米受限条件下聚甲基丙烯酸甲酯的玻璃态转化研究 [D]. 苏州: 苏州大学, 2013.

[5] 张军, 贾宏, 陈旭. 环境对各向异性导电胶膜性能参数的影响 [J]. 中国集成电路, 2007 (3): 58-62.

[6] 李传习, 曹先慧, 柯璐, 等. 高温对结构加固用环氧黏结剂力学性能的影响 [J]. 建筑材料学报, 2020, 23 (3): 642-649.

[7] 尚承伟. 电子导电胶的最新研究进展 [J]. 电子元件与材料, 2018, 37 (5): 62-66.

[8] 熊娜娜. 银纳米结构及其对导电胶电性能影响研究 [D]. 中山: 电子科技大学中山学院, 2015.

[9] 段国晨, 齐暑华, 吴新明, 等. 微电子封装用导电胶的研究进展 [J]. 中国胶粘剂, 2010, 19 (2): 54-60.

[10] 雷芝红, 贺英, 高利聪. 微电子封装用导电胶的研究进展 [J]. 微纳电子技术, 2007 (1): 46-50.

[11] 高玉, 余云照. 导电胶固化过程中导电网络形成的机理 [J]. 粘接, 2004 (6): 1-3.

[12] 巫建华, 李佳, 王岩. 各向异性导电胶粘结工艺技术研究 [J]. 电子与封装, 2010, 10 (1): 11-16.

[13] 张军, 陈旭. 各向异性导电胶粘接可靠性研究进展 [J]. 电子元件与材料, 2004 (1): 35-38.

[14] 张军. 各向异性导电胶膜粘接可靠性的研究 [D]. 天津: 天津大学, 2005.

[15] 柯于鹏. 微电子组装用高性能银粉导电胶研究 [D]. 长沙: 中南大学, 2008.

[16] 薛伟. 基于改性环氧树脂各向异性导电胶的研究 [D]. 哈尔滨: 哈尔滨工业大学, 2020.

[17] 郝长祥. 新型各向异性导电胶的研制 [D]. 哈尔滨: 哈尔滨工业大学, 2019.

[18] 黄丽娟, 曾黎明. 微电子封装用各向异性导电胶的研究进展 [J]. 化学与粘合, 2009, 31 (3): 57-60, 77.

[19] 向昊, 曾黎明, 胡传群. 各向异性导电胶的研究与应用现状 [J]. 粘接, 2008 (10): 42-44.

[20] 蔺永诚, 陈旭. 各向异性导电胶互连技术的研究进展 [J]. 电子与封装, 2006, 6 (7): 1-7, 20.

[21] 鲜飞. 用于微电子组装的导电胶粘接剂的研究现状 [J]. 印制电路信息, 2006 (3): 68-70.

[22] 方楚, 金家富, 潘旷. 复杂环境下导电胶的性能变化影响分析 [J]. 电子工艺技术, 2021, 42 (2): 63-65, 83.

[23] 李洪剑, 井立鹏, 赵李阳, 等. 固化参数对导电胶导电性能的影响 [C]//中国航天电子技术研究院科学技术委员会. 中国航天电子技术研究院科学技术委员会 2020 年学术年会论文集. 北京: 中国航天电子技术研究院科学技术委员会, 2020: 149-155.

[24] 刘运吉, 杨道国, 秦连城, 等. 固化工艺参数对导电胶导电性的影响 [J]. 电子元件与材料, 2005 (10): 20-22, 26.

[25] 伍艺龙, 卢茜, 董东. 多芯片组件的导电胶银迁移失效预防措施 [J]. 电子工艺技术, 2018, 39 (3): 136-139.

[26] 刘庆川, 刘笛, 关亚男. 聚合物胶粘剂粘片 FMEA 研究 [J]. 微处理机, 2012, 33 (4): 28-31.

[27] 全国电工电子可靠性与维修性标准化技术委员会. 系统可靠性分析技术失效模式和影响分析 (FMEA) 程序: GB/T 7826-2012 [S]. 北京: 中国标准出版社, 2013.

[28] 杨雷, 施英铎, 严秋成. 降低集成电路封装粘片过程失效率 [J]. 质量与可靠性, 2018 (5): 63-66.

[29] 龙平. 导电胶连接失效模式及可靠性 [J]. 科技经济导刊, 2019, 27 (21): 34-35.

[30] 严钦云, 周继承, 杨丹. 导电胶的粘接可靠性研究进展 [J]. 材料导报, 2005 (5): 30-33.

[31] 李文, 李阳阳, 朱晨俊, 等. 导电胶粘接片式器件侧边胶量仿真优化与验证 [J]. 电子与封装,

2020, 20 (6): 54-57.

[32] 连兴峰, 苏继龙. 封装热效应及粘结层对微芯片应力和应变的影响 [J]. 机电技术, 2012, 35 (6): 33-36.

[33] 宋夏, 林文海. 导电胶应用的隐患来源及控制措施 [J]. 电子与封装, 2017, 17 (5): 1-4.

[34] 顾靖, 王珺, 陆震, 等. 芯片叠层封装的失效分析和热应力模拟 [J]. 半导体学报, 2005 (6): 1273-1277.

[35] 吴红, 李增红, 阴磊, 等. 浅谈导电胶解决热膨胀系数失配问题 [C]//中国电子学会. 2018 年全国微波毫米波会议论文集 (上册). 北京: 中国电子学会, 2018: 737-739.

[36] 周琳琳. 芯片黏接失效机理分析与工艺改进 [J]. 集成电路应用, 2020, 37 (5): 46-48.

[37] 胡长清, 赵鹤然, 田爱民, 等. 一种基于储能焊的混合电路典型失效模式 [J]. 微处理机, 2019, 40 (2): 22-25.

[38] MAO Y P, YOU M. Oversea progress in mechanical properties of electrically conductive adhesives for micro-electronic packages [J]. China Adhesives, 2005 (3): 41-45.

[39] TONG Q K, MARKLEY D L, FREDERICKSON G, et al. Conductive adhesives with stable contact resistance and superior impact performance [C]//1999 Proceedings. 49th Electronic Components and Technology Conference, June 1-4, 1999, San Diego, California. New York: IEEE, 1999: 347-352.

[40] LU D, TONG Q K, WONG C P. Mechanisms underlying the unstable contact resistance of conductive adhesives [J]. IEEE Transactions on Electronics Packaging Manufacturing, 1999, 22 (3): 228-232.

[41] CHEN X, ZHANG J, WANG Z P. Microscopic observation of failure mechanism of anisotropic conductive film for flip-chip joining [C]//The Ninth Intersociety Conference on Thermal and Thermomechanical Phenomena In Electronic Systems, June 1-4, 2004, Las Vegas, Nevada. New York: IEEE, 1999: 347-352.

[42] CAO L Q, LAI Z H, LIU J. Interfacial adhesion of anisotropic conductive adhesives on polyimide substrate using the peel test with different moisture environment [C]//3rd International IEEE Conference on Polymers and Adhesives in Microelectronics and Photonics, October 21-23, 2003, Montreux, Vaud. New York: IEEE, 2003: 309-313.

[43] NYSAETHER J B, LAI Z, LIU J. Thermal cycling lifetime of flip chip on board circuits with solder bumps and isotropically conductive adhesive joints [J]. IEEE Transactions on Advanced Packaging, 2000, 23 (4): 743-749.

[44] 李明荣, 王志海, 毛亮, 等. 三维集成封装结构热力可靠性分析 [J]. 机械与电子, 2019, 37 (7): 24-27.

[45] 刘笛. 大容量存储器高可靠性 3D 封装技术研究 [J]. 微处理机, 2019, 40 (3): 7-10.

[46] 曹持论. NAND 闪存芯片封装技术综述 [J]. 集成电路应用, 2021, 38 (5): 4-5.

[47] 张琦. 基于交错堆叠 DDR 模组的结温预测与优化研究 [D]. 南京: 南京邮电大学, 2020.

[48] 廖小平, 高亮. 叠层芯片引线键合技术在陶瓷封装中的应用 [J]. 电子与封装, 2016, 16 (2): 5-8.

[49] 中国机械工程学会焊接学会. 焊接手册 [M]. 3 版. 北京: 机械工业出版社, 2016.

[50] 张启运, 庄鸿寿, 等. 钎焊手册 [M]. 3 版. 北京: 机械工业出版社, 2017.

[51] 刘许旸. Ti-Al 系熔体与陶瓷的润湿性及界面相互作用的行为研究 [D]. 重庆: 重庆大学, 2017.

[52] 朱艳, 赵霞, 钱兵羽, 等. 钎焊 [M]. 哈尔滨: 哈尔滨工业大学出版社, 2012.

[53] SEKULIC D P, et al. Advances in brazing: Science, technology and applications [M]. Cambridge: Woodhead Publishing, 2013.

[54] 菅沼克昭. 无铅软钎焊技术基础 [M]. 刘志权, 李明雨, 译. 北京: 科学出版社, 2017.

[55] 中国有色金融工业协会, 唐仁政, 田荣璋. 二元合金相图及中间相晶体结构 [M]. 长沙: 中南大学出版社, 2009.

［56］ 赵红艳. 高熵固溶体合金的相组成和力学性能研究［D］. 大连：大连理工大学，2015.

［57］ NICOLAOU K C，WINSSINGER N，PASTOR J，et al. Synthesis of epothilones A and B in solid and solution phase.［J］. Nature，1997，387：268-272.

［58］ 崔忠圻，刘北兴. 金属学与热处理原理［M］. 3 版. 哈尔滨：哈尔滨工业大学出版社，2004.

［59］ 侯相召. 微组装工艺研究［D］. 南京：东南大学，2019.

［60］ 冯晓晶，夏维娟，孙鹏，等. 微波芯片 Au80Sn20 全自动共晶焊接工艺［J］. 电子工艺技术，2020，41（6）：346-349.

［61］ 葛秋玲，丁荣峥，明雪飞. 金锡共晶烧结工艺及重熔孔隙率变化研究［J］. 电子与封装，2011，11（12）：4-7.

［62］ 姜永娜，曹曦明. 共晶烧结技术的实验研究［J］. 半导体技术，2005，30（9）：53-56，60.

［63］ 刘泽光，陈登权，罗锡明，等. 金锡钎料性能及应用［J］. 电子与封装，2004，4（2）：24-26，40.

［64］ 霍灼琴，杨凯骏. 真空环境下的共晶焊接［J］. 电子与封装，2010，10（11）：11-14.

［65］ 郝成丽，王曦，查家宏，等. 功率芯片高焊透率二次共晶焊接工艺技术研究［J］. 航天制造技术，2017（6）：12-15，30.

［66］ 罗红媛. 多温度梯度焊接工艺技术［J］. 电子工艺技术，2013，34（3）：167-169，186.

［67］ 谢颖. 微组装关键工艺技术研究［D］. 成都：电子科技大学，2010.

［68］ 张启运，庄鸿寿. 三元合金相图手册［M］. 北京：机械工业出版社，2011.

［69］ 梁基谢夫，等. 金属二元系相图手册［M］. 郭青蔚，译. 北京：化学工业出版社，2009.

［70］ 王刘珏，薛松柏，刘晗，等. 电子封装用 Au-20Sn 钎料研究进展［J］. 材料导报，2019，33（15）：2483-2489.

［71］ 田雅丽. Sn 基界面金属间化合物性质的第一性原理研究［D］. 天津：天津大学，2017.

［72］ 张威，王春青，阎勃晗. AuSn 钎料及镀层界面金属间化合物的演变［J］. 稀有金属材料与工程，2006，35（7）：1143-1145.

［73］ 胡永芳，李孝轩，禹胜林. 基于 Au 基共晶焊料的焊接技术及其应用［J］. 电焊机，2008，38（9）：57-60.

［74］ 原辉. 金-硅共晶焊工艺应用研究［J］. 电子工艺技术，2012，33（1）：18-20，37.

［75］ 徐鑫. 金硅合金晶体结构与性质的理论研究［D］. 青岛：青岛大学，2015.

［76］ 阳岸恒，谢宏潮. 金锗合金在电子工业中的应用［J］. 贵金属，2007，28（1）：63-66.

［77］ 侯一雪，乔海灵，廖智利. 混合电路基板与外壳的共晶焊技术［J］. 电子与封装，2007，7（8）：9-10，20.

［78］ 赵怀志，宁远涛. 金［M］. 长沙：中南大学出版社，2003.

［79］ 刘洪涛. 真空烧结技术研究［J］. 微处理机，2015，36（3）：9-11.

［80］ 杜长华，陈方，等. 电子微连接技术与材料［M］. 北京：机械工业出版社，2008.

［81］ 理查德，威廉，等. 高级电子封装：原书第 3 版［M］. 李虹，张辉，郭志川，等译. 北京：机械工业出版社，2010.

［82］ 李雪冰. 大面积集成电路芯片合金烧结工艺质量控制技术研究［D］. 西安：西安电子科技大学，2018.

［83］ 罗头平，寇亚男，崔洪波. 微波功率芯片真空焊接工艺研究［J］. 电子工艺技术，2015，36（4）：225-227.

［84］ 洪火锋. 芯片真空金锡共晶焊接中的气压控制［J］. 电子与封装，2020，20（5）：11-15.

［85］ 高能武，季兴桥，徐榕青，等. 无空洞真空共晶技术及应用［J］. 电子工艺技术，2009，30（1）：16-18，21.

［86］ 贾耀平. 功率芯片低空洞率真空共晶焊接工艺研究［J］. 中国科技信息，2013（8）：125-126.

［87］张建宏，王宁，杨凯骏，等. 真空共晶设备的改进对共晶焊接质量的影响［J］. 电子工业专用设备，2010，39（10）：44-47.

［88］巫建华. 薄膜基板芯片共晶焊技术研究［J］. 电子与封装，2012，12（06）：4-8.

［89］原辉. 真空烧结工艺应用研究［J］. 电子工艺技术，2011，32（1）：23-27.

［90］余定展，黄海燕，张夏一，等. 一种混合集成电路共晶焊接用石墨夹具的设计［J］. 电子机械工程，2019，35（4）：57-60，64.

［91］王猛，刘洪涛. 基于金锡合金焊料的低空洞率真空烧结技术研究［J］. 微处理机，2018，39（3）：6-9.

［92］张顺，姚剑锋. 减少功率器件粘片气泡的工艺技术研究［J］. 机电工程技术，2013，42（8）：126-128，171.

［93］庞婷，王辉. 真空共晶焊接技术研究［J］. 电子工艺技术，2017，38（1）：8-11.

［94］侯一雪，乔海灵. 真空/可控气氛共晶炉在电子封装行业的应用［J］. 电子工业专用设备，2007，36（5）：64-68.

［95］李孝轩. 微波多芯片组件微组装关键技术及其应用研究［D］. 南京：南京理工大学，2009.

［96］黄小娟，王豹子，叶娜，等. IGBT 模块封装底板的氧化程度对焊接空洞率的影响分析［J］. 电子产品世界，2016，23（5）：62-64.

［97］李波，夏俊生，李寿胜. 厚膜混合微电子芯片共晶焊工艺研究［J］. 新技术新工艺，2016（5）：6-10.

［98］杨宗亮，俸绪群. 混合集成电路组装中的共晶焊技术［J］. 电子测试，2016（15）：56-57.

［99］徐建丽. 高功率芯片钎焊预成形焊片的空洞控制［J］. 焊接技术，2018，47（12）：89-91.

［100］陈波，丁荣峥，明雪飞，等. 共晶焊料焊接的孔隙率研究［J］. 电子与封装，2012，12（11）：9-12.

［101］徐会武，安振峰，闫立华. 大功率激光二极管无助焊剂烧焊技术［J］. 半导体技术，2009，34（5）：463-466.

第 4 章 引线键合

4.1 引线键合概述

4.1.1 引线键合介绍

引线键合就是将芯片 I/O 焊盘和对应封装体上的焊盘用细金属丝连接起来，每次只连接一根。这种点到点工艺的突出优点是具有很高的灵活性。在引线键合相关文献或行业专家的报告中，经常出现足以说明键合工艺的重要性的一些关键数字。尽管引线键合工艺从 1960 年就诞生了，但由于可行性、成本、质量、可靠性和兼容性等方面的优势，引线键合工艺目前仍然是集成电路内部互连的最主要方法，超过 90% 的集成电路使用了这种互连方式。键合点的形成通常在数毫秒至几十个毫秒的时间内，一条完整的键合线的形成也仅需数十毫秒，虽然整个过程时间极短，但却很复杂，这里仍然有很多不可避免的问题。据统计，当前电子封装、测试过程中的失效问题，超过 25%与引线键合有关。

4.1.2 引线键合机理

引线键合的机理是金属间结合界面超级净化（无任何杂质，包括空气隙），原子间无限接近并形成金属键。引线键合焊点的形成，包括金属之间的机械相互作用以及在界面上的互扩散作用，通过优化键合工艺参数，使焊点趋于完美。简单来说，引线键合工艺就是用金属细线，将集成电路内部需要连接的金属焊盘连接起来，并实现其电连通的过程。在陶瓷封装中，这个金属细线可以是金丝或铝丝。这些金属焊盘，可以是芯片上的金属焊盘/引脚（Pad）点，也可能是陶瓷基板上印制的金属导线，或者是外壳键合指上的金属镀层。而连接的对象，可以是芯片与外壳、芯片与基板、芯片与芯片、基板与基板或基板与外壳。

4.1.3 分类

引线键合，可以按照焊点的形状分为球焊和楔焊。按照能量施加的原理，分为超声键合、热压键合和热超声键合。在高可靠陶瓷封装技术中，键合工艺一般分为两种，分别是金丝球焊和铝丝楔焊。这两种键合工艺，都用到了超声的作用。铝硅丝热压焊是禁限用的，如标准 GJB 2438B—2017 附录 D 的通用设计和结构准则明确了宇航用电路的禁限用工艺和材料，规定禁止使用硅铝丝热压键合工艺，不过这不代表热压键合在高可靠器件中是禁用的。

超声键合，是界面上金属互扩散引起固溶强化的效应使两者产生连接强度，这也是工业界和学术界相当一致的看法。一般认为，引线键合中被连接材料并未发生熔化，因此是一种固相焊接方法。

4.1.4　键合丝

1. 分类

根据《中国半导体封装测试产业调研报告》，目前市场上键合丝主要有 4 大类型：金丝、铜丝、银丝、铝丝。

从合金成分及复合结构细分，主要有纯金丝、金银合金丝、银合金丝、纯铜丝、铜合金丝、金钯铜丝、镀金银丝、纯铝丝、铝硅丝等。

引线键合工艺使用的材料也不只有金属丝，还有金属带，如金带和铝带。

2. 应用领域及市场份额

金丝：因其独特的金属化学稳定性和极具作业效率的工艺应用优势，仍占据高端市场，目前主要应用于高端 IC 产品、军用器件模块、LED 大功率照明、LED 电视手机背光产品、光通信模块、红外接收发射管及摄像头模组产品等。2018 年金丝在市场上进一步被铜丝和银丝替代，份额从原来的 50% 下降到 33%。

铜丝：在多年前就已经在半导体分立器件封装上完全取代了金丝产品，并在通用集成电路上也逐渐成为主流、LED 显示屏用 RGB 产品也开始普及应用。2018 年铜丝市场份额大约占 35%。

银丝：因良好的键合性能和成本优势，银丝在各类 LED 光源器件产品及部分小型扁平式 IC 封装产品应用上推进速度很快。在小功率 LED 光源器件产品上将会逐步占据主导地位。2018 年银丝市场份额大约在 30% 以上。

铝丝：分为纯铝丝和铝硅丝两大类型。铝丝主要应用于功率半导体器件（IGBT、MOS-FET、UPS、功率晶体管）及 LED 数码管产品、COB 面光源上。

3. 高可靠陶瓷封装原材料

高可靠陶瓷封装引线键合工艺使用的键合丝，常为金丝、硅铝丝、粗铝丝等。

纯铝很软，细的纯铝丝没有足够的机械强度支撑高速键合，因此纯铝线多为粗铝丝。一般把引线直径大于 $100\mu m$ 的铝丝称为粗铝丝，常用的线径（直径）规格为 $100 \sim 500\mu m$。对于小直径的铝丝，通常添加 1% 的硅使其合金化来增加强度和韧性，称为硅铝丝。

4.1.5　键合工具

球焊与楔焊使用不同类型的键合工具，如图 4-1 所示。在球形键合工艺中，键合丝竖直穿过劈刀通过，与键合水平面成 90°角。楔形键合工艺中，键合丝穿过楔形工具背面的通孔，一般与键合水平面成 30°或 60°角。

键合工具的作用是多方面的。在焊点键合时，劈刀负责有效、稳定的传输超声能量到键合界面。在拉线弧时，需保证键合丝在劈刀孔中内部顺畅、稳定的运动。劈刀的形状、尺寸

a) 球焊劈刀　　　　　　　　　　　b) 楔焊劈刀

图 4-1　键合工具

对应着键合焊点的形貌和尺寸。图 4-2 给出了球形键合第一点、第二点焊点形貌。图 4-3 给出了楔形键合第一点、第二点焊点形貌。

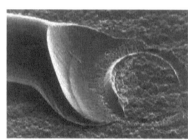

a) 第一点　　　　　　　　　　　b) 第二点

图 4-2　球焊焊点形貌

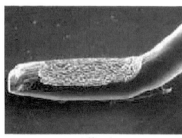
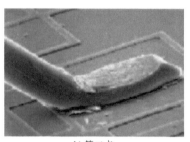

a) 第一点　　　　　　　　　　　b) 第二点

图 4-3　楔焊焊点形貌

　　劈刀是实现键合丝与焊盘互连的重要工具，但有时劈刀选型不合适或管壳、基板等设计不合适，会导致劈刀没有足够的运动空间，键合不能顺利完成。开展劈刀设计和劈刀选型等研究，有助于解决引线键合弧线成形控制困难、深腔与近壁键合困难等问题。

4.1.6　线径与电流

　　相同线径之下，金丝承载电流能力高于铝丝。通常，选择键合丝的线径，由器件所需承载电流的大小决定，图 4-4 给出了线径与电流关系图。在高可靠器件中，如果空间、线径允许，甚至可以留出高达 2.5 倍的电流设计余量，防止器件短时过电流熔断键合丝。

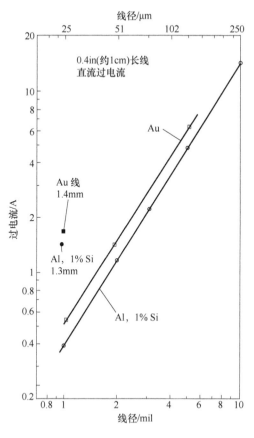

图 4-4　线径与电流关系图

4.2　金丝键合

4.2.1　工艺步骤

1. 主要过程

金丝键合的实现主要通过热超声键合来完成。热超声键合同时具有热压键合和超声键合两者的优点。热压键合所需的温度一般在300℃以上，加上超声的作用后，热超声键合所需的温度可降至200℃以下。这样，金丝键合工艺可以与其他耐温300℃以下的微组装工艺相匹配，在高可靠集成电路封装中广泛应用。

在键合过程中，超声起到了关键作用。由于劈刀对键合丝施加了一定的压力，当施加超声功率时，劈刀带动键合丝在电极的表面上来回摩擦。在负载的作用下，超声能量被键合丝吸收，使键合丝和焊盘表面产生塑性形变。同时，超声破坏了表面的氧化膜，暴露出洁净的表面，使两纯粹的金属面紧密接触，依靠原子间的引力实现键合。

键合设备自带的说明书对键合工艺步骤有较为详细的讲解。金丝键合主要由烧球、第一点键合、拉弧、第二点键合和拉断尾线等五个过程组成，图4-5给出了金丝键合的主要参数与键合丝的对应关系。图中，BITS（Bond Integrity Test System）为键合完整性测试系统。

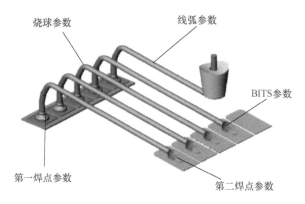

图 4-5　金丝键合的主要参数与键合丝的对应关系

2. 第一点键合

在第一点键合之前，首先要完成自由空气球（Free Air Ball，FAB）的烧制。现在的金丝键合机，一般通过电子打火（Electrical Flame-Off，EFO）系统将金丝末端熔化成一个金球。放电距离及放电参数决定球的尺寸和形状。烧球完成后，球在劈刀的带动下下降，同时线夹打开，使金球紧靠劈刀孔内斜面，准备开始第一点键合。

图 4-6 所示为金丝键合的第一点键合工艺过程。第一点键合开始时，劈刀带动金球下降，直到金球与焊盘接触。这个劈刀下降的过程分为两个阶段：先是高速运动，在达到快与焊盘接触的高度（一般称为搜索高度，是一个预设参数）时，速度变为一个很慢的常数（10^{-2}m/s 级）；然后，劈刀将金球压在焊盘上。在劈刀下降冲击和压力的作用下，实际的 FAB 直径也有变化。当 FAB 与焊盘接触时，第一键合点开始形成，劈刀使用一定的键合力及一定键合持续时间的超声能量将 FAB 压在焊盘上，金球被压扁，形成变形球（Mashed Ball，MB），第一键合点形成。

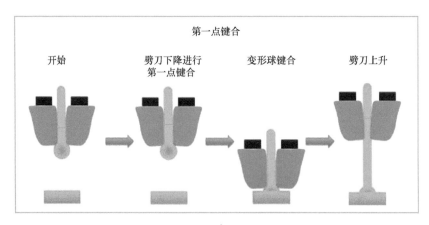

图 4-6　金丝键合的第一点键合工艺过程

根据键合原理，第一点键合过程可以被划分为 3 个阶段，如图 4-7 所示。在第一阶段，初始的 FAB 变形，并且表面被清洁干净。在第二阶段，变形和清除继续；FAB 在键合界面上滑动，一些微观焊接区域形成。在最后阶段，微观焊接区域变成微观焊点，FAB/焊点被固定到键合界面上。键合超声、压力加速了原子扩散，软化并塑形了 FAB 形成最终焊点。事实上，这三个过程的开始和结束是难以精确区分的，特别是第二和第三阶段，从滑移到粘连的转变。有研究文献认为，劈刀下降冲击阶段被考虑成第一阶段，焊球与焊盘接触是第二阶段，超声键合是第三阶段。

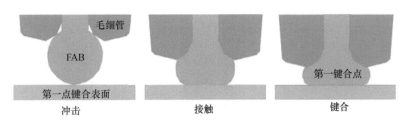

图 4-7　第一键合点形成的三个阶段

在第一点键合完成后，劈刀向上抬起，随后向第二点键合位置移动，形成线弧，第二点键合准备开始。

3. 第二点键合

图 4-8 所示为金丝键合的第二点键合及之后的工艺过程。当劈刀运动到第二键合点焊盘上方后，第二点键合开始。劈刀下降，来自劈刀的引线突出部分首先接触焊盘表面，超声振动通过劈刀施加，以进行第二点键合。第二键合点的最终键，由于形状特点，被称为月牙键、鱼尾键或鱼尾楔焊等。进行第二点键合后，劈刀抬起至预设的尾线长度时，线夹关闭，劈刀连同线夹继续向上运动，将线拉断。

第二点键合结束后，劈刀上升，并将金丝充分降低，以允许打火杆制造另一个 FAB，键合机准备重复进入新的键合循环。

4. 劈刀运动

在金丝键合循环过程中，劈刀位置高度和运动速度的状态变化，如图 4-9 所示。

过程⑫，既是循环的开始，又是循环的结束，这是 FAB 的形成阶段。在此阶段，劈刀高度和速度不变，由打火杆完成金丝尾线的烧球。

过程①~③是第一点键合阶段，劈刀完成了从第一键合点上方的下降并与焊盘冲击形成接触的过程。劈刀从烧球高度下降到搜索高度，最后接近焊盘的过程中，接近速度逐渐放缓，在 MB 与焊盘形成良好接触后完成第一点超声键合。

过程④~⑥是劈刀牵引金丝完成拉弧线过程。劈刀首先垂直抬起，使劈刀头的内、外切面与焊球分离。随后为了形成有效的线弧高度，先朝着第二键合点相反的方向水平拉线，再垂直抬升到设定线弧参数的最高点，达到最高点后，朝向第二键合点移动直至其上方区域。

过程⑦~⑨阶段，之后搜索第二键合点焊盘并下降，在金丝与焊盘形成良好接触后完成第二点超声键合。

过程⑩~⑪是拉断尾线阶段，劈刀与线夹相配合，拉断尾线，形成鱼尾状第二键合点，随后劈刀带着尾线上升，准备开始一个新的键合循环。

4.2.2　关键参数

影响金丝键合质量的因素众多，外部因素主要有焊盘基板材质、镀层厚度、镀层质量、

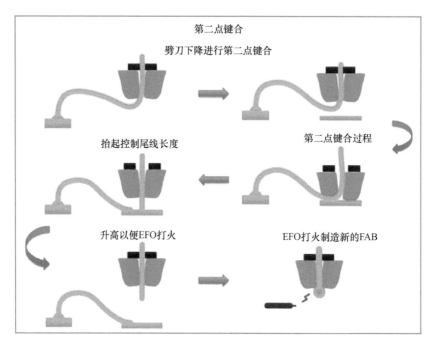

图 4-8　金丝键合的第二点键合及之后的工艺过程

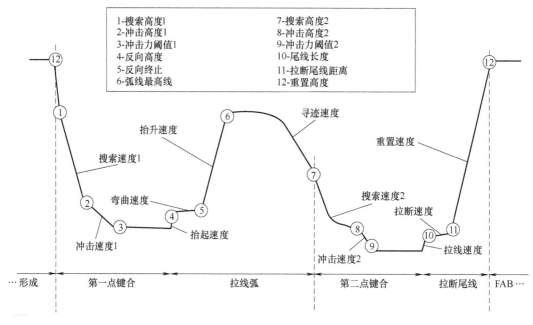

图 4-9　键合循环中劈刀高度位置和运动速度图

劈刀状态等，关键工艺参数包括超声功率、键合压力、键合时间、键合温度等。

1. 超声功率

超声功率对键合焊点变形及其与焊盘结合起主导作用，对键合外观及质量影响最大。过小的功率会导致键合点变形不足，未成形牢固的键合；过大的功率导致键合点变形过大、跟部变薄容易断裂及键合塌陷或焊盘破裂等。

有研究人员采用直径 25μm 金丝作为试验对象,分析了超声功率与键合强度之间的关系,如图 4-10 所示。研究认为,一般陶瓷基板上直径 25μm 金丝键合相对超声功率都控制在 9%~20% 的范围内,这样可以得到理想的键合强度数值。

注意,通常全自动键合机可以直接设定所需的超声电流或是超声电压,大部分手动键合机和半自动键合机则是通过设定输出功率占最大输出功率的百分比来控制键合功率。

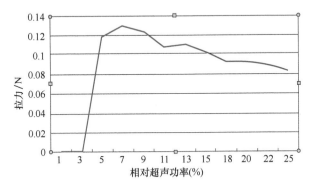

图 4-10   超声功率与键合强度关系

2. 键合压力

压力是超声键合的必要条件。施加压力是为了使金丝与焊盘紧密地接触。压力对键合点的形貌(主要是宽度)起到重要影响。压力过大,金丝的变形增大,会切断金丝或破坏焊盘金属化层,导致焊接不可靠。压力太小,劈刀不能牢固地压住金丝,超声功率不能有效传递到金丝与电极金属化层的交界面,不能使金丝与焊盘产生相对摩擦。

同时,压力与功率是两个独立的参数,但是又互相影响。展开来讲,劈刀、键合丝、焊盘三者之间的界面运动可分为两个阶段:首先,劈刀带动键合丝与焊盘表面摩擦,逐步形成键合丝与焊盘之间的界面连接,并最终稳定;随后,键合丝与劈刀开始发生相对运动,焊点上端形貌形成。当增大压力时,键合丝与焊盘界面的摩擦力增加,相当于增大了超声运动的阻力,也相当于减小了超声功率。

直径 25μm 金丝试验研究结果表明,当压力极小时,键合不上;当压力足够大以后,键合丝和焊点形貌都满足要求,同时键合强度随着压力的增加有较大的上升;当键合强度达到最大值以后,再增大压力,键合强度趋于平缓,如图 4-11 所示。

3. 键合时间

键合时间,关系着超声功率作用在焊盘上的总能量,通常的都在毫秒级。一般来说,键合时间越长,金丝变形越严重,键合点的结合面积越大,界面强度增加而颈缩部位强度降低;键合时间过短,超声能量施加不足,焊盘表面氧化层难以破坏,不易露出洁净的金属表面,导致键合强度过低。

研究人员继续采用相对超声功率设定为 20%、键合压力设定为 0.18N 的参数,使用直径 25μm 金丝开展超声时间与键合强度关系试验。结果表明,键合时间极小时,键合难以实现。随后,随着键合时间的增加,键合强度大幅上升。当键合强度最大值时,观察键合丝和焊点形貌,均符合要求。随着键合时间的进一步增加,键合强度区域平缓,如图 4-12 所示。

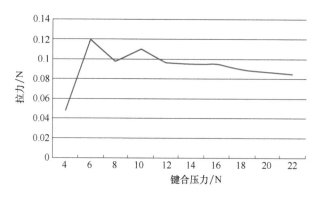

图 4-11　压力与键合强度关系

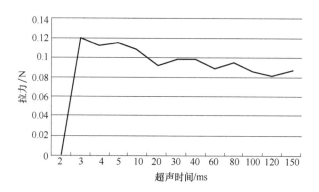

图 4-12　超声时间与键合强度关系

4. 键合温度

有资料指出，对于键合焊点的形成，键合温度比超声能量的影响更显著。加热给键合位置提供了额外的能量，因此，键合温度越高，形成键合所需的超声能量就越低，这使得引线键合获得了更宽泛的工艺窗口，如图 4-13 所示。正确的加热方式可以增加焊点处的金属原子活性，有利于微观塑性变形，提高焊点的键合强度。同时，提高键合温度，键合反应速率增加，完成键合所需的时间越短。

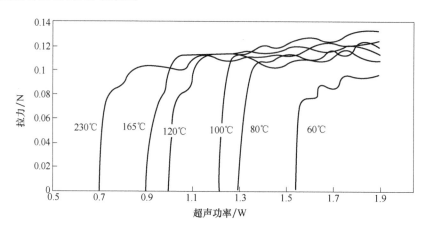

图 4-13　金丝在铝金属层上热超声键合工艺窗口

4.3　铝丝键合

4.3.1　工艺步骤

铝丝键合往往使用超声楔焊，利用超声能量使铝丝与焊盘直接键合。由于劈刀工具头呈楔形，键合点两端都是楔形，故又称楔形压焊。超声楔焊是一个复杂的工艺过程，键合劈刀的运动、线夹的动作与工艺参数施加的时序协同配合，共同完成了一条铝丝的焊线过程，如图 4-14 所示。其中，劈刀是超声波功率、压力等重要工艺参数得以施加的媒介，其运动轨迹还控制着线弧的形状。

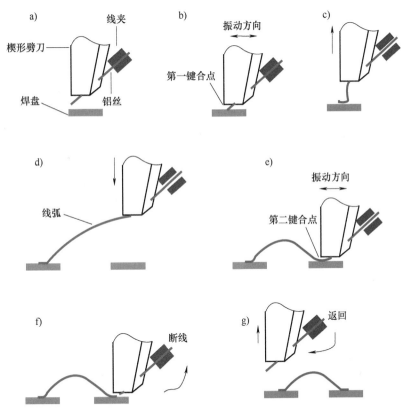

图 4-14　铝丝超声楔焊工艺过程

1）铝丝从超声换能器上的小孔穿过，再从劈刀尖端穿过，并且伸出劈刀一部分（尾丝）。劈刀调整到第一键合点位置的正上方，如图 4-14a 所示。

2）劈刀向下运动，并以一定的压力将铝丝压到焊盘表面，施加一定时间的超声波功率形成第一个键合点，如图 4-14b 所示。

3）线夹打开，劈刀上升至弧线高度处，如图 4-14c 所示。

4）劈刀移动到第二键合点位置上，如图 4-14d 所示。

5）送线电磁螺线管启动，线夹向后运动，为压完第二点后送出铝丝以进行下一个键合循环做准备，如图 4-14e 所示。

6）劈刀再次下降，将铝丝压在焊盘表面，施加超声和压力，完成第二个键合点，如图 4-14e 所示。

7）劈刀压住已经形成的第二个键合点，然后，扯线电磁阀启动，线夹向后运动，在第二点的跟部扯断引线，如图 4-14f 所示。

8）劈刀提升，线夹移至复位高度上，扯线及送线电磁阀断电，复位弹簧使线夹返回原处，并将线尾送进劈刀内。重复此循环进行下一根引线的键合，如图 4-14g 所示。

总而言之，在超声楔焊过程中，铝丝与焊盘之间的键合界面吸收了劈刀传递过来的足够多的超声能量，界面间的固态焊接形成。首先，楔形劈刀将铝丝按压在焊盘上，铝丝和焊盘获得初始形变。接着，超声波能量开启，超声波振动发生。经过一个确定的时间，铝丝与焊盘间形成高强度焊接，之后，超声波能量关闭。劈刀牵引键合丝形成线弧，并接近第二键合点并重复上述键合过程，形成第二键合点。最后，扯断铝丝尾线（粗铝丝是用切刀切断尾线）。铝丝超声键合第一键合点与第二键合点的工艺过程如图 4-15 所示。对于铝丝来说，一个键合点的形成仅需 10~100ms。

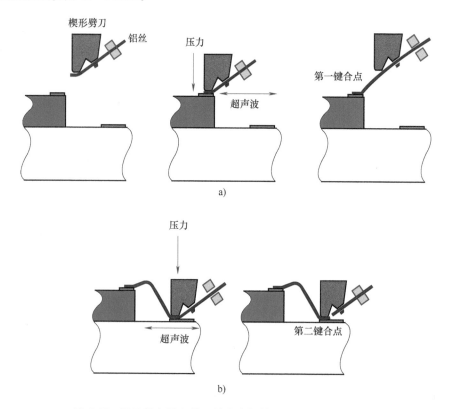

图 4-15　铝丝超声键合第一键合点与第二键合点的工艺过程

4.3.2　关键参数

铝丝超声键合质量与超声功率、键合压力、键合时间等关键参数密切相关。各关键工艺参数之间相互耦合，互相影响，具有复杂的非线性关系。不同超声功率，对界面输入的能量速率不同。改变键合时间的实质也是改变输入的能量。在小超声功率条件下，键合强度对键合时间敏感；在大超声功率条件下，键合强度对键合时间的敏感性下降。键合参数不当，往往引发铝丝键合焊点跟部断裂，焊盘坑陷、起皮，键合脱键等不良现象。

在铝丝键合中，超声功率对键合界面的形成发挥着重要作用。超声载荷的施加，导致宏观上的材料软化、金属变形，微观上的位错网络，使界面扩散更加容易。互扩散原子或原子团在材料中产生固溶强化效应，导致键合强度生成。

有研究人员用铝硅丝在不同超声功率条件下完成了 1000 次键合，并测量焊点的剪切应力（该研究用剪切应力表征键合强度）。发现键合强度与超声功率间的关系大致为开口向下的抛物线。当超声功率较小时，增大超声功率有利于提高键合强度；超声功率增大到一定程度后，再增加其数值，键合强度开始降低，且同一超声功率条件下不同样品键合强度的离散程度增加，如图 4-16 所示。

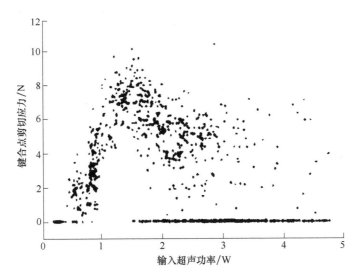

图 4-16　超声功率与键合点剪切应力关系

同时，该研究人员还给出了粗铝丝键合时，相对超声功率与剪切应力的关系，如图 4-17 所示。研究人员认为，超声功率较小时，有利于铝丝的软化、变形、形成微焊点和形成键合区；超声功率过大后，对键合点跟部产生切跟现象，同时键合界面在过量超声能量下被破坏，从而使键合强度降低。

4.3.3　超声键合界面

有研究基于透射电子显微（TEM）方法对超声作用前后铝表面错位的生长进行了观察。图 4-18 给出了超声键合前铝表面位错结构 TEM 图。图 4-19 给出了超声键合后铝表面高密度位错结构 TEM 图片。可以看出，超声作用使铝表面产生了大量新生位错，形成位错簇。根据扩散理论，固体材料在较低温度下沿位错的扩散系数大于沿晶格的扩散系数（体扩散）。位错扩散属于短路扩散，它比体扩散快得多。因此，在超声键合过程中，短路扩散起主要作用。

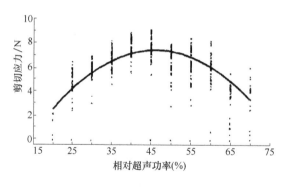

图 4-17　相对超声功率与剪切应力关系

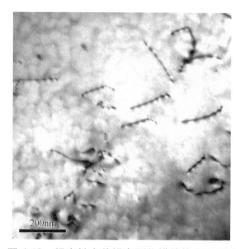

图 4-18　超声键合前铝表面位错结构 TEM 图

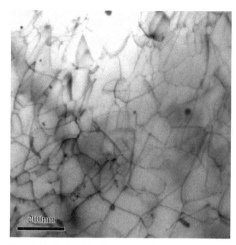

图 4-19　超声键合后铝表面高密度位错结构 TEM 图

　　硅基芯片焊盘通常为铝焊盘。铝是一种活泼金属，与空气中的氧气一接触就开始氧化反应，形成表面氧化膜，先生成的氧化膜会阻碍铝的氧化。如果铝层比较致密，氧化膜达到一定厚度后氧化过程停止。但是，过厚的 Al_2O_3，甚至无法实现金丝和铝焊盘的键合。所以，在芯片的制作、切片、清洗及运输等过程中尽量减少与空气的接触，更要避免人为增加的接触，这些都会降低铝焊盘表面的氧化。

　　关于键合界面的结合机制有大量的研究，形成了多种假说。总之，通过使用超声能量，键合界面的原子扩散更加容易实现了。

4.4　引线键合评价方法

4.4.1　键合拉力测试

1. 测试方法及失效模式

　　从电路的层面去评价键合质量时，第一焊点、线弧、第二焊点是一个键合整体。这时，键合拉力测试是普遍认可的，是评价键合质量最有效的手段之一。GJB 548B—2005 中方法

2011 是有关键合强度（破坏性键合拉力试验）测试的，对键合拉力测试方法给出了规定。通过在键合丝下面插入钩针，对弧顶施加拉力，如图 4-20 所示。

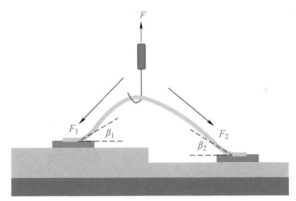

图 4-20 键合拉力试验受力情况

两个沿着键合丝的反向拉力 F_1 和 F_2，用于平衡由钩针提供的垂直向上的拉力 F。随着拉力 F 的不断增加，当焊点或键合丝不能提供足够的反向拉力时，键合丝拉断，键合拉力试验终止。拉断位置可能出现几种情况，如图 4-21 所示。

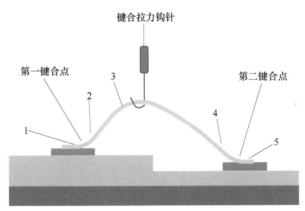

图 4-21 键合拉力试验中拉断位置分布
1—第一键合点脱键 2—第一键合点跟部断裂 3—线弧拉断
4—第二键合点跟部断裂 5—第二键合点脱键

这些拉断位置代表着不同的失效模式，如图 4-22 所示。引发失效的因素如表 4-1 所示。

表 4-1 几种典型的引线键合失效原因

失 效 机 理	失 效 原 因
芯片-键合丝界面失效导致焊球脱离（Break due to bond ball lift：Failure caused at the die-bond interface）	污染（Contamination）
	非最优参数设置（Non-optimized parameter settings）
	管脚/焊盘腐蚀（Pad corrosion）
	管脚/焊盘空洞（Voiding at pad）
	过量 IMC 生成（Excessive IMC formation）
	薄弱的金属化（Weak merallization）

（续）

失 效 机 理	失 效 原 因
基板-键合丝界面失效导致楔焊脱离（Braak at wedge bond：Failure caused at the subsrtate-to-bond interface）	污染（Contamination）
	非最优参数设置（Non-optimized parameter settings）
	管脚/焊盘氧化（Oxidized pad）
	管脚/焊盘损伤（Damaged pad）
焊球跟部失效（Break at bond ball neck：Failure caused around the neck of the ball bond）	非最优参数设置（Non-optimized parameter settings）
	弧形错误（Incorrect wire looping）
	（塑封器件）注模引起分层（Die-to-package delamination due to molding）
线弧中断裂（Break at mid-wire）	线弧受损（Wire nicks or damage）
	弧形太紧（Tight wire looping）
	弧形倾斜（Wire sweeping）
键合丝与焊盘、金属层短路［Shorting（bond to pad and bond to metal）］	非最优参数设置（Non-optimized parameter settings）
	芯片上的焊盘与金属环线距离过近（Narrow gap between the bonding pad and a meral line on the die）

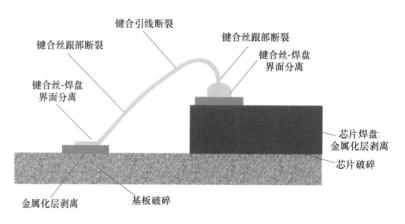

图 4-22　键合拉力试验中失效模式和位置

2. 引线拉力极限值

引线的拉断力与引线直径相关，根据 GJB 548B—2005 方法 2011 有关键合强度（破坏性拉力试验）的测试中规定，引线的最小键合拉力极限值如图 4-23 所示。

3. 约比温度与键合拉力的衰退

约比温度，是指材料的使用温度和熔点的比值，即 T/T_m。这个值大于 0.5 时材料处于高温状态，低于 0.5 时处于低温状态。经高温处理后材料的塑性变大，强度变小。中国电科 47 所康敏等人认为，这样计算的话，金的高温温度是 395℃，铝的高温温度是 173.5℃。这也就解释了，经过 330℃ 烧结密封后，拉力测试时铝丝键合的强度明显下降。同时，拉力测试时能看到铝丝被明显拉伸的过程。这是因为在烧结密封温度下，铝丝处于高温状态，促使其塑性变大，强度变小。但是烧结密封后，金丝只要金球不掉，拉力值几乎不发生变化。这

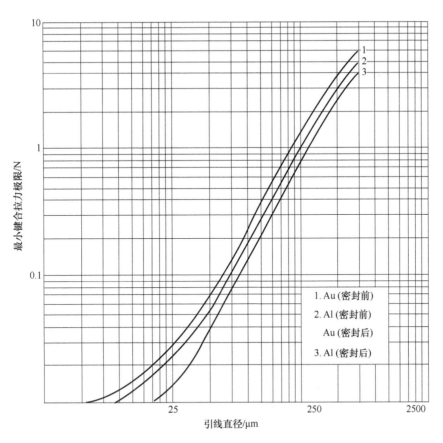

图 4-23　最小键合拉力极限值

是因为烧结温度对金丝来说还是低温，不足以明显改变丝的性能。

4.4.2　焊球剪切应力测试

在聚焦于键合焊点，研究键合工艺参数对焊点和焊盘界面结合状态影响时，研究人员使用了键合点的剪切应力测试。IEC 60749—22—2002《半导体器件机械和气候试验方法第 22 部分：粘接强度》，GB/T 4937.22—2018《半导体器件机械和气候试验方法第 22 部分：键合强度》，JESD 22—B116《键合剪切试验》、AEC-Q-100-001《基于集成电路应力认证的失效机理》和 ASTM F1269《球压焊的破坏性剪切试验的标准试验方法》均给出了相关试验方法，用于测试引线键合抗剪强度。球形键合剪切试验示意图如图 4-24 所示。

4.4.3　键合目检

键合目检，在评价键合质量中重扮演着非常重要的角色。除了非破坏性键合拉力测试之外，键合目检是一种重要的通过直观观察键合丝及键合焊点形貌来判断键合质量的非破坏性手段。在不做键合拉力测试前提下，可通过键合丝和焊点的外观检查，判断焊点形变是否充分及键合过程是否存在引线损伤，从而判断键合质量是否受到影响。例如，键合丝跟部损伤往往导致跟部断裂；键合焊点形变不充分引发焊接界面面积不足，这将导致键合强度下降；通过键合目检发现和解决键合过程中的偶发问题，剔除不合格品，确保键合可靠性。

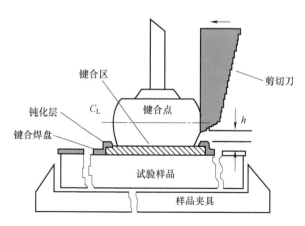

图 4-24　球形键合剪切试验示意图

GJB 548B—2005 方法 2010 的有关内部目检的内容规定，键合存在以下问题不得接收。

（1）金丝球焊键合

1）金丝焊球直径小于键合引线直径的 2 倍或大于 5 倍。

2）金丝球焊键合引出线不完全在球的周线内。

3）金丝球焊键合引出线中心不完全在未被玻璃钝化层覆盖的键合区界限内。

（2）楔形键

1）超声楔形键宽度小于引线直径的 1.2 倍或大于 3 倍，或者其长度小于引线直径的 1.5 倍或大于 6 倍。

2）热压楔形键宽度小于引线直径的 1.5 倍或大于 3 倍，或者其长度小于引线直径的 1.5 倍或大于 6 倍。

3）对直径 51μm 或更大的铝引线，键合宽度小于引线直径。

4）在楔形键合处，刀具压痕未完全覆盖整个键合线宽度。

（3）无尾键合（月牙形键）

1）键合宽度小于引线直径的 1.2 倍或大于 5 倍或其长度小于引线直径的 0.5 倍或大于 3 倍。

2）在无尾线键合区处，刀具压痕未完全覆盖整个键合线宽度。

（4）一般情况

从上面观察时呈现下列情况不得接收：

1）芯片上的键，其 75% 以下部分在未被玻璃钝化的键合区内（S 级）；芯片上的键，其 50% 以下部分在未被玻璃钝化的键合区内（B 级）。

2）键合尾线长度超过引线直径的 2 倍。

3）位于多余物上的键合。

（5）内引线

应从不同角度观察器件，呈现下列情况不得接收：

1）引线上存在有裂口、弯曲、割口、刻痕或颈缩，使引线直径减小了 25% 以上。

2）引线和键的结合处存在撕裂。

3）引线为直线形，而不呈弧形。

4.5 金铝键合

4.5.1 金铝效应概述

1. 现象

在集成电路组装过程中，经常涉及金、铝键合，但金铝键合系统的失效现象屡有发生，特别是经高温储存考核后，常遇到严重的脱键问题，给电路产品的质量和可靠性带来很大的隐患，如图 4-25 所示。

在集成电路封装过程中，常见的金、铝体系如下：

1）金丝球焊与集成电路铝焊盘间形成的金铝键合。

2）铝丝楔焊与陶瓷外壳键合指镀金层间形成的金铝键合。

3）铝丝楔焊与陶瓷基板焊盘镀金层间形成的金铝键合。

 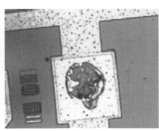 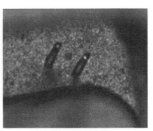

a) 金丝脱键　　　　　　　　b) 金丝脱键　　　　　　　　c) 铝丝键合点形貌

图 4-25　高温储存 300h 后的样品图

图 4-26 给出了金铝效应导致引线键合移位（脱键）SEM 形貌像。图 4-27、图 4-28 分别给出了金铝效应脱键后焊盘侧金相 SEM 形貌像和金铝效应脱键后金丝侧金相 SEM 形貌像。

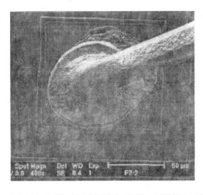

图 4-26　金铝效应导致引线键合移位（脱键）SEM 形貌

图 4-29 给出了从焊盘上移除后典型金球底面 SEM 图。图 4-29a 中，亮的区域为金属间化合物。图 4-29b 中，暗的部分表示未粘合区域。计算 IMC 对焊球底部的覆盖率为 84%。

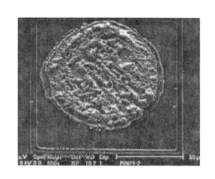

图 4-27　金铝效应脱键后焊盘侧金相 SEM 形貌

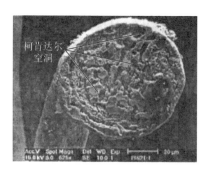

图 4-28　金铝效应脱键后金丝侧金相 SEM 形貌

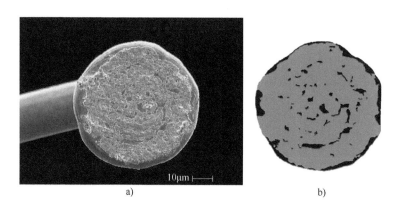

图 4-29　金球底面的 SEM 图

2. 原理

金和铝是两种不同的金属，在结合过程中，首先要生成 IMC。IMC 的形成是金铝键合完成的标志。少量的 IMC 对界面键合强度起一定的强化作用。不可避免的是，随着器件服役时间增加及环境温度升高的促进作用，IMC 会增加。与其他金属间结合类似，当 IMC 层过厚时，会导致界面变脆、强度降低等问题。

同时，在 IMC 生长过程中，由于金和铝的不对称扩散特性，在金铝键合体系往往形成柯肯达尔（Kirkendall）空洞。金、铝扩散系数不同，在接触面上形成小空隙，发生所谓柯肯达尔效应。柯肯达尔空洞在键合界面附近形成和生长，在继续老化过程中，小空隙逐渐连成一片，形成裂纹，引起接触不良或引线脱落，导致开路失效。普遍认为，IMC 和柯肯达尔空洞的生长是金铝引线键合失效的主要机理之一。

不过，也有研究认为，柯肯达尔空洞等化学腐蚀对金铝键合脱键的作用并不明显。当多种化合物在金和铝界面上生成时，体积发生了膨胀，从而引起了内应力集中，金丝球初始存在空洞群和缺陷的区域易发生裂纹形成分层。

金铝系统界面演变却是一个非常复杂的动力学过程。研究表明，它们之间将产生五种 IMC——Au_4Al、Au_5Al_2、Au_2Al、$AuAl_2$、$AuAl$，如表 4-2 所示。$AuAl_2$ 呈紫色，俗称紫斑。Au_2Al 呈白色，则称白斑，白斑脆且导电率低，极易从其界面上产生裂缝。在金铝键合界面，这五种 IMC 都存在，它们的晶格常数、膨胀系数、形成过程中体积的变化都是不同的，且电导率较低。在温度环境变化过程中，键合点存在很大的内应力，极易在相界面处产生裂痕，从而导致接触电阻增大、接触不良，甚至开路。

表 4-2　Au-Al 化合物性能比较

Au-Al 化合物	$\rho/(\text{m}\Omega \cdot \text{cm})$	CTE/$(\times 10^{-6} \cdot \text{℃}^{-1})$
$AuAl_2$	50	9
$AuAl$	12.4	12
Au_2Al	13	13
Au_4Al	37.5	12
Au_5Al_2	25.5	14
Au	2.35	14
Al	2.65	24

图 4-30 给出了 Au-Al 化合物的生成热（HOF）和有效生成热（EHOF）。

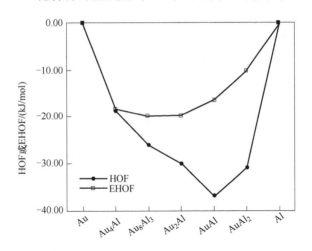

图 4-30　Au-Al 化合物的生成热和有效生成热

为了尝试解释金铝体系反应这一复杂过程中，以及多种 IMC 的生成和演变，有研究人员将直径 $20\mu m$ 的金丝键合到 $1\mu m$ 厚的金属化铝焊盘上，然后采用 175~250℃ 对界面反应进行加速，观察热退火过程中金铝键合界面的相变，如图 4-31 所示。在键合之前，铝焊盘表面自然形成了一层薄的氧化膜；在最初的键合完成后，Au_4Al 和 $AuAl_2$ 两种化合物最先形成；随着退火过程的进展，Au_8Al_3 成核并逐渐成为初期的主导相；随着铝焊盘的耗尽，$AuAl_2$ 转换为 Au_8Al_3；最后，Au_4Al 通过消耗 Au_8Al_3 继续增长并变成长时间退火后的最终产物。

4.5.2　Au/Al 与 Al/Au 体系

尽管金铝键合体系的形成有多种情况，但大致可归纳为两类：一类是金丝对铝镀层形成的 Au/Al 体系；另一类是铝丝对金镀层形成的 Al/Au 体系。研究表明，在这两类不同的金

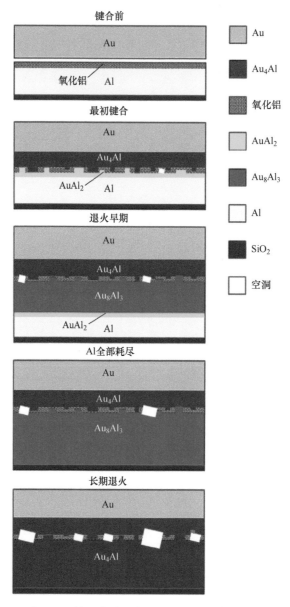

图 4-31　热退火过程中 Au-Al 键的相变示意图

铝键合体系中，键合失效过程和失效机理是有差别的。

1. Au/Al 体系

研究人员将金丝与铝焊盘之间的界面反应分为三个阶段：第一阶段是稳定增长阶段，IMC 层的增长随时间的变化比较明显。当键合界面下方的集成电路 Al 焊盘被消耗殆尽后，IMC 开始与焊点外侧焊盘的 Al 反应；反应进入第二阶段；此时，Au-Al 间的横向相变占据主导，IMC 垂直方向的增长减缓且呈现不规则增长趋势；第三阶段是裂纹扩展，包括 Au-Al 间纵向反应的停滞和横向反应的扩散，焊点中心区域 IMC 垂直方向厚度缩减，边缘处 IMC 垂直方向 IMC 厚度增加同时 IMC 向水平方向扩展，随着柯肯达尔空洞的聚集产生的应力集中，IMC 与焊盘下的 SiO_2 界面产生裂纹并随着时间逐渐扩展。

对于金丝与芯片铝膜所形成的金铝键合界面，它的热退化是以铝膜的完全消耗为反应终止时间。这是因为，通常来讲芯片焊盘上的铝层很薄，薄铝工艺铝层的厚度约为 $0.5\mu m$，厚铝工艺的厚度可达到 $1.8 \sim 2.5\mu m$。与直径 $25\mu m$、直径 $18\mu m$ 的金丝形成的金丝球相比，在共同形成 IMC 的反应过程中，焊盘中的铝很容易就消耗殆尽了。图 4-32 给出了直径 $25\mu m$ 的金丝在 $1\mu m$ 厚度的 Al-1%Si-0.5%Cu 焊盘芯片上形成的键合点，经过 175℃、2h 高温储存后的界面化合物形貌。

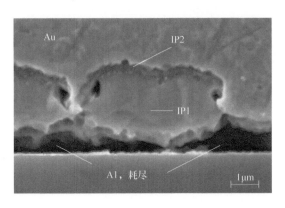

图 4-32　界面化合物 175℃ 2h 高温储存后 SEM 图

将直径 $25\mu m$ 的金丝键合到 $3.4\mu m$ 厚的铝镀层上，通过 175℃ 高温储存，采用 FIB-SEM-EDS 双束系统实时观察 Au-Al-Si 系统界面，如图 4-33 所示。

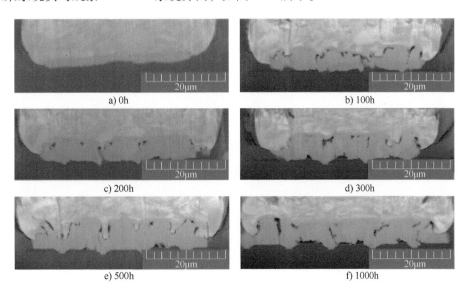

图 4-33　Au-Al-Si 系统界面动态演化过程

2. Al/Au 体系

Al/Au 体系和 Au/Al 体系键合界面的失效机理并不完全相同。

而对于铝丝与镀金层所形成的 Al/Au 体系键合界面来说，这两种金属很可能都没有完全被消耗。例如，陶瓷基板上的厚膜金导体，其厚度可达到 $10\mu m$ 左右，这是因为厚膜陶瓷基板上印制的金导体，不仅要考虑键合，更要确保芯片粘结后的剪切应力达到标准。而由于厚膜金导体的金充分，迫使铝丝中铝原子不断向金导体扩散以补充界面反应所需的铝原子。铝丝的直径相对较粗一些，一般铝硅丝直径可达 $32\mu m$，而粗铝丝直径可达 $75\mu m$、$100\mu m$甚至 $500\mu m$，这使得金和铝在界面上的化合反应可以持续更久。但是，一般在使用铝丝的电路中，往往具有较大的电流，或者本身就是功率器件，焊点发热效应使得反应加速进行。通常情况下，铝丝所能提供的铝是有限的，致使在靠近界面的铝丝内部出现空洞。

当铝丝键合在陶瓷外壳键合指镀金层或功率器件引脚镀金层上时，镀金层也可能被耗尽。对于直径为 $250\mu m$ 的粗铝丝与功率器件引脚镀金层形成的 Al/Au 体系，在 200℃、1942h 高温加速条件下，该样品金铝键合界面的形貌如图 4-34 所示。可见，金层全部耗尽，铝丝与界面化合物分离，产生很宽的裂痕。

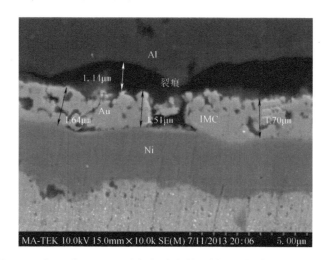

图 4-34　在 200℃、1942h 高温加速条件下样品金铝键合界面的形貌

4.5.3　影响因素

（1）温度

GJB 2438B—2017《混合集成电路通用规范》附录 C.2.7.5.4.3 有关引线键合强度的试验要求中规定，对电路基片上的金金属化层，如果预定进行铝引线键合，则铝引线应在详细规范中规定，并且这些键合引线样品在进行引线键合强度试验之前，应在空气或惰性气体中进行 300℃、1h 烘烤。

样品最少包括至少两块基片上的至少 10 根引线。

（2）湿度

研究表明，湿度对 IMC 层的厚度增长没有明显影响，但长时间处于高温高湿的环境下，Au-Al 系统的电偶腐蚀速率显著增加。

（3）电流

研究表明，电流大小及时间与 IMC 厚度没有明显相关性。但是，当焊点承载的电流很大且通电时间比较长时产生焦耳热，这与外部高环境温应力相互叠加，加速 IMC 的增长及柯肯达尔空洞的产生。同时，空洞的形成也会进一步加剧电流密度的集中效应，这意味着在 Au-Al 系统腐蚀的后期，电流对腐蚀提供的作用大大增强了。

4.5.4　表现形式

1. 键合拉力衰退

金铝效应最直观的表现在于键合拉力衰退。研究人员选择直径 $25\mu m$ 的金丝楔焊，在带有铝焊盘的芯片上做键合试验，在 100℃、125℃、150℃ 温度下进行高温储存，并记录不同储存时间后，键合丝的破坏性键合拉力均值，如表 4-3 所示。可见，键合拉力数值随着储存时间的延长发生了显著衰退。

表 4-3　不同高温储存下键合拉力数值

高温存储时间/h	破坏性拉力平均值/cN		
	100℃	125℃	150℃
0	16. 123	16. 123	16. 123
500	14. 171	13. 754	12. 081
1000	13. 216	12. 332	10. 950
1500	12. 183	11. 462	10. 253
2000	11. 581	10. 965	9. 781
3000	11. 152	10. 253	9. 294
4000	10. 752	9. 665	8. 854
5000	10. 195	9. 354	8. 253

中国电科 47 所康敏等人认为，对于金丝在铝焊盘上的楔焊，首先要观察引线拉断的断裂位置，如果焊点与焊盘结合界面分离，证明金铝效应对键合强度的衰退产生了显著的作用；反之，如没有发生焊点与焊盘脱离，则说明金铝效应还不足以影响到键合强度的衰退。

2. 接触电阻增长

金铝效应另一个直观的影响在于接触电阻的增长。在金铝键合体系中，电阻率较高的 IMC 的生长，阻碍了电流的流通；柯肯达尔空洞的形成和聚集，引起电流集聚现象，上述因素表现为键合回路的电阻率增加。

为评价混合集成电路中粗铝丝与厚膜金导体所形成的 Al/Au 系统可靠性，研究人员选择 125℃ 高温环境作为加速条件，每隔 50h 对样品电阻进行采样监测，如图 4-35 所示。结果表明，样品电阻变化率随着时间的推移而逐步上升，当样品的电阻变化率达到 20% 后，它的退化速度大大加快。

还有研究人员选择 TO-254AA 封装形式，在键合指上键合直径为 $250\mu m$ 的粗铝丝，分别用 150℃、175℃、200℃ 进行高温储存试验，定期测量样品的电阻值，统计电阻率的变化情况，如图 4-36 所示。可以看出，样品的接触电阻变化率在试验早期随时间的变化有较大幅度的上升，到试验中后期则上升比较缓慢，并且，环境温度越高，样品电阻变化率越早发生跳变而升高。

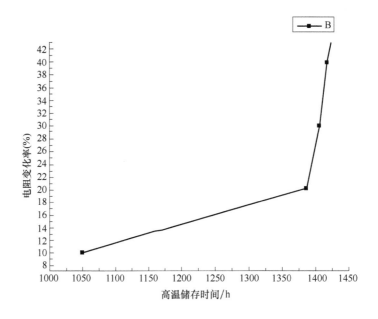

图 4-35　电阻变化率随时间的变化规律

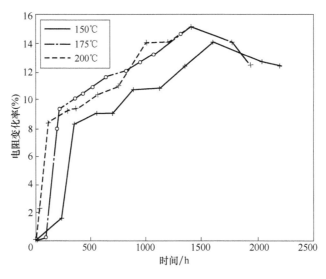

图 4-36　接触电阻变化率

4.5.5　应对措施

1. 禁限用

虽然金铝键合的情况很不相同，但它们的本质相同，都是基于相同的冶金过程的。而金铝间的扩散腐蚀是必然的，不能被消除，只能延缓。所以，不选用金铝这种异质键合体系是避免可靠性问题最有效的方法。

GJB 2438B—2017 的附录 D 有关通用设计和结构准则明确了宇航用电路的禁限用工艺和

材料，规定禁止使用功率芯片金铝键合工艺。

2. 键合工艺优化

研究表明，金丝球键合在高温储存条件下的可靠性与焊球形貌及其界面初始化合物的分布有关。一类样品的焊球较薄，台阶呈圆柱状，如图 4-37a 所示，另一类样品的焊球较厚，焊球与台阶区域的过渡较为平坦，如图 4-37b 所示。通过能量色散 X 射线（Energy Dispersive X-ray，EDX）光谱仪（EDS）以半定量方式分析两种样品界面上每个相的组成，可以看出，第一类样品的金丝球与 Al-Si-Cu 焊盘之间形成了连续的 IMC，而第二类样品则是非连续的。同样的 175℃、168h 高温储存条件下测试，第一类样品通过了，但是第二类样品却失效。通过有限元建模和仿真，发现在非连续 IMC 样品中，金丝球内 Au 和 IMC 之间呈现出较高的应力分布，这很可能是分层甚至脱键的重要原因之一。

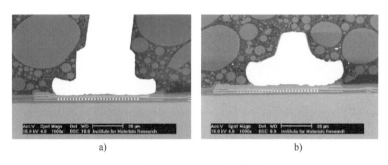

图 4-37 两类焊球引线键合组装的 SEM 图

图 4-38 给出了金丝键合焊点切面的背散射电子（Back Scattered Electron，BSE）成像图。图 4-38a 中，焊接面上生成均匀的金铝化合物。图 4-38b 中，焊接面上金铝化合物非均匀生成。

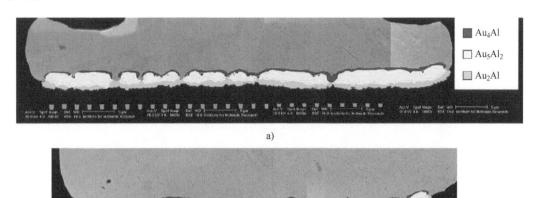

图 4-38 金丝键合焊点切面的 BSE 成像图

3. 抑制扩散

H. G. Kim 等人和 B. Marz 等人研究了金线的 Cu 掺杂及 Pd 掺杂对 IMC 生长的影响，Cu

或 Pd 的掺杂都能在老化条件下在 Au-Al 界面形成富集层，阻止 Au 的扩散，对改善可靠性方面有帮助。

类似的方法还包括针对金铝键合的键合丝中掺杂其他元素，以阻碍两者之间的互扩散效率。

4. 镀金层优化

研究表明，直径 50μm 的铝硅丝在不同厚度的镀金层上完成键合，在 150℃、96h 高温存储后，键合拉力有明显的差异，如图 4-39 所示。当金层厚度大于 1μm 以后，键合强度呈现急速下降趋势，甚至发生脱键。这是由于金层较薄，生成的金铝化合物也薄，无空洞的金铝间化合物的机械强度不比金或铝差，故也是稳定的结构。但是，过厚的镀金层使扩散持续的时间更长，金铝间化合物也较厚，期间金、铝穿过厚化合物层的扩散速度差异更为显著，容易导致所谓的柯肯达尔空洞。

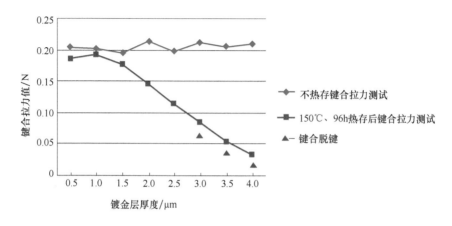

图 4-39　键合强度与金层厚度的关系

在制作管壳键合指的镀金层时，如果镀液长时间不更换，镀液内的杂质含量必然会增加，虽然经常进行过滤和活性炭吸附，但只能对颗粒物质、有机物进行去除，不能对镍、铁、铜、磷等杂质离子进行清除。

此外，镀金层中的杂质离子含量达到一定程度后会影响键合效果，这是造成金铝键合高温储存后脱键的重要因素之一。

4.6　焊盘起皮

4.6.1　焊盘起皮现象

一部分焊盘表面（有时还带着一部分焊盘下方的氧化层）与焊球一起从焊盘上剥离的现象，被称为焊盘起皮（Bond Pad Metal Peeling Off）。

图 4-40a 给出了金丝球键合后铝焊盘起皮的微观形貌。图 4-40b 所示的焊盘，从上至下依次是 Al 层、$MoSi_2$ 层、硼磷硅玻璃（Borophosphorosilicate Glass，BPSG）层和 SiO_2 层，可以看出，发生起皮后，上面 3 层剥离了焊盘，露出了底部的 SiO_2。

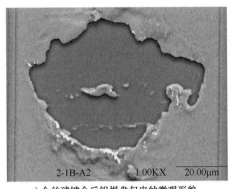
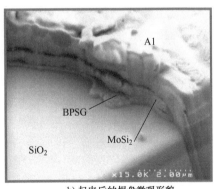

a) 金丝球键合后铝焊盘起皮的微观形貌　　　　b) 起皮后的焊盘微观形貌

图 4-40　铝焊盘脱落的 SEM 图

图 4-41 给出了 Al-Si-Cu 焊盘和 TiW 层组成的多层复合焊盘起皮现象及微观形貌。

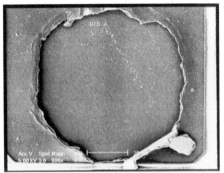

图 4-41　Al-Si-Cu 焊盘和 TiW 层组成的多层复合焊盘起皮现象及微观形貌

　　键合焊盘被暴露在半导体器件表面，化学和机械的载荷被施加到焊盘上。前者由前道晶圆制造过程诱发，如钝化层开窗、介质层开窗及表面清洗；后者被后道工序中的电测试和封装过程诱导。因此，焊盘需要建立得足够强壮去经受这些载荷。

　　焊盘起皮问题的本质是，焊球和焊盘表面铝层之间的结合力，与焊盘表面铝层及其附着层和硅基体之间的附着力之间的竞争关系。在这个竞争关系中，当焊球受到外力时，如果焊盘表面铝层及其附着层与硅基体之间的附着力足够强，则表现为焊球与焊盘剥离或焊球自身断裂，这是正常状态。相反，当盘表面铝层与硅基体之间的附着力不够大时，焊球与焊盘表面铝层之间结合力占了上风，这时在外力作用下，焊球带着焊盘表面铝层及其附着层一起从硅基体上剥离，就发生了焊盘起皮现象。

　　通常，焊球与焊盘表面铝层之间的结合力是有限的，在经受外来载荷时，键合丝断裂、焊球剥离应该先于焊盘起皮发生。因此，如果焊盘在竞争关系中落败，代表铝焊盘的附着力较弱，存在质量隐患。

　　起皮现象的发生往往伴随着焊盘内伤，这些内伤被认为是封装键合过程中或电性能探针测试时造成的。焊盘内伤是引线键合过程中一种不易被发觉的质量隐患，内伤严重造成焊盘分层或直接剥离。这些有质量隐患的集成电路，在电性能测试中可以被发现和剔除。但是更多的内伤处于临界状态，初始电性能衰退不明显，只有在后续的筛选试验中，经历了温度循环、热冲击、老化、机械振动等试验后，才能暴露出问题，表现为焊盘起皮、坑陷、引线脱键，电性能开路等。

尽管大多数时候，可以通过优化超声参数、清洁劈刀、优化键合工艺过程等方法降低键合过程对焊盘产生的应力。但是，有些时候，在后道封装工序中做的工作不能完全补救焊盘起皮的问题。这是因为，在一些情况下，焊盘在芯片制造过程中控制不当，存在质量隐患。这种情况下，焊盘的内伤是先天的。这时，就不应该为了避免焊盘起皮而一味降低工艺参数，因为这不但弥补不了内伤缺陷，反而还会降低键合丝与焊盘间的键合可靠性。对于这种器件，比较理智的做法是，进行批次性的检查或报废，以免薄弱环节在后续筛选或使用中暴露出来。

4.6.2 超声参数

有研究认为，焊盘起皮过程，起始于铝焊盘表面及其内部金属层的裂纹，不适当的键合功率、键合力、时间和温度等参数组合造成了这种损伤。其中，超声功率作用最明显，因为它提供的能量带动了焊盘表层与内层的剪切作用，过大的超声功率会损伤焊盘金属层，导致焊盘起皮。而对于键合力，由于劈刀对焊球施加的压力抑制了剪切运动的趋势，使焊球-焊盘整个键合体系需要更大的能量才能形成滑动。因此，在诱发起皮现象上，提高压力相当于抑制了超声功率的作用，增大压力会减少起皮现象。预热温度对焊盘起到软化作用，同等条件下，提高预热温度有助于降低起皮失效率。综上，采用合适的超声参数是避免键合引起焊盘内伤的前提条件。

有研究人员对138kHz超声频率下的超声振幅对焊盘应力分布的影响做了有限元仿真分析，如图4-42所示，可以看到，键合过程中的应力随着劈刀的移动而移动，只有当劈刀移动到中心区域时才会出现应力分布对称情况。进一步的仿真分析发现，焊盘中的键合应力随着超声振幅的提升而上升，如图4-43所示。上述结果表明，超声振幅对金属丝键合过程中的应力和变形有显著影响。

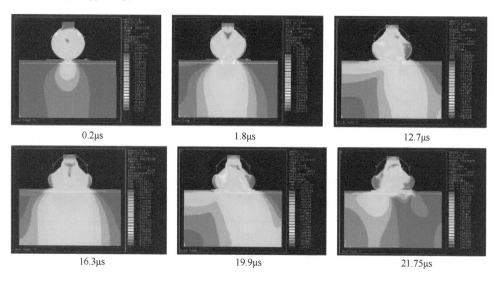

| 0.2μs | 1.8μs | 12.7μs |
| 16.3μs | 19.9μs | 21.75μs |

图 4-42　不同时间应力分布

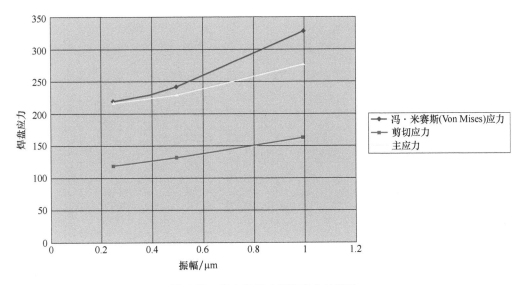

图 4-43　超声振幅对焊盘应力的影响

4.6.3　劈刀

一方面，劈刀是超声参数得以施加到焊盘上的载体工具，是能量传递的重要环节，如果劈刀出现了异常，使得超声功率、压力不能均匀、良好施加，就会影响超声能量的正常传播。

另一方面，有研究人员认为，在经过大量的键合过程后，污染的劈刀头增强了刀头与焊球之间的附着力，并增加了垂直张力载荷的大小，因为污染增加了劈刀头与球接触的表面。在劈刀抬起阶段，垂直方向载荷从劈刀传递到变形球，再传递给焊盘，是焊盘起皮的直接驱动力。垂直方向的载荷引起焊盘裂纹，裂纹在区域 a 产生，并向焊盘下方的氧化层中沿着界面延展，这是焊盘起皮的直接原因，如图 4-44 所示。统计数据表明，在发生焊盘起皮之前，有 87% 劈刀已经使用超过 20 万次。

研究表明，合适的劈刀选型对改善铝制程芯片的焊盘起皮有很大作用。选择 CA = 70°、CD 较小的劈刀，并增大键合压力，有利于焊点塑形，使焊点与焊盘良好、均匀、充分接触，避免焊点凸起造成的局部应力集中。同时，CA = 70°劈刀形成焊球的挤压斜面体积较薄，对超声能量的传导损耗较小，且焊球中心区域的能量聚集比 CA = 120°的劈刀弱，这样缓解了键合功率对焊盘中心区域铝层的破坏，如图 4-45 所示。

4.6.4　滑移

有时，通过优化超声功率、压力和预热温度，仍不能将铝焊盘脱落（Aluminum Bond-pad Peel Off，ABPO）率降到 0，这说明至少还有一个因素导致了该批次产品的 ABPO。研究人员发现，在通过优化软件系统，减少滑移（Skidding），可以大幅减轻键合过程中劈刀与焊球间的滑移现象，从而大幅降低焊盘内部受到的剪切应力，避免焊盘内伤，消除 ABPO现象。

图 4-46 给出了焊球滑移情况，能看到滑移在焊球金丝球上产生的痕迹。图 4-47 给出了软件优化前后键合劈刀动作对比。

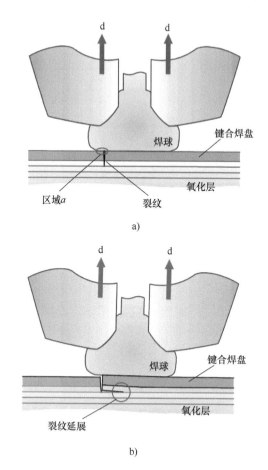

图 4-44　焊盘起皮可能的失效过程

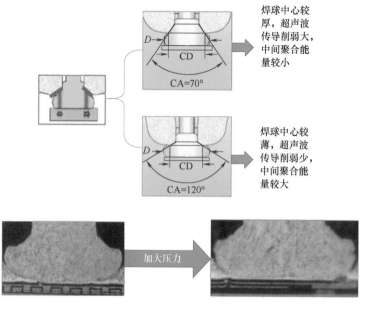

图 4-45　劈刀选型对焊盘的影响

滑移力造成的凹痕

图 4-46 焊球滑移情况

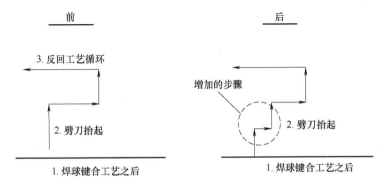

图 4-47 软件优化前后键合劈刀动作对比

研究人员通过激光共聚焦观察到，发生焊盘起皮的单元，平均滑移深度为 $9.6\mu m$；软件优化减少滑移之后，平均滑移深度是 $7.44\mu m$。对金的维氏硬度进行计算，得到发生焊盘起皮的单元，平均滑移力是 48.7gf；软件优化减少滑移之后，平均滑移力是 29.2gf。有限元仿真结果表明，由于滑移力的存在，发生 ABPO 的单元 BPSG 中的剪切强度是 1.74GPa。没有发生 ABPO 的剪切强度是 1.29GPa。

4.6.5 工艺参数

有研究人员认为预热温度、键合功率和键合力对焊盘起皮有影响。表 4-4 给出了预热温度、键合功率和键合力对焊盘起皮的影响。

表 4-4 预热温度、键合功率和键合力对焊盘起皮的影响

序　　号	温度/℃	键合功率/mW	键合力/gf	ABPO 率（%）
1	115	200	20	49.51
2	215	200	55	0.10
3	215	0	20	0.00
4	125	0	20	0.98
5	215	200	20	37.25

（续）

序　号	温度/℃	键合功率/mW	键合力/gf	ABPO 率（%）
6	115	200	55	24.80
7	125	200	55	6.47
8	115	0	20	0.20
9	215	0	55	0.00
10	115	0	55	0.00

4.6.6　晶圆制造

在晶圆制造过程中，卤族元素残留会对铝焊盘及其氧化膜产生腐蚀作用，也会使焊盘内金属层吸潮升温后汽化膨胀从而引起分层，这些对焊盘内部金属层附着力下降产生了影响。对化学镀镍钯浸金（Electroless Nickel Electroless Palladium Immersion Gold，ENEPIG）焊盘键合起皮后的 SEM/EDX 分析表明，氧化是导致 Pd、Ni 分层的主要原因。图 4-48 给出了 ENEPIG 焊盘脱键后焊盘和引线的微观形貌。图 4-49 所示的聚焦离子束（Focus Ion Beam，FIB）截面图分别为穿过掉铝区域、离开掉铝区域稍远一点引线脱离的区域、常规参考区域三个区域。

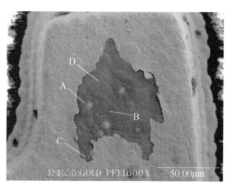

a) ENEPIG焊盘　　　　　　　　　b) 引线

图 4-48　ENEPIG 焊盘脱键后焊盘和引线的微观形貌

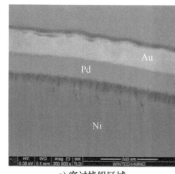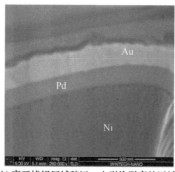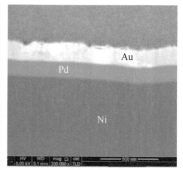

a) 穿过掉铝区域　　　b) 离开掉铝区域稍远一点引线脱离的区域　　　c) 常规参考区域

图 4-49　FIB 截面图

有研究表明，对于多层焊盘结构，设置 250nm、330nm、450nm、550nm 和 650nm 五种不同的表面铝层（M2）厚度，200℃、3h 老化后结果表明，薄的 M2 层发生更多的球颈破坏、起垫和起球失效，如图 4-50~图 4-52 所示。

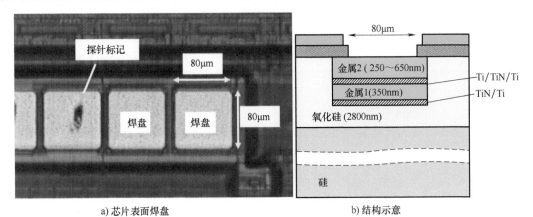

a) 芯片表面焊盘   b) 结构示意

图 4-50 芯片铝焊盘

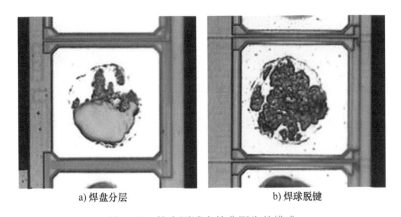

a) 焊盘分层   b) 焊球脱键

图 4-51 拉力测试中的典型失效模式

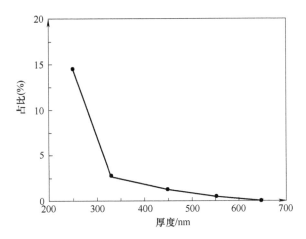

图 4-52 键合拉力试验中起皮和焊球脱键失效模式
占总体失效模式比例随 M2 厚度变化

4.7 热影响区

4.7.1 概述

集成电路逐步向着小型化发展，人们期望获得更低的键合弧高。在多层芯片堆叠键合中，控制键合弧高是有重要意义的。对于金丝、铜丝等键合丝来说，弧高受限于热影响区（Heat Affected Zone，HAZ）。

以金丝键合为例，新的键合循环开始时，EFO 首先对上一键合循环形成的线尾放电，烧球形成 FAB。此时 FAB 的温度超过了金丝的熔点，热量不仅存在于 FAB 中，还沿着线径向远离 FAB 的金丝远端进行热传导。烧球过程中产生的高温，对相邻的键合丝产生了不利的影响，使其晶粒尺寸粗化、力学性能下降。这个不利影响沿着线径变化，随着距离远离 FAB 而减小。其所能影响的长度，与 FAB 直径尺寸有直接关系。在 FAB 的跟部区域，也就是完成第一点键合后的球颈部位，力学性能衰减最大，是键合丝的最薄弱环节之一。这个受到烧球热量影响导致机械性能下降的区域称为热影响区，如图 4-53 所示。

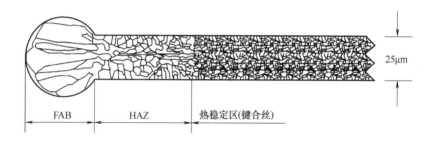

图 4-53　热影响区示意图

为了避开热影响区，键合弧高需要高于热影响区，以保证在热影响区范围内，键合丝是垂直向上的。否则，键合丝在热影响区内弯折成弧，在后续的热、力载荷作用下很容易失效。因此，大量的研究致力于压缩热影响区的长度，期待在降低封装高度上有所突破。

对 FAB 的 EBSD 分析实验结果表明，焊球里是大晶粒，热影响区里是长轴晶粒，远端金丝是等轴晶粒。显微硬度结果表明，金丝球的显微硬度比热影响区和金丝的都小。拉伸试验结果表明，热影响区的拉伸强度比金丝的小，所以在拉伸时先是热影响区发生断裂。

这是由于，金非常柔软，在受到拉伸力的作用下，在被破坏之前会发生明显的塑性形变。这主要由位错、晶界滑移和孪晶造成。也就是说，拉伸力与晶粒尺寸、位错迁移率、晶界组织和杂质偏析程度有关。再结晶后，组织会发生变化。晶粒长大会导致晶界减少。此外，再结晶后位错减少。因此，由于位错和晶界的减少，晶界和杂质对位错钉扎效应减小。这样，金丝的强度下降，在较小的拉伸力作用下容易被拉断。

4.7.2 属性变化

　　大量研究聚焦在键合丝形成 FAB 后的热影响区上，研究方法是将烧球后的键合丝固定在金属薄片上，并要将其固定住，可以将样品镶嵌、研磨，观察到 FAB；这时，逐步增加研磨砂纸的目数，并实时观察和调整角度，以便将 FAB、HAZ 和引线后端的热稳定区完全展示出来。由于引线极细，很容易断线，在进入目标区域后，抛光不易过深。可用胶水将 FAB 样品固定在芯片上（见图 4-54），以便后续制样和观察。

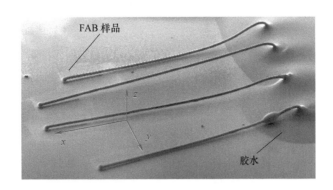

图 4-54　用胶水将 FAB 样品固定在芯片上

　　键合丝热影响区的最直观表现是晶粒尺寸变化。直径 $25\mu m$ 铜丝在完成烧球后，沿着热传递方向的晶粒尺寸变化如图 4-55 和图 4-56 所示，当晶粒由较大尺寸逐渐变回常规尺寸后，认为热影响区的长度结束。

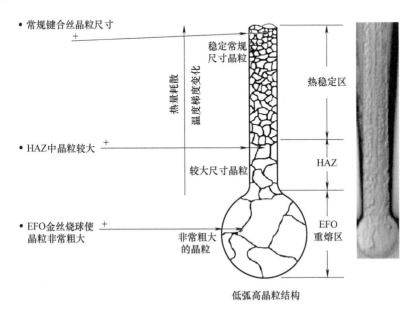

图 4-55　EFO 过程以后 FAB 和 HAZ 示意图

　　热影响不仅在金丝球焊中存在，在铜丝球焊中也有重要影响。直径 $20\mu m$ 铜丝烧制 FAB

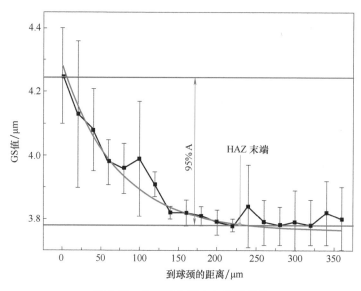

图 4-56　沿着键合丝方向晶粒变化

后热影响区长度约为 700μm，如图 4-57 所示。EFO 烧制 FAB 后键合丝的微观硬度如图 4-58 所示，可以看到热影响区域的力学性能。

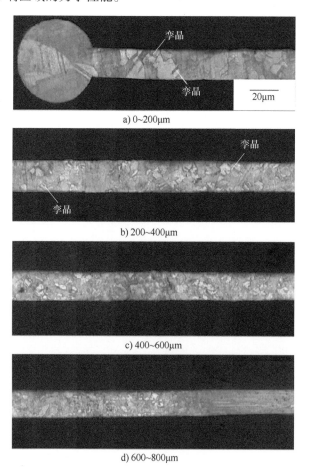

a) 0~200μm

b) 200~400μm

c) 400~600μm

d) 600~800μm

图 4-57　20μm 铜丝热影响区

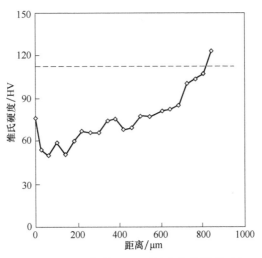

图 4-58　EFO 烧制 FAB 后键合丝的微观硬度

表 4-5 给出了 Au、Cu 在 25℃、125℃、200℃的实际应力-应变参数。

表 4-5　Au、Cu 在 25℃、125℃、200℃的实际应力-应变参数

材　　料	E/GPa	σ/MPa	TS/MPa	n	K/MPa	ε/(mm/mm)
Au 丝，25℃	68.3	201.4	211.0	0.063	272.8	0.06
Au 丝，125℃	62.7	183.5	193.4	0.051	235.1	0.063
Au 丝，200℃	58.7	149.5	159.8	0.052	192.1	0.061
Cu 丝，25℃	102.8	129.4	166.0	0.6	692	0.066
Cu 丝，125℃	83.1	107.7	193.0	0.528	743.7	0.134
Cu 丝，200℃	75.9	87.8	199.0	0.538	725.2	0.154
Au 球，25℃	41.9	132.0	155.9	—	—	0.005
Au 球，125℃	24.3	157.4	148	—	—	0.014
Au 球，200℃	29.4	141.5	148	—	—	0.013
Cu 球，25℃	52.2	147	193	0.48	607	0.084
Cu 球，125℃	41.1	121.4	189.5	0.512	815	0.098
Cu 球，200℃	38.1	108.5	183.5	0.503	729	0.111

4.7.3　热影响区长度影响因素

1. FAB 尺寸

对直径为 15~25μm 的金丝热影响区的研究表明，热影响区的长度与 FAB 尺寸息息相关，2 倍线径 FAB 的热影响区长度大于 1.4 倍线径 FAB 的热影响区长度，热影响区长度与 FAB 尺寸的关系，如图 4-59 所示。同时，热影响区长度与线径尺寸的关系如图 4-60 所示。

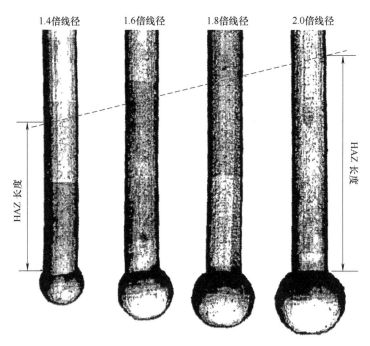

图 4-59　热影响区长度与 FAB 尺寸的关系

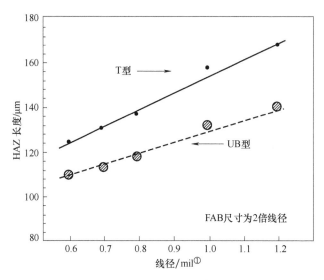

图 4-60　热影响区长度与线径尺寸的关系

① mil：密耳，1mil = 25.4×10⁻⁶m。

另一组研究对比了 FP2、AW14 和 AW66 三种金丝的 FAB 尺寸与热影响区长度之间的关系，如图 4-61 所示，可见 FAB 尺寸对热影响区长度会产生直接影响。

2. 绝缘层

有研究表明，直径 25μm 的裸金丝和绝缘金丝在 FAB 形貌、热影响区长度上没有明显的差异。

图 4-62 给出了直径 20μm 镀钯铜丝热影响区形貌。图 4-63 给出了其烧球后热影响区长度。

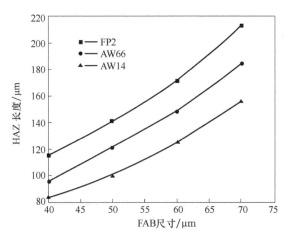

图 4-61　三种金丝 FAB 尺寸与热影响区长度之间的关系

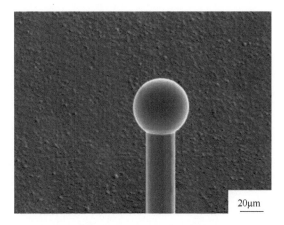

图 4-62　直径 20μm 镀钯铜丝热影响区形貌

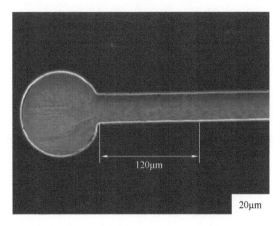

图 4-63　直径 20μm 镀钯铜丝烧球后热影响区长度

3. 元素掺杂

有研究表明，在铜丝中掺杂少量的 Sn 元素，使再结晶温度由高纯铜线的 400℃ 提高至微量 Sn 合金铜线的 450℃，并降低了热影响区长度。图 4-64 为直径 50μm 高纯铜丝（99.9995%）和微 Sn 合金铜丝（Sn 质量分数为 $30 \times 10^{-2}\%$ ~ $50 \times 10^{-2}\%$）的热影响区。

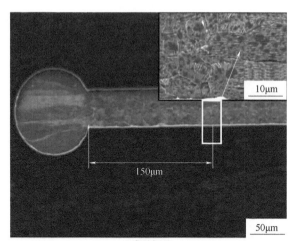

a) 高纯铜丝

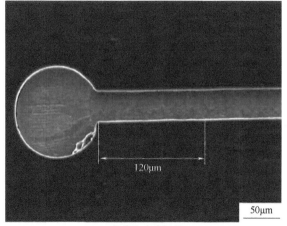

b) 微Sn合金铜丝

图 4-64　高纯铜线自由球定向凝固产生的柱状晶区

采用稀土元素 Eu 对直径为 25μm 的金丝进行掺杂，掺杂后的金丝热影响区长度从 150μm 降低到了 125μm，如图 4-65 所示。

a) 高纯金丝

图 4-65　稀土元素 Eu 对金丝热影响区的作用

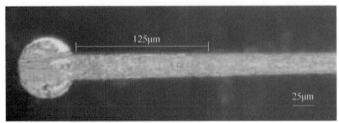

b) Eu掺杂金丝

图 4-65 稀土元素 Eu 对金丝热影响区的作用（续）

参考文献

［1］ 宗飞，黄美权，叶德洪，等. 电子封装中的固相焊接：引线键合［J］. 电子工业专用设备，2011，40（7）：34-39.

［2］ 宗飞，王志杰，徐艳博，等. 电子制造中的引线键合工艺（英文）［J］. 电子与封装，2013，13（1）：1-8.

［3］ 宗飞，王志杰，徐艳博，等. 电子制造中的引线键合工艺（二）（英文）［J］. 电子与封装，2013，13（2）：4-10.

［4］ 宗飞，王志杰，徐艳博，等. 电子制造中的引线键合工艺（三）（英文）［J］. 电子与封装，2013，13（3）：1-8.

［5］ HARMAN G. Wire bonding in microelectronics ［M］. 3rd ed. New York：2010.

［6］ 韩雷. 微电子封装超声键合机理与技术中的科学问题［J］. 中国基础科学，2013，15（3）：14-26.

［7］ 李安宁，连雪海，金大元. 微波混合电路中的引线键合技术［C］// 中国电子学会电子机械工程分会. 2008 年电子机械与微波结构工艺学术会议论文集. 北京：中国电子学会电子机械工程分会，2008：189-193.

［8］ CHAUHAN P S，CHOUBEY A，ZHONG Z W，et al. Copper wire bonding ［M］. New York：Springer，2014.

［9］ 沙帕拉. 复杂的引线键合互连工艺［M］. 刘亚强，译. 北京：中国宇航出版社，2015.

［10］ 余斋，王肇，程俊，等. 热压超声球引线键合机理的探讨［J］. 电子工艺技术，2009，30（4）：190-195.

［11］ 计红军. 超声楔形键合界面连接物理机理研究［D］. 哈尔滨：哈尔滨工业大学，2008.

［12］ 李军辉，谭建平，韩雷，等. 引线键合的界面特性［J］. 中南大学学报（自然科学版），2005，36（1）：87-91.

［13］ KANG M，ZHAO H R，TIAN I，et al. Research on the influence of contact velocity on the quality of gold wire bonding ［C］//2020 21st International Conference on Electronic Packaging Technology（ICEPT），August 12-15，2020，Guangzhou，Guangdong. New York：IEEE，c2020：DOI 10. 1109/ICEPT50128. 2020. 9202957.

［14］ 陈帅，赵文忠，张飞，等. 基于新型 NiPbAu 基底的金丝楔形键合工艺研究［J］. 电子工艺技术，2020，41（3）：156-158.

［15］ 孙瑞婷. 微组装技术中的金丝键合工艺研究［J］. 舰船电子对抗，2013，36（4）：116-120.

［16］ 宋云乾. 基于正交试验的金丝键合工艺参数优化［J］. 电子工艺技术，2014，35（2）：74-76，121.

［17］ 雷斌. 金丝键合工艺技术研究［J］. 电子工艺技术，2012，33（6）：362-364.

［18］ 韩宗杰，王锋，李孝轩，等. 基于田口方法的微波组件金丝键合工艺优化［J］. 微波学报，2012，28（S2）：308-311.

[19] 刘波，崔洪波，苏海霞，等. 自动金丝键合参数的影响及其优化 [J]. 电子工艺技术，2017，38 (2)：102-106.

[20] 刘丽君，赵修臣，李红，等. 热超声金丝键合工艺及其可靠性研究 [J]. 新技术新工艺，2018 (3)：27-31.

[21] 王栋良，闫非凡，杜选勤，等. X 波段 T/R 组件金丝键合可靠性研究 [J]. 航空维修与工程，2018 (10)：59-61.

[22] 张阳阳，胡子翔，王梅. 金丝键合偏差对微波组件电性能的影响 [J]. 电子工艺技术，2020，41 (4)：196-199.

[23] LONG Y Y, TWIEFEL J, WALLASCHEK J. A Review on the mechanisms of ultrasonic wedge-wedge bonding [J]. Journal of Materials Processing Technology, 2017, 245：241-258.

[24] 马秋晨，潘浩，张文武，等. 面向电子制造的功率超声微纳连接技术进展 [J]. 精密成形工程，2020，12 (4)：21-36.

[25] 张军，张瑶，张培，等. 基于响应曲面法的硅铝丝楔形键合参数优化 [J]. 电子工艺技术，2020，41 (2)：83-86，109.

[26] 王宁宁，何宗鹏，张振明，等. 功率 VDMOS 器件粗铝丝键合工艺研究 [J]. 电子工艺技术，2015，36 (1)：25-28.

[27] 廖小平，杨兵. 线弧参数对铝丝楔焊键合强度的影响研究 [J]. 电子与封装，2013，13 (9)：14-17.

[28] 胡惠明，黄赟，朱悦. 铝丝键合焊点颈部损伤研究 [J]. 电子质量，2012 (8)：20-24.

[29] 刘斌，安兵，王波，等. 铝丝键合脱离与根部断裂失效分析 [J]. 电子工艺技术，2010，31 (4)：187-190，204.

[30] 高荣芝，韩雷. 键合压力对粗铝丝引线键合强度的实验研究 [J]. 压电与声光，2007，29 (3)：366-369.

[31] 王福亮，韩雷，钟掘. 超声功率对引线键合强度的影响 [J]. 机械工程学报，2007，43 (3)：107-111.

[32] 王福亮，李军辉，韩雷，等. 键合时间对粗铝丝超声引线键合强度的影响 [J]. 焊接学报，2006，27 (5)：47-51.

[33] 郭大琪. 提高陶瓷外壳封装集成电路自动铝丝楔焊键合质量的途径 [J]. 微电子技术，1994 (3)：42-47.

[34] LI J H, HAN L, ZHONG J. Observations on HRTEM features of thermosonic flip chip bonding interface [J]. Materials Chemistry and Physics, 2007, 106 (2/3)：457-460.

[35] KARPEL A, GUR G, ATZMON Z, et al. TEM microstructural analysis of As-Bonded Al-Au wire-bonds [J]. Journal of Materials Science, 2007, 42 (7)：2334-2346.

[36] 陈国海，刘豫东，马莒生. Al 焊盘表面氧化膜对金丝键合的影响 [J]. 稀有金属材料与工程，2005，34 (1)：143-145.

[37] 王超梁，尤晓蕾，刘亚. 超声楔焊金属键合物形成机理研究及模型构建 [J]. 微型机与应用，2017，36 (17)：31-33，37.

[38] 李军辉. 超声键合界面微结构生成机理与规律研究 [D]. 长沙：中南大学，2008.

[39] 李军辉，韩雷，谭建平，等. Ni-Al 超声楔焊键合分离界面的结构特性及演变规律 [J]. 焊接学报，2005，26 (04)：5-8.

[40] 王福亮，韩雷，钟掘. 超声功率对粗铝丝超声引线键合强度的影响 [J]. 中国机械工程，2005，16 (10)：919-923.

[41] 李锟. 集成电路铜引线键合强度试验方法标准研究 [J]. 信息技术与标准化，2020 (11)：56-60，66.

[42] 中国人民解放军总装备部电子信息基础部. 微电子器件试验方法和程序：GJB 548B—2005 [S]. 北

京：总装备部军标出版发行部，2006.

[43] GINSBERG G L. Surface mount and related technologies [M]. New York：Marcel Dekker, 1989.

[44] LANGENECKER B. Effects of ultrasound on deformation characteristics of metals [J]. IEEE Transactions on Sonics and Ultrasonics, 1996, 13 (1)：1-8.

[45] 高伟东，张现顺，蔺海波. 镀层质量对金-铝异质键合可靠性的影响 [J]. 电子工艺技术，2016, 37 (2)：94-95, 124.

[46] 王慧君，龚冰，崔洪波. 基于 Si 基芯片的 Au/Al 键合可靠性研究 [J]. 电子工艺技术，2015, 36 (4)：214-218.

[47] 林晓玲，郑廷圭. Au—Al 键合系统失效对 IC 器件的影响 [C]//中国电子学会可靠性分会. 中国电子学会可靠性分会第十三届学术年会论文选. 北京：中国电子学，2006：271-274.

[48] BREACH C D, WULFF F. New observations on intermetallic compound formation in gold ball bonds：general growth patterns and identification of two forms of Au 4 Al [J]. Microelectronics Reliability, 2004, 44 (6)：973-981.

[49] 计红军，李明雨，王春青. 超声楔键合 Au/Al 和 Al/Au 界面 IMC 演化 [J]. 电子工艺技术，2007, 28 (3)：125-129.

[50] KARPEL A, GUR G, ATZMON Z, et al. Microstructural evolution of gold-aluminum wire-bonds [J]. Journal of Materials Science, 2007, 42 (7)：2347-2357

[51] 王路璐，李洵，高博，等. 半导体器件金铝键合的寿命研究 [J]. 微电子学，2015, 45 (6)：800-803.

[52] PRETORIUS R, MARAIS T K, THERON C C. Thin film Compound Phase Formation Sequence：An Effective Heat of Formation Model [J]. Materials Science Reports, 1993, 10 (1/2)：1-83.

[53] XU H, LIU C, SILBERSCHMIDT V V, et al. Intermetallic phase transformations in Au-Al wire bonds [J]. Intermetallics, 2011, 19 (12)：1808-1816.

[54] BOCHENEK A, BOBER B, HAUFFE W, et al. Thermal degradation of joined thick Au and Al elements [J]. Microelectronics International, 2004, 21 (1)：31-34.

[55] 龚瑜，黄彩清，吴凌. 不同应力下集成电路金铝硅系统可靠性评估 [J]. 半导体技术，2019, 44 (7)：564-570.

[56] 王越飞，顾春燕，崔凯，等. 金铝键合体系服役寿命评价方法研究 [J]. 电子机械工程，2020, 36 (01)：38-41.

[57] 畅兴平. 混合集成电路中金铝键合可靠性的实验设计 [J]. 襄樊学院学报，2011, 32 (8)：36-40.

[58] 中央军委装备发展部. 混合集成电路通用规范：GJB 2438B—2017 [S]. 北京：国家军用标准出版发行部，2017.

[59] ZHANG X R, TONG T Y. Numerical and experimental correlation of high temperature reliability of gold wire bonding to intermetallics (Au/Al) uniformity [J]. Thin Solid Films, 2006, 504 (1/2)：355-361.

[60] KIM H G, LEE T W, JEONG E K. Effects of alloying elements on microstructure and thermal aging properties of Au bonding wire [J]. Microelectronics and Reliability, 2011, 51 (12)：2250-2256.

[61] MÄRZ B, GRAFF A, KLENGEL R, et al. Investigation of the palladium distribution in the intermetallic phase region of Au-Al wire bond interconnects [C]// 2012 4th Electronic System-Integration Technology Conference, September 17-20, 2012, Amsterdam, Noord-Holland. New York：c2012；DOI 10. 1109/ESTC. 2012. 6542124.

[62] JEON I, CHUNG Q. The study on failure mechanisms of bond pad metal peeling：Part A-Experimental investigation [J]. Microelectronics and Reliability, 2003, 43 (12)：2047-2054.

[63] JEON I. The study on failure mechanisms of bond pad metal peeling：Part B-Numerical analysis [J]. Micro-

electronics and Reliability, 2003, 43 (12): 2055-2064.

[64] TAN C M, GAN Z H. Failure mechanisms of aluminum bondpad peeling during thermosonic bonding [J]. IEEE Transactions on Device and Materials Reliability, 2003, 3 (2): 44-50.

[65] TAN C M, ER E, HUA Y, et al. Failure analysis of bond pad metal peeling using FIB and AFM [J]. IEEE Transactions on Components Packaging and Manufacturing Technology Part A, 1998, 21 (4): 585-591.

[66] SHEN L, GUMASTE V, PODDAR A, et al. Effect of pad stacks on dielectric layer failure during wire bonding [C]//56th Electronic Components and Technology Conference 2006, May 30-June 2, 2006, San Diego, California. New Yoek: IEEE, c2006: 145-150.

[67] LIU Y, IRVING S, LUK T. Thermosonic Wire Bonding Process Simulation and Bond Pad Over Active Stress Analysis [J]. IEEE Transactions on Electronics Packaging Manufacturing, 2008, 31 (1): 61-71.

[68] DONG K S, JAY I. Quantitative analysis of the mechanical robustness of multilayered bonding pad on a semiconductor device by nanoindentation and nanoscratch tests [J]. Thin Solid Films, 2013, 531: 340-348.

[69] SONG W H, HANG C, PEQUEGNAT A, et al. Comparison of Insulated with Bare Au Bonding Wire: HAZ Length, HAZ Breaking Force, and FAB Deformability [J]. Journal of Electronic Materials, 2009, 38 (4): 834-842.

[70] HANG C J, SONG W H, LUM I, et al. Effect of electronic flame off parameters on copper bonding wire: Free-air ball deformability, heat affected zone length, heat affected zone breaking force [J]. Microelectronic Engineering, 2009, 86 (10): 2094-2103.

[71] HUNG F Y, LUI T S, CHEN L H, et al. An investigation into the crystallization and electric flame-off characteristics of 20μm copper wires [J]. Microelectronics Reliability, 2011, 51 (1): 21-24.

[72] CHANG W Y, HSU H C, FU S L, et al. Characteristic of heat affected zone for ultra thin gold wire/copper wire and advanced finite element wirebonding model [C]//2008 10th Electronics Packaging Technology Conference, December 9-12, 2008, Singapore. New York: IEEE, c2008: 419-423.

[73] HONG S J, CHO J S, MOON J T, et al. The behavior of FAB (free air ball) and HAZ (heat affected zone) in fine gold wire [C]//Advances in Electronic Materials and Packaging 2001, November 19-22, 2001, Jeju Island. New York: IEEE, c2001: 52-55.

[74] 杨国祥, 郭迎春, 孔建稳, 等. 稀土元素对键合金丝组织与性能的影响 [J]. 贵金属, 2011, 32 (1): 16-19.

[75] 曹军, 范俊玲, 薛铜龙. 镀钯铜线性能对键合质量的影响研究 [J]. 材料科学与工艺, 2014, 22 (5): 48-53.

[76] 曹军, 范俊玲, 刘志强. 微量 Sn 元素对高纯 Cu 线再结晶行为的影响 [J]. 材料热处理学报, 2015, 36 (5): 95-100.

第 5 章 密 封

5.1 密封工艺概述

5.1.1 密封工艺介绍

气密封装本身是一个"伪命题",中国有句古话叫作"没有不透风的墙"。

研究人员发现集成电路芯片和互连结构暴露在空气中,会逐渐产生很多可靠性问题。比如,水汽低于露点凝结在芯片表面导致漏电现象增加,并加速焊点的腐蚀。为了形成芯片及其互连结构的密闭空间,阻断封装内部与外部的气体交换,气密封装这种高可靠封装形式诞生了。由此,密封工艺作为高可靠集成电路微组装过程中最后一道关键工艺被建立起来。

实际上,绝对的物理隔离是不可能的。一方面,集成电路从开盖状态到完成封盖的过程,即密封焊接过程,其中形成的焊缝区域本身就存在缺陷,这些缺陷还会随着服役时间的延长而逐渐扩大。另一方面,封装外壳基体可能存在微裂纹,并在热循环中扩展。这些因素,使得气密封装内腔和外腔之间形成了缓慢漏气的通道,内腔和外腔的气氛交换一直在不间断地进行着。

在等压前提下,气体向内和向外流动的路径和漏率是相同的,不同的是流动的气体和流向。对于一般的气密封装来说,内腔往往采用高纯氮气填满;而腔体外部是空气,其主要成分:氮气,含量约为 78.1%;氧气,含量约为 20.9%;稀有气体,含量约为 0.9%;二氧化碳,含量约为 0.03%;水和杂质,含量约为 0.03%。外部气体的成分随着服役环境的变化而变化。例如,在海洋环境中,水汽含量更高;在太空环境里,电路可能在航天器内部,也可能暴露于真空中。气体分子从高浓度向低浓度扩散,直到内、外腔体浓度相当:氮气、氦气漏出去;氧气、水汽、二氧化碳加进来。其中,芯片最害怕的是水汽,大量研究集中在水汽对集成电路可靠性的影响,隔绝水汽是气密封装的天然使命。

综上可知,密封工艺的主要工作有以下两个:

1)控制密封内腔的初始气氛,使水汽、氧气等对芯片有害气体含量在相关标准允许范围内。

2)控制气密封装结构的漏气率,并保持足够长的时间。

5.1.2 典型密封工艺

实现气密封装的工艺有很多种,常见的有以下几种:

1）平行缝焊。

2）金锡熔封。

3）储能焊。

4）激光焊等。

其中，平行缝焊、金锡熔封广泛应用于高可靠集成电路中，储能焊多应用于金属外壳功率器件外壳的封装上。表 5-1 给出了平行缝焊、金锡熔封的工艺特点。

表 5-1　平行缝焊、金锡熔封的工艺特点

	平行缝焊	金锡熔封
工艺温度	缝焊局部温度通常在 1000℃ 以上，甚至高达 1600~1700℃。	整体温度在 300℃ 左右。
工艺特点	1. 结合强度高，能耐受高的机械冲击和热冲击 2. 局部点焊，芯片温升低 3. 无须装配焊料环 4. 密封过程颗粒飞溅少，少有 PIND 问题 5. 焊点局部镀层损伤，抗盐雾能力弱 6. 磨削开盖产生较多碎屑	1. 批量熔封，生产效率高 2. 密封后易开盖 3. 较高的气密性和长期稳定性 4. 抗腐蚀能力强 5. 密封过程颗粒飞溅少，少有 PIND 问题 6. 需要特殊注意密封空洞控制 7. 金锡焊料环成本较高

5.1.3　内部气氛

密封腔体内的水汽含量，对器件的寿命和可靠性有很大影响。一方面水汽本身形成导电媒介，使芯片产生微漏电和短路。另一方面，水汽会加速芯片焊盘的腐蚀。因此，控制水汽含量是密封工艺的一个基本要求。

为了测得密封腔体中的水汽含量数值，需要对器件开展内部气氛含量的分析，这类分析可以贯穿产品的整个寿命周期，可以称作残余气氛分析（Residual Gas Analysis，RGA）。残余气氛分析是一种用来测量密封腔体中的水汽和其他气体的测试分析程序，包括检测水汽、氧、氢、氮、氩、二氧化碳、氨气及其他的有机化合物等。这是一个破坏性试验，在分析过程中，用穿刺装置刺破器件的外壳，将器件内部气氛传输到真空装置中，由设备分析出气体的组成和成分比例。

检测密封腔体内部气氛，不仅有利于掌握器件内部有害气氛的含量数据，也有利于在水汽含量超标时分析水汽的来源。

5.1.4　热阻

电子器件和系统的组装密度越来越高，20 世纪 80 年代，集成电路热流密度约为 $10W/cm^2$，20 世纪 90 年代则增加到 $20~30W/cm^2$，2008 年已接近 $100W/cm^2$，目前芯片级热流密度已经超过 $1kW/cm^2$。随着器件功率密度的不断提升，散热问题已成为芯片及封装失效的主要原因之一。据统计，热因素可导致接近 60% 的器件损坏，且工作温度每上升 10℃，器件损坏的概率就增大了接近两倍。因此，提高器件工作性能、可靠性和改善封装热

设计就变得非常重要。

热阻是表征器件封装热性能的一个重要参量。芯片封装的热特性通常采用结（微电路中产生主要热量的半导体结）-壳（封装外壳）热阻来衡量，以此表征封装体本身的散热能力。GJB 548B—2005 对热阻的定义为，结至封装壳体上参考点的温差与功耗之比。根据GJB 7400—2011 对封装外壳设计的要求，产品在设计定型初期就需要给出较为准确的封装外壳热阻参数。

在测量和计算器件封装热阻值，分析器件工作时芯片产生的热量由封装内部向外的传导能力及过程中，两个关键参数分别是 $R_{TH(J-C)}$、$R_{TH(J-A)}$。其中，$R_{TH(J-C)}$ 是指热由芯片结到封装外壳的热阻，$R_{TH(J-A)}$ 是指芯片结到环境的热阻。当获得功率器件的 $R_{TH(J-C)}$ 和 $R_{TH(J-A)}$ 值后，可以通过热阻值及器件工作功率准确地计算出器件内部芯片结温。

影响热阻数值的主要因素是封装结构和封装材料。因此，降低封装热阻的有效方法主要有两个：一是通过封装设计，优化芯片的热量耗散通路，减小封装热阻值，如设计更薄的壳体结构，必要时还需要增加热沉、散热片等；另一个就是选用导热性能更好的材料作为封装材料，包括管壳材料、芯片材料、芯片粘结材料等。

5.1.5 检验标准

（1）外观

按照标准 GJB 548B—2005 方法 2009 的要求，通过放大镜对器件的外观进行检测。

（2）气密性——细检漏

按照标准 GJB 548B—2005 方法 1014 的要求，根据器件腔体体积选择对应的加压条件，加压结束后，通过氦质谱检漏仪对器件进行气密性检测，要求检漏率 $\leqslant 5 \times 10^{-9} Pa \cdot m^3/s$。

（3）气密性——粗检漏

按照标准 GJB 548B—2005 方法 1014 要求，根据器件腔体体积选择对应的加压条件，加压结束后，通过氦质谱检漏仪对器件进行气密性检测，在 125℃ 碳氟化合物中观察，从同一位置出来的一串明显气泡或两个以上大气泡应视作器件失效。

（4）水汽含量

按照标准 GJB 548B—2005 方法 1018 要求，要求内部水汽含量在 100℃ 条件下不得超过体积分数 5000×10^{-6}。

（5）粒子碰撞噪声

按照标准 GJB 548B—2005 方法 2020 要求，应无除背景噪声以外的其他噪声爆发。

5.2 金锡熔封工艺

5.2.1 金锡熔封主要特点

金锡熔封是一种合金烧结密封。该工艺采用金锡（AuSn）焊料环作为钎焊焊料，通过300℃ 以上的高温熔化、共晶过程（共晶温度为 280℃），将预制有镀镍层、镀金层的陶瓷管壳和金属盖板烧结在一起，形成密闭的管壳腔体。金锡熔封也被称为低温烧结、金锡烧结密封等。

金锡焊料在焊接强度、耐腐蚀性和抗氧化等方面都具有优越性，而且烧结过程中无须添加助焊剂，避免了助焊剂对集成电路芯片的污染和腐蚀。因此，金锡焊料成为电子封装中应用最广泛的焊料之一。就封装的质量和密封可靠性来说，金锡熔封是一种非常重要且常用的高可靠集成电路密封方式，其焊接成品率可达99%以上。

在常见的金系焊料中［包括金锡（80%的Au，20%的Sn，熔点为280℃）、金锗（88%的Au，12%的Ge，熔点为356℃）、金硅（97%的Au，3%的Si，熔点为363℃）等］，Au80Sn20合金焊料具有较低的熔点，如图5-1所示。密封作为封装的最后一道工序，越低的工艺温度对芯片质量和之前封装工序的可靠性影响越小，因此Au80Sn20作为烧结密封焊料具有优势。在Au80Sn20系统中共晶体的富金一侧液相曲线斜度非常陡，金含量的增加会使焊料的熔化温度迅速提高至320~360℃，因此要避免反应过程中过多额外的金元素影响共晶反应的完成。

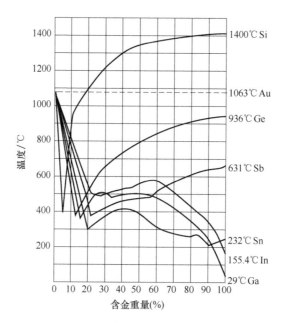

图5-1　常见金系合金的熔点

焊料的润湿性是影响焊接质量的重要因素，通常是通过测定其润湿角、润湿速率或铺展性来衡量其可焊性。接触角越小，铺展性越高，则说明焊料流散性能越好，焊接质量越有保证。AuSn合金焊料具有合适的润湿性和接触角，其铺展百分数为70%~80%，封装焊接后不容易"爬盖"，焊接强度高，气密性漏气速率可小于$1×10^{-3}$Pa·cm^3/s。

在金锡熔封工艺中，主要参与的设备、工具、材料和气氛，包括金锡焊料环、管壳、盖板、密封夹具、烧结炉、还原气氛和保护气氛等。因此，对于金锡熔封的控制主要包括，原材料的质量控制（原材料的采购、检验与保存等），密封工艺过程控制（操作规范性、设备稳定性、程序合法性、环境稳定性等），密封设计及控制（压力施加方式、夹具选用和更新等）。

金锡熔封工艺在很多高可靠陶瓷-金属气密封装结构的集成电路和微波器件中应用广泛，其工艺优势如下：

1）盖板厚度无要求，封焊后机械强度大，盖板耐压大。

2）对封装材料无要求，可伐合金、铜、铝均可以实现气密封装。

3）封装应力小，只要选取与壳体一致的材料作为盖板材料，就可以使器件承受标准 GJB 548B—2005 中规定的温度循环、机械冲击等严酷使用条件。

4）无须经过任何特殊处理就可经受住盐雾试验，使器件可以在腐蚀性气体（也可能是液体）下长期可靠地运行。

5.2.2　熔封质量影响因素

1. 温度

基于 AuSn20 合金焊料的共晶成分，很小的过热就可以使合金熔化，获得足够的流动性和润湿性，并完成与管壳、盖板镀层的浸润，且合金的凝固过程也进行得很快，这使得一个密封焊接周期的时间很短。在焊接封装过程中，AuSn20 密封温度一般设定在 330℃ 左右，比焊料熔点高出 50℃。有研究人员给出了链式炉和真空炉烧结密封工艺温度曲线，如图 5-2 所示。

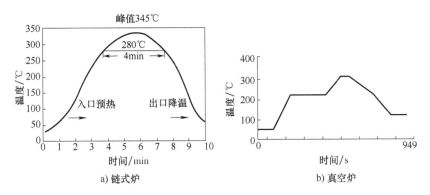

图 5-2　AuSn20 焊料链式炉和真空炉烧结密封工艺温度曲线

如图 5-2 所示，链式炉密封的典型加热周期包括，快速预热期（3~5min），以及液相温度以上的最短时间（3~5min）；真空炉曲线包括，预热、升温、保温、峰值温度、降温等几个阶段。在实际密封过程中，要根据电路的具体情况调节烧结峰值温度和烧结时间。

2. 保护气体

在焊接时，采用保护气体对焊接表面进行保护，隔绝空气、氧气，避免表面氧化而影响焊接。这时，保护气氛就显得尤为重要。一般采用真空、氮气或氮气和氢气的混合气体作为保护气体。采用链式封装炉时，可采用比例为 90：10 的氢气和氮气的混合气体，也可采用高纯度氮气。

3. 镀层

在 Au-Sn 系统中，共晶体的富金一侧有非常陡的液相曲线斜度。在高于共晶组成处，金含量仅增加 3%~5% 就可使液相温度从 280℃ 提高到 450℃ 以上，进而引起许多气密性失效。在密封过程中，管壳、盖板上的镀金层会非常迅速向金锡焊料熔解，使其中的金含量微增。所以金镀层在保持足够浸润与防护性的前提下，厚度应尽可能薄。

但如果镀镍层不够致密或过薄的情况下，基材中的某些微量元素（如 Fe），能显著促进合金的氧化，析出的 Fe 能形成 FeSn 初晶，影响 AuSn 合金的流动，进而影响气密性。

4. 焊料状态

根据 AuSn 合金中锡的氧化机理，空气中的氧易与 AuSn 合金中的锡反应生成金属氧化物，在焊料环表面形成锡的氧化膜。随着环境温度的升高，合金分子热运动加剧，其碰撞概率大大提高，从而加快锡的氧化。因此，在金锡焊料的保存和使用过程中应注意防护氧化。

在电路密封过程中下，焊料环上的氧化物可部分溶解于 AuSn 合金熔液中，阻碍液态焊料与固体母材的浸湿，从而影响封焊效果；由于浓度差的关系，氧化物向金属熔液内部扩散，导致氧化膜进入焊缝，产生各种连接缺陷。据报道，合金中氧含量必须低于 0.5%，否则很难取得密封效果。

5. 盖板状态

必须确保管壳、盖板的封焊区域清洁。当封焊区域存在玷污，浸润性就会很差；在金锡熔融的状态下，玷污处会形成气泡；在加热、加压的时候，气泡延展、爆破，造成漏气或金锡焊料飞溅。

5.2.3 常见缺陷

常见缺陷如下：
1）镀层缺陷，剥落、起皮、起泡、凹坑或腐蚀等。
2）盖板划伤、擦伤或凹陷，使基底金属暴露。
3）焊缝断点。
4）焊料爬盖。
5）焊料内溢。
6）盖板偏移。
7）密封空洞。
8）水汽含量超标。

5.3 金锡焊料环

5.3.1 微观分析与性能分析

AuSn20 合金焊料是目前熔点在 280~360℃ 的唯一可以替代高熔点铅基合金的焊料，具有焊接强度高、抗氧化性强、耐腐蚀、抗蠕变、高导热、黏性低、易焊接、化学性质稳定等天然优势，在高可靠集成电路陶瓷外壳的密封上被广泛应用。

AuSn20 焊料环具有较高的纯度控制和抗氧化水平，美国美题隆（Materion）公司取样品开展了分析。在 200 倍显微镜下，观察到焊料环表面带有纵向条纹，如图 5-3 所示。扫描电镜能谱（采用 EDS）显示，焊料环中富金相与富锡相均匀分布，无明显分层，如图 5-4 所示。

采用增重法进行氧化性能实验，在 300℃ 纯氧环境中，36h 后，仅有部分样品增重 0.01%，轻微氧化；根据 X 射线光电子能谱仪（X-ray Photoelectron Spectroscopy, XPS）的数据计算出 340℃ 氧化 240s 情况下进口焊料氧化深度仅 5nm，如图 5-5 所示。

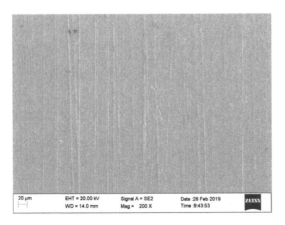

图 5-3　200 倍时焊料环外观

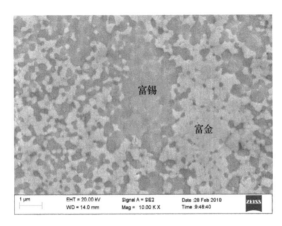

图 5-4　10000 倍时焊料环表面元素分布

图 5-5　340℃加热 240s 后表面形貌

采用差示扫描量热仪（Differential Scanning Calorimeter，DSC）对进口的 AuSn20 焊料环进行熔化和凝固温度的检测。图 5-6 给出了进口 AuSn20 焊料环熔化过程曲线。图 5-7 给出了进口 AuSn20 焊料环凝固过程曲线。

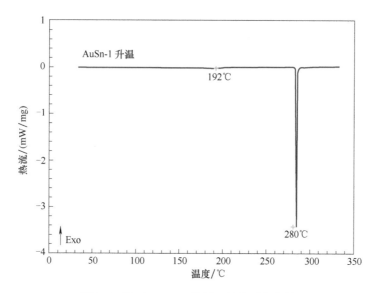

图 5-6　进口 AuSn20 焊料环熔化过程曲线

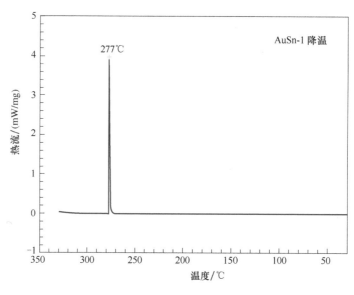

图 5-7　进口 AuSn20 焊料环凝固过程曲线

进口 AuSn20 焊料环的熔点温度为 280℃，凝固温度为 277℃。由图 5-6 所示的熔化曲线可以看出，进口 AuSn20 焊料环在的 280℃存在一个吸热峰，表明其共晶反应发生的温度是 280℃。这说明进口 AuSn20 焊料环金和锡的成分比例控制较为精确。此外，在 192℃时熔化曲线出现了一个小的扰动，这是由焊料中的少量可挥发性物质造成的。反观图 5-7 所示的凝固曲线，在 277℃出现一个放热峰，这表明焊料的凝固温度为 277℃，比熔化温度 280℃低了 3℃。同时，在凝固过程中 DSC 曲线没有明显的扰动了，说明经过一个熔化、凝固过程后，焊料的成分和性质已经趋于稳定。

由 DSC 分析结果可见，进口 AuSn20 焊料环的纯度很高，这是在产品密封过程中和密封后保证电路气密性、可靠性的基本前提。

5.3.2　焊料制备技术难点

高可靠集成电路密封专用 AuSn20 合金焊料环厚度仅 $50\mu m$，所以脆性大，易损伤、断裂，对其纯度和成分配比要求非常严格，并难以用常规手段加工成型。其生产加工难度很大，技术含量很高，研发成本昂贵。当前阶段，很多盖板和 AuSn20 焊料环仍然是进口的。

美国在 20 世纪 80 年代中期开发出具有实用要求的合金态 AuSn20 箔带材及其深加工系列产品——AuSn20 焊料环。美国 Materion 公司是高可靠 AuSn20 焊料环及盖板的最主要供应商，几乎占据了全球市场，但其制造方法并未公开。除此之外，美国科宁（Coining）公司考虑到管壳、盖板镀金层在焊接时向 AuSn 焊料环的溶解，会使金的含量增加，从而反应偏离共晶点，因此研制了 AuSn22 比例焊料环，也占有一些国际市场份额。

我国行业内专家学者，从金锡叠层法、熔铸法、电镀沉积法和机械合金化法等多种方法入手，对金锡焊料制备开展了大量研究，但其制备方法仍有很大提升空间。其中，蒸发、溅射等方法，适合获得 100nm 以下，甚至纳米厚度的薄膜焊料涂层，因蒸发、溅射效率低、工艺成本高，难以应用于实际生产；电镀法受电流和温度的波动影响较大，对金锡组分比例的精确控制是技术难点，且一般制备的焊料厚度难以突破 $10\mu m$，在制备 $50\mu m$ 厚度金锡焊料环上还存在较大瓶颈；熔铸法及其衍生的增韧法能够获得厚度适当的金锡焊料环，然而这个过程需要经历配料、熔铸、铸片、热压延、热增韧、冲裁等多项高精密工艺步骤，并伴随着过程中控制铸造组织均匀化、脆性箔材精密成型轧制、与盖板一体化装配、热处理过程中的组织演化、焊料氧化等问题，这些都是现阶段亟待突破的技术瓶颈。叠层法亦能获得厚度适宜金锡焊料环，但需先制备高纯金、锡箔材；并且，由于金锡延展性差异，其组分比例精确控制是难点，在制成焊料片后的冲裁过程中，也面临脆性箔材的精密成型问题。

表 5-2 给出了金锡焊料典型制备方法及其技术难点。

表 5-2　金锡焊料典型制备方法及其技术难点

制 备 方 法	材 料 性 状	工 艺 难 点
蒸发法	原子态	成产效率低、工艺成本高
电镀法	离子态	焊料组分位移、焊料厚度不足
熔铸法	块体、箔材	焊料氧化、加工工序复杂、易引入杂质、焊料冲裁时弯曲、背冲裁面裂纹
金锡叠层法	块体、箔材	金锡比例精确控制、焊料氧化、焊料冲裁时弯曲、背冲裁面裂纹

从结构上看，国内制备的金锡焊料环与金属盖板产品是分体的，需要在密封时再进行叠装。现阶段制备的产品虽然是一体化盖板，但与进口相比，在尺寸加工精度、盖板与焊料环对位精度等方面还存在差距，导致焊料环与盖板一体化装配后外观检验不合格，生产良率低。从性能上看，与外国产品相比，我国制备的金锡焊料环合金杂质含量、组分配比精度等要素上仍存在差距。近年来，一些国产焊料环取得了技术突破并实现了批量供货，但国内厂

商整体水平参差不齐，这使得国产 AuSn20 焊料环进行高可靠集成电路密封时，存在回流温度波动、抗氧化性差和气密性良品率低等问题，导致气密封装出现可靠性隐患，影响产品的贮存寿命和服役周期。

5.3.3 焊料制备方法

1. 叠层法

将分别预处理过并且轧至一定厚度的多层金、锡薄材按照 80：20 质量比例相间交相叠层复合，压延成复合坯料，再冷轧成所需规格的箔材。

中南大学韦小凤采用叠层冷轧合金化退火法制备箔带材焊料，并研究了叠轧和退火过程中焊料的组织演变和性能，提出了采用 7 层叠合层数，可以制备出组织相对均匀、成分和熔点接近共晶合金的复合带，并得到完全合金化退火的最佳工艺条件为 220℃、12h。

华中科技大学熊杰然等人，采用金锡叠层复合法制备了 0.4mm 厚焊片，并指出压延过程中金和锡的变形量不一致，金锡比例易发生变化。在此基础上又研究了扩散叠层法，将金锡叠层压延后在一定压力、温度、气氛中扩散，而获得金锡共晶合金。朱志君提出，在 260℃下增韧退火 1h，焊料的维氏硬度从由最初的 180HV 降低至 125.3HV，成功地提高了焊料的韧性，使焊料顺利地冲裁出所需的形状。

天津大学黎丽通过改变冷却介质，对 AuSn20 合金在随炉冷却和水冷条件下得到的室温组织开展专题研究，结果表明，炉冷合金凝固过程接近平衡条件，室温组织由初生相 ζ、细化的共晶片层（$\zeta'+\delta$）和粗化的共晶组织组成；水冷合金由于冷却速率较大，得到室温组织呈枝晶状，另外同样存在初生相及粗化的共晶组织。

2. 熔铸法

通过配料、熔铸、铸片、热压延、热增韧、冲裁等多项高精密工艺步骤，将高纯金、锡原料熔铸成块体，并压延为箔材，最终冲裁成焊料环形状。

华中科技大学黄亮等人使用单辊法制备 AuSn20 箔材，作为 LED 芯片的焊接材料，由 AuSn 和 Au_5Sn 两种相组成，而且没有非晶组织存在，其物理性能和显微组织都与理论上的 AuSn20 焊料一致。中南大学刘锐等人采用双辊快速凝固技术制备 AuSn20 焊料薄带材，并研究合金的均匀化退火工艺，观察和分析焊料薄带与铸态组织相比，凝固态合金组织更加细小。δ（AuSn）相的体积分数退火 4h 后，合金基本均匀化，δ（AuSn）相最终达到稳定值（43%~45%）。

熊杰然研究的合金增韧法是利用对金锡共晶合金焊料进行铸造、热压延、热处理等一系列工序使焊片成形，制作出不同厚度的箔材，并降低焊片脆性，增加焊片韧性；然后，冲裁出合乎质量要求的金锡共晶合金焊环。铸造、热压延工序会使焊片箔材表面有一层氧化物，会对焊片焊接质量造成影响。

3. 磁控溅射

Jonathan Hanrris 和 Erich Rubel 研究了电子束蒸发制备焊料，使被蒸发金属暴露在高真空室的电子束的作用范围内，金属蒸气沉积到基体金属上。多采用替沉积金、锡金属，形成符合一定比例的原子层；然后，经退火处理（200~250℃），使金、锡之间相互扩散，最终形成具有较高一致性金锡焊料层，如图 5-8 所示。Chin C. Lee 等人，Sihai Chen 等人，分别提出了不同退火温度（280℃，350℃），典型金层沉积速率为 10nm/s，沉积效率和成本是蒸发法的瓶颈。

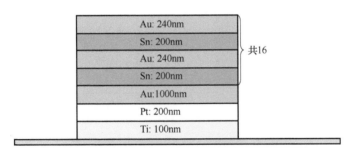

图 5-8　交替蒸发沉积金、锡原理

中国工程物理研究院应用电子学研究所王昭等人，研究磁控溅射法制备 AuSn20 合金焊料薄膜，利用靶材纯度为 99.99% 的 Au80Sn20 合金靶，在电流 1A 时镀膜 10min，表面溅射沉积获得了厚 6μm 左右的 AuSn20 合金焊料，表面无明显缺陷、结构致密，熔点为 279℃，与理论值接近。

4. 电镀沉积法

George Hradil 等人采用电镀共晶焊料，通过控制电流大小的变化来控制电镀生成的 Au_5Sn 相和 AuSn 相，从而得到满足共晶比例的沉积相，并通过退火得到共晶焊料层。但这种方法对温度、电流高度敏感，1℃ 温度波动，引起质量分数 1%～2% 组分位移；而 $1mA/cm^2$ 电流密度波动，引起质量分数 4% 的组分位移。也有人提出了采用金、锡交替电镀的方法，但焊料层的厚度常常不能精确控制，影响成分配比，进而影响焊接效果。

上海航天电子技术研究所刘凯等人，通过分层电镀 Au/Sn/Au 三层薄膜并合金化的方法，在 AlN 陶瓷表面制备了一种预制 AuSn20 合金焊料的基板。其金锡镀层的厚度均匀性分别达到了 5.78% 和 6.86%。他们还分析了焊料的成分及性能，结果满足标准 GJB 548B—2005 有关微电子器件试验方法和的剪切强度的要求。

大连理工大学潘剑灵等人，运用分步法电镀制备的 Au/Sn/Au 三层结构薄膜均匀，回流得到了具有典型共晶组织的 Au-Sn 凸点。

中国电子科技集团公司第二十四研究所刘欣等人采用分层电镀方式，在陶瓷基材上制备金锡双层薄膜，作为蒸发或溅射的替代方式，获得了 4μm 满足标准 GJB 548—2005 关于焊接性能和焊接可靠性要求的金锡薄膜。

广州天极电子科技有限公司杨俊锋等人，在电流密度 0.030～0.045mA/mm² 范围，以柠檬酸金钾和氯化亚锡为主要原材料，配制 Au^+ 及 Sn^{2+} 浓度分别为 8g/L 和 10g/L 的溶液，通过电化学沉积获得金锡合金镀层。

5. 机械化合法

昆明理工大学陶静梅等人尝试机械化合法制备金锡合金。他们将粒度小于 74μm 的金粉（纯度为 99.99%）和锡粉（纯度为 99.5%）按共晶成分（80%Au，20%Sn）进行配比，放入转速为 120r/min 的高能球磨机中进行球磨。高能球磨工艺可以使单质金粉和锡粉之间实现充分的合金化，制备出共晶成分的 Au-Sn 合金粉末。随着球磨时间的延长，合金化程度的增加，组织中 δ 相（AuSn）的相对数量逐渐减少，ζ′ 相（Au_5Sn）的相对数量逐渐增加。这为金锡合金焊料环的制备打开了一扇新的窗户，使其制备方法从传统的块体制备、薄材制备、原子制备、离子制备，进入了粉末制备领域，使得以涂层制造工艺直接利用金锡合金粉末在金属盖板上直接制备金锡焊料环成为可能。

5.4 金锡熔封烧结工艺流程

5.4.1 基本要求及流程

SJ 21455—2018《集成电路陶瓷封装合金烧结密封工艺技术要求》中，对合金烧结密封工艺流程做了较为全面的规定。

盖板应为铁镍钴合金或铁镍合金，一般应符合标准 YB/T 5231—2018 或 YB/T 5235—2005 中的相关要求；焊料应选取金锡合金（AuSn20）。其中，金的质量分数一般为 78% ~ 80%，锡的质量分数一般为 20% ~ 22%；金锡纯度应为 99.99%，熔点为 280℃±5℃。

合金烧结工艺流程如图 5-9 所示。

图 5-9　合金烧结工艺流程

5.4.2 准备工作

（1）盖板

盖板应按照以下要求进行检验：

a）盖板上毛刺高度不应大于 0.025mm。

b）盖板上不应有缺口或裂纹。

c）盖板密封区不应存在异物，盖板非密封区上异物不应大于 0.1mm。

d）盖板上不应存在起泡、脱皮及可目测到的腐蚀锈斑。

e）盖板镀金层区域不应有可目测到的氧化变色。

f）盖板表面划痕长度不应大于盖板长度或宽度的 1/2，且划痕不应暴露下层金属。

（2）焊料

焊料应按照以下要求进行检验：

a）焊料上毛刺高度不应大于 0.15mm。

b）焊料上缺口不应大于 0.1mm 或焊料宽度的 10%。

c）焊环上不应有贯穿裂纹，未贯穿裂纹不应超过 2 个。

d）焊料上不应有异物。

e）焊料上不应有可目测到的氧化变色。

f）焊料离盖板任何一个边缘的对准偏离不应超过 0.13mm。

（3）夹具

合金烧结密封时需用夹具对盖板与外壳施加相应的压力，一般情况下会采用压块或夹子作为夹具。图 5-10 和图 5-11 给出了两种典型合金烧结密封用夹具装配示意图。夹具应满足以下要求：

a）夹具外观不应有毛刺、生锈或沾污。

b）压块底面、夹子夹口应平整无凸起或凹坑。

c）夹子打开及闭合应顺畅，夹持盖板时不应出现打滑现象。

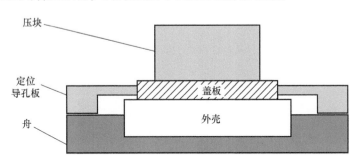

图 5-10　压块夹具装配示意图

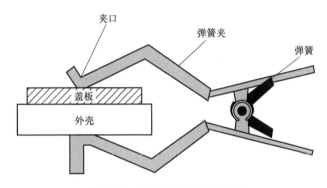

图 5-11　夹子夹具装配示意图

（4）预烘

电路装架前必须进行预烘处理。预烘要求如下：

a）应根据芯片粘接材料和气氛控制要求选择相应的预烘条件。一般情况下，烘箱温度不应低于 120℃，恒温时间不应低于 1h。

b）烘后电路为减少封装环境中水汽的吸附，一般需在 2~4h 内进行装架。

5.4.3　装架

装架要求如下：

a）待装架的电路一般应放入充氮气的环境中进行装架。

b）应根据待密封电路的封装形式及尺寸，选择相应的夹具作业。

c）使用夹具时，应避免划伤盖板表面。

d）在进行装架操作时，一般使用吸笔或镊子取用盖板，应注意不能触碰内部芯片和键合丝。

e）装架后盖板应覆盖芯腔，盖板外边沿最大偏移量不应偏出外壳密封区。

5.4.4　熔封

对于集成电路的合金熔封应进行首件确认。首件熔封满足要求后，才可按照首件确定的工艺条件进行批量密封。生产过程中若需更改熔封工艺条件，应重新进行首件确认。

熔封具体要求如下：

a）装架后电路一般情况下应在装架后 4h 内进行熔封。

b）烧结前应根据熔封炉的特性选择相应的保护气体。一般为氮气，纯度应不低于 99.99%。

c）熔封时应对密封气氛中的含氧量进行控制，以防出现焊料氧化现象。焊料氧化后颜色会变深。一般情况下，熔封炉腔体内氧气含量不应超过 100ppm。

d）熔封温度和时间的选择根据熔封炉的规格、外壳尺寸及数量而定。焊料 AuSn20 的升温速度一般设定为 25～75℃/min，峰值温度一般设定为 300～340℃，280℃ 以上保温时间一般设定为 2～5min，降温速率前期一般设定为 25～50℃/min，后期随炉降温。其典型熔封工艺曲线，如图 5-12 所示。

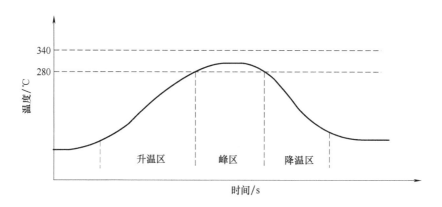

图 5-12　AuSn20 典型熔封工艺曲线

e）熔封过程中应注意焊料与外壳焊接面之间的润湿，避免出现焊缝断点缺陷。

f）熔封过程中应选择对应的升温、降温曲线，以避免出现焊料爬盖和焊料飞溅（包括表面焊料飞溅和内部焊料飞溅）。

5.5　金锡烧结的密封空洞

5.5.1　密封空洞

密封空洞是一种较为常见的封装质量隐患，它的存在会使产品的密封强度和气密性降低，随着服役时间的延长，极易诱发多种致命的失效模式。引起密封空洞的因素有多种，包括温度曲线、焊接压力、原材料表面状态、焊料环设计、焊接气氛等。大多数陶瓷封装的用户都对产品的密封空洞率提出了明确的要求。

5.5.2　密封空洞的影响因素

1. 焊料环设计

与管壳密封区相匹配的焊料环设计，是控制焊接空洞的基本前提之一。

在低温烧结密封过程中，焊料环的宽度决定了焊料熔化后可以有效铺展的范围。如果焊料环的宽度相对于密封区域过窄，在密封过程中，熔融焊料由于总量不足，无法填满整个密封区域，必然会在边缘或内部形成密封空洞，一些部位的焊料层厚度也会明显比周围的区域要薄，这就对密封可靠性造成非常大的隐患；如果焊料环的宽度相对于密封区域过宽，焊料总量过于充分，受热熔化后势能增大，极具铺展性，固化后，往往会溢出密封区域，甚至爬到盖板表面。

2. 焊接气氛

良好的焊接气氛也是控制焊接空洞率的基本前提之一。

根据金锡合金的氧化机理，氧易与金锡合金中的锡反应生成金属氧化物，在表面形成氧化膜，反应过程如下：

$$2Sn+O_2 \rightarrow 2SnO \tag{5-1}$$

$$2SnO+O_2 \rightarrow 2SnO_2 \tag{5-2}$$

氧化膜在密封过程中阻碍熔融焊料与金属镀层之间的浸润，导致焊料熔融状态铺展不良，形成焊接空洞。

控制焊接气氛的核心要素有两个：一是密封时保护气体的纯度；二是焊接炉腔体内去除残余空气时抽真空的真空度。这两个因素共同作用，可以有效避免焊接过程中焊料的氧化。

3. 温度曲线

焊接温度曲线是控制焊接空洞的核心要素之一。

温度曲线的精确设计，相当于是对焊料熔化和流淌过程的精确控制。在焊接温度设计中，温度过高或加热时间过长，焊料熔融剧烈，流淌性很强，部分焊料会溢出封焊区域，造成密封区内焊料不足，进而形成空洞；反之，焊料熔化不充分，熔融后的焊料较脆，铺展效果不好，边缘区域的焊接效果无法保证，会多发空洞现象。

4. 焊接压力

焊接压力也是控制焊接空洞的核心要素之一。

焊接压力，与焊接温度、焊料状态之间存在微妙的平衡。一方面，焊接压力的施加，可以弥补焊接温度、焊料状态等因素，对焊料提供铺展的驱动力，加强焊料的铺展作用。另一方面，焊接压力与空洞的控制关系非常密切，适当的加压可以使母材和焊料形成紧密的接触，有利于金镀层与金锡焊料之间扩散反应的进行；除此之外，由于焊料受到挤压沿着焊接面间隙外溢运动，可以排除焊料中吸附的气体成分，从而降低密封的空洞。

5. 原材料表面状态

表面状态不良对焊接空洞有较大影响，包括表面沾污、划伤、氧化、镀层缺陷、平整度等因素，都会阻碍焊料的流淌和浸润。良好的表面状态也是控制焊接空洞的基本前提之一。

可采用外部目检将镀层缺陷、表面沾污、划伤等不合格品剔除。进一步，可采用等离子清洗对管壳表面和盖板焊料环表面进行清洗，以去除原材料表面的氧化物和有机物。

5.5.3 密封工艺优化方法及实验结果

1. 密封空洞控制的前提

前面已经提到，焊料环的设计、焊接气氛的控制、原材料表面状态是控制密封空洞的前提。上述三个因素如果出现异常，密封效果会出现较大的偏差。在比较严重的情况下，不但密封空洞难以控制，还会衍生出新的失效模式。

（1）焊料环优化设计

要想确保密封完成后焊料在合理范围内流淌，焊料环宽度 ε_1、焊料环距密封区内侧距离 ε_2、盖板外侧密封区宽度 ε_3，三个宽度必须符合一定的比例；并且，倒角设计要求密封区内侧倒角与焊料环内侧倒角半径一致，密封区外侧倒角与焊料环外侧倒角半径一致，如图 5-13 所示。研究人员经过大量实验总结出，ε_2 在 0.005~0.010in，ε_3 在 0.010~0.015in。ε_1、ε_2、ε_3 的比例关系是焊料环设计的关键，不同生产线应有不同的控制规范。

图 5-14 给出了焊料环结构优化设计前后密封效果对比。可以看出，焊料环设计过窄，密封后封焊区域靠近管腔一侧边缘空洞明显；焊料环设计过宽，密封过程中焊料极易溢出封焊区，形成爬盖或内溢形成泪滴状焊球。焊料优化设计后，焊接效果良好。

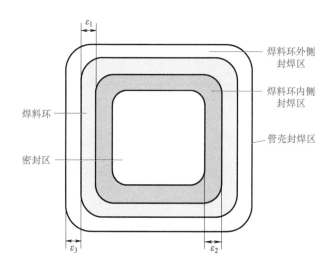

图 5-13　封焊环结构设方法

a) 焊料环过窄　　　b) 焊料环优化设计

图 5-14　焊料环结构优化设计前后密封效果对比

（2）焊接气氛控制

在密封过程中，一般要求真空炉内真空度小于
1.0Pa，氮气纯度在 99.999% 以上，以避免在焊接过
程中，氧化反应参与到共晶反应中，在焊料表面形成
氧化膜，阻碍金锡焊料与母材的浸润。图 5-15 给出
了焊料氧化后密封的情况。

图 5-15 焊料氧化后密封的情况

2. 密封空洞控制的核心要素

前面已经提到，焊接温度曲线和焊接压力是控制
密封空洞的核心要素，对空洞的大小和数量有直接的
影响。

（1）焊接温度曲线优化设计

图 5-16 给出了 DIP8 封装形式集成电路优化前金锡合金密封工艺曲线。通过现有工艺曲
线在进行电路密封时，最大空洞的宽度占设计宽度的 20% 左右。通过大量工艺曲线优化实
验发现，在温度曲线中，峰值温度对密封空洞的尺寸大小有非常大的影响，其余条件对空洞
影响则较小。

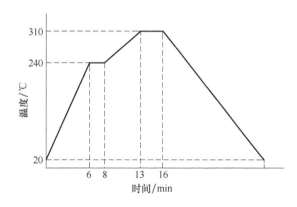

图 5-16 DIP8 封装形式集成电路优化前金锡合金密封工艺曲线

在原有工艺曲线基础上，研究人员针对焊接峰值温度设计了专项的优化方案，310～
340℃ 按每 10℃ 一个温度梯度设置优化试验方案，观察空洞率的变化。图 5-17 给出了不同峰
值温度时的密封效果。表 5-3 给出了峰值温度与密封空洞关系，可以看到不同峰值温度时最
大空洞宽度占设计密封宽度的比值。

表 5-3 峰值温度与密封空洞关系

峰值温度/℃	310	320	330	340
最大空洞宽度占设计密封宽度比例（%）	19	12	5	30

从结果可以看出，峰值温度在 330℃ 时，密封后电路空洞的大小和数量要优于其他峰值
温度密封后电路。

（2）焊接压力优化设计

焊接压力也是控制密封空洞尺寸的核心要素，通过不锈钢弹簧夹施加压力到管壳和盖板

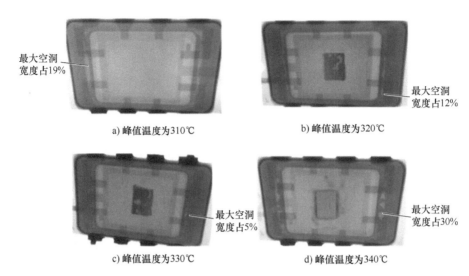

最大空洞
宽度占19%

a) 峰值温度为310℃

最大空洞
宽度占12%

b) 峰值温度为320℃

最大空洞
宽度占5%

c) 峰值温度为330℃

最大空洞
宽度占30%

d) 峰值温度为340℃

图 5-17　不同峰值温度时的密封效果

上，在 4~10N 焊接压力范围，以 2N 为步进单位进行优化试验。

图 5-18 给出了不同焊接压力时的密封效果。表 5-4 给出焊接压力与密封空洞关系，可以看到不同焊接压力时最大空洞宽度占设计密封宽度的比值。

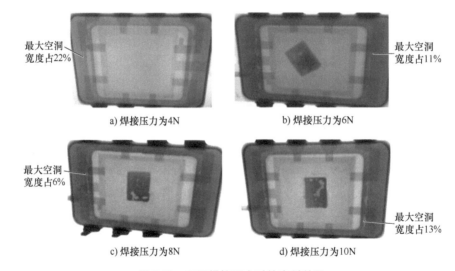

最大空洞
宽度占22%

a) 焊接压力为4N

最大空洞
宽度占11%

b) 焊接压力为6N

最大空洞
宽度占6%

c) 焊接压力为8N

最大空洞
宽度占13%

d) 焊接压力为10N

图 5-18　不同焊接压力时的密封效果

表 5-4　焊接压力与密封空洞关系

焊接压力/N	4	6	8	10
最大空洞宽度占设计密封宽度比例（%）	22	11	6	13

根据表 5-4 所示结果可以看出，当焊接压力小于 4N 时，密封空洞尺寸很大；焊接压力在 8N 时，密封后处于最优状态，电路空洞的大小和数量要优于其他焊接压力密封后的电路。

5.5.4　密封空洞的控制效果

以 PGA84 和 PGA132 封装形式的外壳为例，图 5-19 和图 5-20 给出了其密封效果（以 X 射线照相检验）。如图 5-19 和图 5-20 所示，可以看出，两种封装形式密封的效果良好，最大空洞宽度占设计宽度的 5% 以下。

图 5-19　PGA84 封装形式集成电路的密封效果

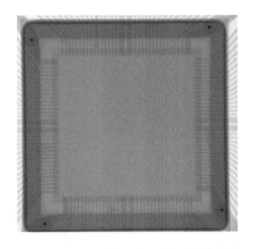

图 5-20　PGA132 封装形式集成电路的密封效果

5.6　密封夹具与焊料流淌

5.6.1　密封夹具与压力模型

金锡焊料对外壳密封焊接面的外壳铺展和润湿是一个复杂的过程。研究人员考虑腔体内外气压、夹具压力共同作用，求解熔融焊料的流淌趋势，基于非牛顿流体流变特性和宾汉本构方程，采用流固耦合有限元仿真分析方法，分析了固态金锡焊料环加热熔化后的流速和方向，并试着解释了两种夹持方式瓷外壳四角空洞的形成。

四角空洞是由密封夹具、密封压力所产生了一种最基本的密封空洞。当所封电路尺寸较大或所需密封压力较大或所封电路的盖板较薄或密封区较宽时，焊料环四角区域流淌性低于四边区域，从而造成焊料整体铺展不均匀的现象更加显著，密封空洞多发，如图 5-21 所示。通常的工艺试验会增加密封压力，来提高焊料铺展性，以期待通过挤压促进焊料填缝，弥补空洞。但是，在上述提到的情况下，不但不能通过增加压力来提高四角区域的焊料铺展能力，还会导致原本已经良好铺展的区域发生焊料溢出，引发 PIND 和爬盖问题。因此，必要时，应根据需要，对典型的压力施加方式进行改进。在分析密封空洞时，不仅着眼于密封压力的均匀施加，更应该深入考虑的是焊料最终的流速和流动方向，这是一个密封区结构设计与密封工艺参数优化相结合的复杂问题。

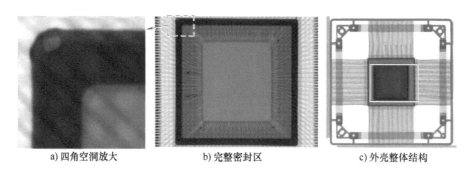

a) 四角空洞放大   b) 完整密封区   c) 外壳整体结构

图 5-21　大尺寸陶瓷密封电路 X 射线照相图

图 5-22 给出了一种金锡熔封的封装模型示意。其中，陶瓷基材是 Al_2O_3 陶瓷；金属盖板基材是 Fe-Co-Ni 的可伐合金；金锡焊料环为 AuSn20 合金。管壳封装形式为 CQFP240，密封区为方环形，内侧边长为 20.6mm±0.25mm，外侧边长为 24.4mm±0.25mm。

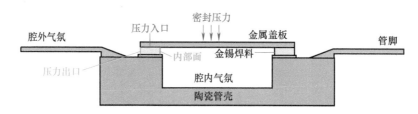

图 5-22　一种金锡熔封的封装模型示意

通过密封夹具对金属盖板施加密封压力，夹具类型选用块体和夹子两种。盖板在夹具夹持作用下，发生轻微形变，并将密封压力传递到金锡焊料环上。金锡焊料环与盖板的接触面，被定义为压力入口。金锡焊料环与管壳腔体内部气氛的接触面，被定义为内部面。在密封过程中，腔内气氛的压强随烧结温度的变化而改变，熔融的焊料流体与腔内气氛的压强为竞争关系，占优方决定焊料向内流淌方向和流速。金锡焊料环与腔外气氛的接触面，被定义为压力出口，由于烧结炉的氮气循环，认为外部气氛的压强是恒定不变的。AuSn20 焊料参数及其比热容随温度的变化，见表 5-5、表 5-6。

表 5-5　AuSn20 焊料参数

材料	共晶温度 /℃	电阻率 /10⁻⁶Ω	热导率 /[W·(m·K)⁻¹]	热膨胀系数 /(10⁻⁶/K)	密度 /(kg/m³)	杨氏模量 /GPa	泊松比
AuSn20	280	35.9	51	16	14700	68.5	0.405

表 5-6　AuSn20 比热容随温度的变化

温度/℃	25	75	125	175	225	275	325
比热值	146.4	160.7	220.5	250.3	278.4	330.9	290

相比之下，压块和夹子提供压力的方式有所不同。压块夹具与盖板的接触是面接触，选用压块作为夹具施加压力，可以获得更加均匀的压力分布，以期待焊料在压力作用下均匀向四周流淌，铺满整个密封区；夹子夹具与盖板的接触可以看作是线接触，压力通过夹口所在的直线区域作用于盖板上，通常再增加一个小垫片将其转化为面接触。这时，如果所需施加的密封压力很大或盖板尺寸过大（同等厚度下盖板越大越容易发生形变），则夹子夹具容易造成盖板中心悬空区域的凹陷形变而盖板四角微翘，这会导致焊料压力入口的压强分布不均，使其流淌效果与期望不相符。

5.6.2　焊料流场仿真结果（压块）

首先对压块夹具施加压力的情况开展仿真分析，设置压块提供的压力为 5N。图 5-23 给出了盖板与焊料接触面（即压力入口）的压力分布情况。可以看出，由于压块与盖板为面接触，焊料压力入口界面上的节点获得了均匀的压力分布。

将压力分布作为载荷带入流体力学分析中，求解熔融焊料在压力载荷下的响应。图 5-24 给出了压块夹具焊料速度分布情况。可以看出，焊料的环型区域内，流速较为均匀，但在焊料环的四个角处，流速达到了焊料环形区域流速的 2~3 倍。

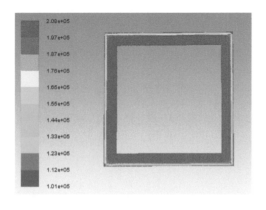

图 5-23　盖板与焊料接触面的压力分布情况

图 5-25 给出了压块夹具焊料速度矢量图。可以看出，焊料环形区域（如四边的中心区

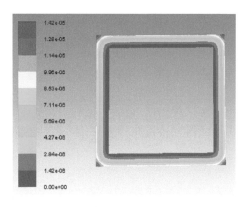

图 5-24　压块夹具焊料速度分布情况

域），熔融焊料的主要流向是朝向腔体外部的，这有利于熔融焊料向外铺展，也能观察到朝向腔体内部的速度矢量，这有利于熔融焊料向内铺展；而四角区域，熔融焊料的速度矢量是近似垂直外壳向下的，朝向腔体外部的分量很小，这说明焊料在密封区四角区域不易向外铺展。

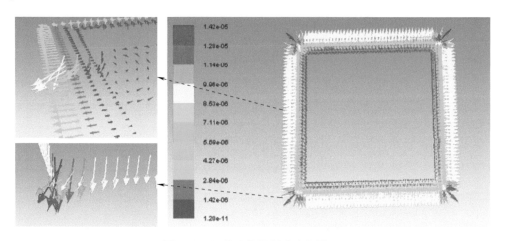

图 5-25　压块夹具焊料速度矢量图

从仿真结果上看，压块提供了均匀分布的压力，压力也转化成了均匀分布的速度，使得焊料能够向内和向外形成铺展和润湿，铺满整个密封区域。但是，熔融焊料铺展能力的薄弱区域出现在了焊料环的四角处，该区域向外铺展的速度矢量很小，这是该区域常见密封空洞的主要原因之一。

5.6.3　焊料流场仿真结果（夹子）

对夹子夹具施加压力的情况开展仿真分析，也将压力设置为 5N。图 5-26 给出了夹子夹具结构力学的仿真结果。可以看出，盖板最大形变值与最小形变值相差 3 个数量级，如图 5-26a 所示；这是由于夹具完全作用在空腔上，盖板发生了微形变，并以梯度的形式从中心向四周传递，如图 5-26b 所示；盖板的形变翘曲，引起了盖板与焊料环接触面之间压力的非均匀传递，如图 5-26c 所示。作用在焊料环上的最大应力位于焊料环内边界上，这将引起焊料受到向腔体外侧流动的强作用力，而最小应力分布在焊料环的四角区域。

这表明，夹子提供的密封压力向焊料环四边传递充分；但在焊料环四角区域，熔融焊料难以受到密封压力的作用。从以往的试验可知，金锡焊料与外壳、盖板镀金层的润湿角较大，属于只润湿不铺展类型，因此，在没有外界密封压力的驱动下，难以有效浸润封焊区域。

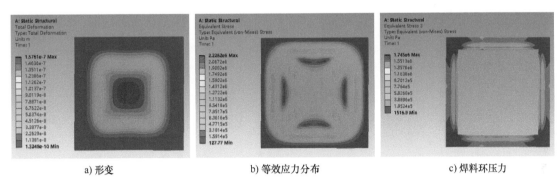

a) 形变　　　　　　b) 等效应力分布　　　　　　c) 焊料环压力

图 5-26　夹子夹具结构力学仿真结果

图 5-27 给出了夹子夹具焊料速度矢量图。熔融焊料在非均匀压力作用下，在焊料环四边、四角和边角交接区域表现出不同的流淌特性。

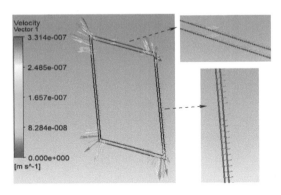

图 5-27　夹子夹具焊料速度矢量图

从边角结合区域来看，仿真速度矢量的最大值出现在这个区域。熔融焊料在这个区域获得了较大的流速，流向从四边指向四角并伴随着指向腔体外侧的分量。这种情况将导致焊料从四边向四角流动。这与压块夹具提供均匀压力情况产生的流淌不同。在均匀压力作用下，熔融焊料表现出垂直向腔体内、外的流淌。而在非均匀压力下，熔融焊料具有了沿着焊料环内部流淌的趋势，焊料从四边区域被挤压到四角区域。在这种情况下，四边焊料减少，密封后该区域焊料厚度变薄，密封可靠性下降；另一方面，四角区域获得了部分来自于四边区域的熔融焊料，这种流淌难以控制，并且不在设计预期之内。

从四边来看，熔融焊料受到盖板传递的压力，获得了垂直焊料环向下的速度矢量，数值极小，该现象说明焊料在此区域的流动内驱动力不足，这不利于焊料向密封区内、外两个方向润湿和铺展。这主要是因为，压力的不均匀分布，让四边焊料被挤流向四角，使得四边区域焊料量减少、焊料变薄，此区域焊料不充分，无法按照设计预期，向腔体内和腔体外充分铺展。

从四角区域来看，虽然获得了部分熔融焊料，但是其流淌驱动力仅来源于四边焊料向四角焊料流动的流体内部压强；而密封夹具提供的压力在四角区域没有产生预期作用。由于金锡焊料的粘塑性，非牛顿流体在四角区表现出较差的铺展能力，焊料环熔化后不能按照预期向腔内和向腔外铺展到整个密封区域。这也将导致，密封后密封区的四角区域出现空洞。

5.7　密封空洞与微观观察

5.7.1　空洞观察方法

AuSn20 焊料环的本身厚度只有 $50\mu m$，焊缝内空洞的尺寸更小，在几微米的量级。一般采用 X 射线照相的方式，从宏观上整体观察焊料环区域，给出总体空洞率或单个空洞尺寸占密封设计宽度的百分比。这种方法可以批量检测，属于非破坏性检测，适用于批量生产。另外，也可采用超声扫描的方法去探测密封区域的空洞。

若需要更为直观的观察空洞，则必须对样品进行破坏性物理分析。对待观察样品先镶嵌成规则样块，然后用研磨机研磨。到达目标区域后，再剖光，然后用 SEM 进行观察。为了增强观察效果，还可腐蚀、喷金等。

图 5-28 所示的界面观察位置包括了样品研磨位置和观察截面。可解剖到研磨位置 1，从观察方向 1 来观察焊缝的端面，得到由焊料环内部到外部的截面图；也可解剖到研磨位置 2，从观察方向 2，观察焊缝的整个侧面区域。

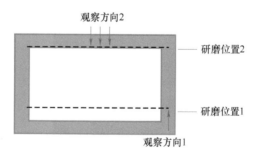

图 5-28　界面观察位置

图 5-29 给出了对样品 1 从研磨位置 1 观察到的焊缝端面微观结构。可以看出，大量空洞弥散在焊缝内，未呈现集聚状态，较大的空洞长度在 $60\mu m$ 左右，较小的空洞不足 $5\mu m$。空洞均位于焊缝中间区域，在焊缝与母材界面处未发现由润湿不良引起的空洞。

图 5-30 给出了对样品 2 从研磨位置 2 观察到的焊缝侧面微观结构。可以看出，该电路封盖焊接过程控制较好，焊缝中未见明显空洞，焊缝的高度约为 $35\mu m$，与焊料环的初始高度 $50\mu m$ 相比，略有下降。

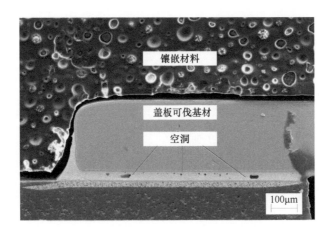

图 5-29　对样品 1 从研磨位置 1 观察到的焊缝端面微观结构

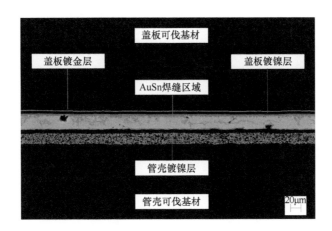

图 5-30　对样品 2 从研磨位置 2 观察到的焊缝侧面微观结构

5.7.2　几种典型空洞

1. 环状空洞

在 AuSn20 焊料环封盖的样品中，有几种典型的密封空洞。其中最典型的是环状空洞，如图 5-31 所示。这类空洞并非是单个的，而是非常均匀地出现在焊料环的四周，分布在靠近焊料环内侧离焊料环内侧边缘有一段距离的区域，多个空洞连接成线，构成环状。

因为焊料凝固和空洞形成的过程不易直观观察到，目前尚没有人确切地指出环状空洞的形成机理。环状空洞很可能是由于焊料在降温阶段存在温度梯度，环境温度先于内腔氮气降低到共晶点以下，此时焊料 a 端先结晶凝固而形成的，如图 5-32 所示。随着温度的继续降低，内腔氮气压强逐步下降，焊料与盖板之间的润湿平衡被打破，对焊料 b 端产生进一步向内的趋势，直至温度也达到共晶点。在争夺当中，空洞在 c 处长大。同时，焊料环宽度与焊缝宽度差距较大，导致密封过程中焊料量不足，难以铺满密封区，也是形成空洞的原因。

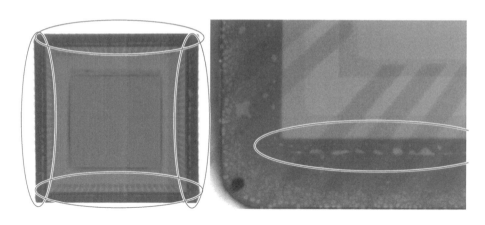

图 5-31　X 射线观察环状空洞

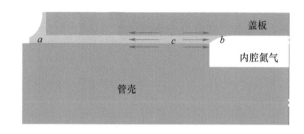

图 5-32　环状空洞可能的形成机理

一些机构尝试增加焊料用量，可以起到减弱环状空洞的效果；或者在密封区域不变的前提下减小焊缝宽度，可以大幅降低空洞率。不过，这样也容易导致焊料爬盖，或因焊料过多而引发颗粒噪声问题。也有机构尝试增加焊接压力，这对抑制空洞的形成很有效，但同时也会引起焊料内溢，为颗粒噪声问题埋下隐患。

消除环状空洞是一个系统性工程，需要做好盖板、焊料环比例、结构设计，并采用适当的焊接压力。首先，在不引起颗粒噪声前提下，应尽量设计应用更多的焊料，可以按照等体积法来计算：熔化后厚度为 30μm，熔化后铺满密封区，熔化前焊料环厚度为 50μm，从而推导出理想的焊料环宽度。进一步来说，考虑到环状空洞出现的位置总是在靠近内腔的区域，因此，应该将焊料环设计在密封区偏内侧的位置，从而有针对性地对内侧提供充组的焊料。对于常见的陶瓷外壳，3~5N 的压力为优。压力过小，会使缝隙大，焊料熔融后其填隙能力差；压力大，又会导致盖板变形等问题，引发扇形空洞。

2. 扇形空洞

另一种比较典型的空洞是扇形空洞，这类空洞多出现在焊料环的转角处，如图 5-33 所示。

扇形空洞在大尺寸电路中较为常见，其形成原因主要是，在施加封盖压力时，夹具往往作用在盖板中心区域，其下方正是管壳的空腔，这会导致盖板发生轻微变形。大尺寸电路封盖时所需施加的焊接压力也较大，其变形程度也较大，在转角处翘曲，这使得盖板与管壳之

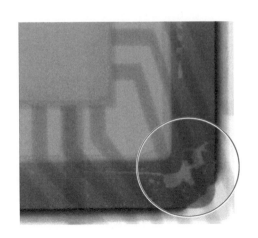

图 5-33　扇形空洞

间的四个转角处要比四个边中间区域大。这导致焊接压力在焊料上的不均匀分布。在焊接压力不足的情况下，转角处焊料流速降低，呈现纵向堆积。这样，填满同样大小的面积，转角处就需要更多的焊料量。但转角区域的焊料是有限的，焊料缺少的部分，就形成了大量空洞。另一种形成扇形空洞的原因是原材料造成的密封压力不均匀，早期的陶瓷外壳制备工艺不成熟，金属化密封区的状态差，表现为陶瓷基体的平面度较差，这样即使提供了相对均匀的密封压力，作用在平面度较差的密封区后，也会形成焊接压力不均匀的状况，导致扇形空洞。

解决这类型的空洞，主要方法是避免盖板发生翘曲。有的机构采用倒封方式完成密封，将盖板放置在载物台上，管壳放在盖板上，再在管壳背面放置重块等物体，施加密封压力，这样，可以避免盖板形变。

此外，在密封过程中，给盖板增加不易形变的垫片也是一个好的方法。这样，密封压力首先作用在垫片上，再由垫片均匀均施加在盖板上，避免压力过大而不均匀导致的盖板变形。此外，早些年有研究表明，陶瓷外壳金属化密封区的状态也很重要，如果做金属环，扇形空洞就不会有了。同时，若原材料金属化密封区的状态差，可以在密封区加装平面度较高的金属环。

3. 气泡状空洞

图 5-34 所示的气泡状空洞是一种大量弥散在焊缝区域中的空洞。这类空洞由众多小的空洞组成，这些空洞在焊料环外边缘处开始滋生，并向内侧蔓延。大量大小不一的气泡状空洞弥散在焊缝中，使焊缝的高度甚至高于焊料环的初始厚度，并且盖板镀镍层与焊缝之间的界面变得不确定。

气泡状空洞的形成机理主要是密封温度过高，焊料熔融时间过长。在保持其他条件不变情况下，将密封峰值温度从 310℃ 逐步增加，可以观察到气泡状空洞带的变化趋势。起初，只能在靠近密封区外侧边缘位置找到个别微小的气泡状空洞；随着峰值温度增加到 330℃，气泡状空洞沿着密封区外侧边缘位置开始聚集；当峰值温度继续增加，气泡状空洞带的宽度开始向内蔓延，直至铺满整个密封区。适当降低密封温度，可以减少气泡状空洞，降低焊缝高度。

此外，丁荣峥等专家认为，在外壳制作工艺中，如果没有特别提出排氢要求，在密封时易转化为焊缝中的空洞。这是因为，在高温密封过程中，本体和镀层有气体释放出来或污染物裂解形成气泡。主要应对措施是，在密封前，预先高温烘焙原材料以排除不良因素。

图 5-34　气泡状空洞

5.8　密封界面化合物

5.8.1　焊缝的形成

密封所用盖板的主要材料为可伐合金，其表面镀 Ni\Au\Ni\Au 两种成分共四层镀层。金锡合金焊料中金和锡的质量分数分别为 80% 和 20%，焊料片厚度为 50μm。陶瓷外壳的主要成分是 Al_2O_3，表面镀 Ni\Au 各一层镀层。盖板、金锡合金焊料、陶瓷外壳三明治结构如图 5-35 所示。

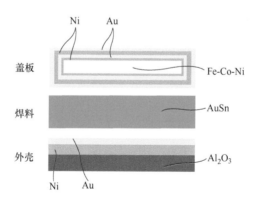

图 5-35　盖板、金锡合金焊料、陶瓷外壳三明治结构

将密封好的电路样品用树脂进行镶嵌，依次采用 100 目、200 目、400 目、1000 目、3000 目砂纸研磨；研磨到目标焊接区域后，再使用研磨膏进行抛光，并喷碳以增加导电性。采用 SEM 探测焊缝截面的形貌，如图 5-36 所示。可以观察到，盖板、焊料和外壳三者之间分界线轮廓较为清晰。焊料区域厚度从 50μm 减少到了 32μm 左右。焊料区域主要呈现银白

色，中间夹杂着浅灰色物质，这些浅灰色物质呈现出无规律的连续状，但未在特定的层和区域形成聚集。

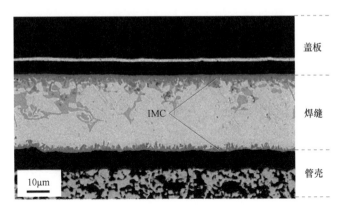

图 5-36 样品焊接界面 SEM 微观形貌

5.8.2 焊缝形貌及成分

对整个界面区域进行线成分扫描，焊接结合界面线 EDS 扫描结果如图 5-37 所示。可以看出，盖板一侧，原有的 Ni\Au\Ni\Au 结构发生了改变，最外层的镀金层与焊料相熔，剩余 Ni\Au\Ni 三层镀层。外壳一侧，最外层的镀 Au 层也已经被熔解。

Ni 元素的浓度沿着镀 Ni 层向焊料区域逐渐衰减。Au 元素相对均匀地分布在焊料区域。Sn 元素在靠近盖板和外壳两侧产生较高浓度的富集，在焊料中心区域浓度相对较低。这说明在反应过程中，焊料中的 Sn 元素与镀层中的 Ni 发生了化学反应并最终在靠近镀层位置沉积下来。

对于界面区域，进一步放大焊料区域，焊料区域主要成分扫描结果如图 5-38 所示。能谱结果显示，银白色物质和浅灰色物质的主要构成是 Au 和 Sn。其中，银白色物质 Au 和 Sn 的原子个数比接近 5∶1，浅灰色物质 Au 和 Sn 的原子个数比接近 1∶1，可以推断出两种物质分别为 Au_5Sn 和 AuSn。

在焊料与外壳、盖板交界面，生成了深灰色化合物，附着在 Ni 层表面向焊料中生长。这层化合物靠近 Ni 层侧呈现连续的层状，厚度约为 1μm；靠近焊料侧呈现树枝状，并向焊料中生长，生长高度约为 1~2μm。EDS 探测结果显示，主要成分是 Ni、Au 和 Sn。

图 5-39 给出了焊缝局部共晶区域放大后的截面形貌，以及对该区域 Au、Si 元素的化合物成分面扫描结果。从成分扫描结果上看，形成的两种化合物为 AuSn 和 Au_5Sn，这是典型的金锡共晶产物。

采用同样的方法，探测管壳、盖板与金锡焊料界面上形成的 Ni、Au 和 Sn 三元化合物，其成分扫描结果如图 5-40 所示。根据三者比例，确定其为 $(Ni,Au)_3Sn_2$，如表 5-7 所示。可见，在管壳、盖板与金锡焊料界面上，有部分管壳、盖板镀层中的 Ni 元素游离到了共晶焊料中，并参与到共晶反应中，部分取代了 Au 元素的位置。这主要是因为，Ni 与 Au 元素有相似的晶格结构，更易与 Sn 元素结合。这样，Ni 向 AuSn20 中扩散，形成 Ni_3Sn_2，而大量的 Au 元素在界面游离并溶解其中，出现 $(Ni,Au)_3Sn_2$ 形核。

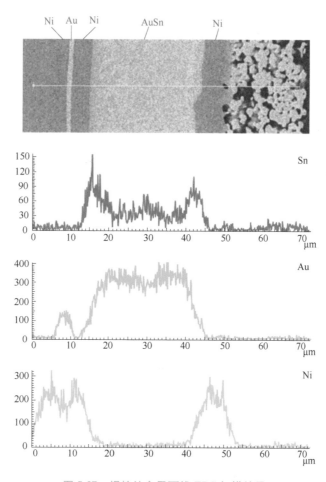

图 5-37 焊接结合界面线 EDS 扫描结果

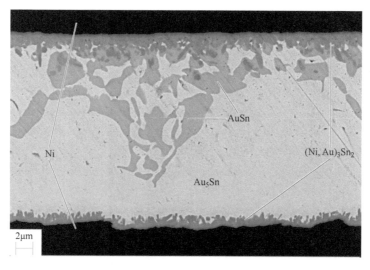

图 5-38 焊料区域主要成分扫描结果

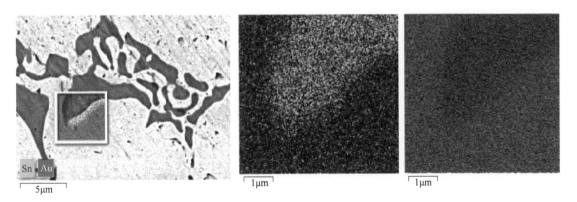

图 5-39　焊缝局部共晶区域放大后的截面形貌及其中 Au、Si 元素的化合物成分面扫描结果

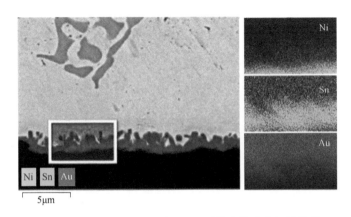

图 5-40　界面上 Ni、Au 和 Sn 三元化合物成分扫描结果

表 5-7　界面化合物成分

元　素	质 量 分 数	原子百分数
Ni	32.27	53.92
Sn	40.71	33.33
Au	27.02	12.75
合计	100.00	100.00

5.8.3　金-锡-镍界面反应过程

在密封过程中，焊料与母材经历了温度从常温升高到熔点以上，再冷却到常温的过程。金锡二元合金相图如图 5-41 所示。

在焊料熔化阶段，随着温度的升高，熔融焊料与母材镀 Au 层之间发生了原子间扩散。母材镀层中的 Au 元素向焊料中快速扩散，在界面处形成了 Au 元素的浓度梯度，这是导致共晶反应偏离共晶点的原因。当镀 Au 层全部熔解后，镀 Ni 层暴露在液态金锡焊料中。在这个阶段，Ni 元素开始向焊缝中熔解，Au 和 Sn 相在镀 Ni 层界面处富集。

随着温度的降低，液相逐渐转变为固相。Au 富集区域，沿着镀 Au 层表面，率先析出不

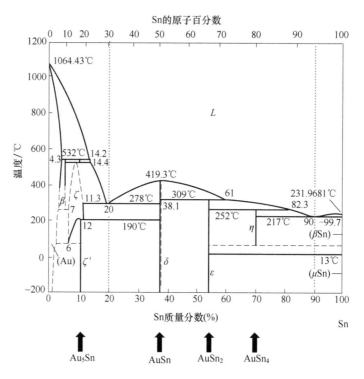

图 5-41　金锡二元合金相图

稳定的 ζ 相。在反应过程中，镀 Au 层完全熔解在焊料中，因此可以推断，析出的 ζ 相是有限的。由二元合金相图可知，在析出 ζ 相的同时，反应沿着液相线逐渐趋近共晶点。随后，共晶析出了 ζ 和 δ(AuSn)。当温度继续降低到 190℃，不稳定的 ζ 相与 δ(AuSn) 反应，生成新的 ζ'(Au$_5$Sn)。在密封回流温度区间内，最终相是 ζ'(Au$_5$Sn) 和 δ(AuSn)。在这个过程中，镀 Au 层向焊缝中的溶解对实现焊缝与母材的结合起到了重要作用。

结合 SEM 分析，发现 Ni 元素在靠近母材的层状 IMC 中较多地被探测到，在更靠近焊缝的树枝状 IMC 中含量变得较少，在焊料中心区域几乎没有 Ni 元素被探测到。这表明在正常密封温度下，Ni 元素向液态金锡焊料中的流失并不剧烈。因此，镀 Ni 层没有过度地参与共晶反应，对母材起到了有效的保护。

在镀 Ni 层与液态金锡焊料的界面处，Ni 与 Au 晶格结构相似但更易与 Sn 结合，在镀 Ni 层界面上 Ni 元素含量充足，吸引焊料中的 Sn 元素，Ni$_3$Sn$_2$ 成核。大量的 Sn 元素从焊料中向镀 Ni 层界面迁移，沿着焊料与母材界面形成 Sn 的富集。原有的 AuSn 成分中的 Sn 被镍层夺走，这个过程消耗了焊料中大量的 Sn 元素，再次迫使 AuSn20 焊料的浓度发生变化，剩余的 Au 元素浓度增大。在最终固化后，焊料区域呈现出大量的 ζ'(Au$_5$Sn)，而 δ(AuSn) 则更少。

基于密封区形貌和成分，可以推演密封反应过程：在升温阶段，金锡焊料首先在共晶点熔化，形成熔融焊料区域。这时，管壳、盖板上的镀金层快速向熔融焊料区溶解，在靠近焊料和母材的界面处形成了 Au 元素的富集区；同时，富集的 Au 元素向熔融焊料中心区域扩散。很快，随着镀 Au 层的完全溶解，镀 Ni 层暴露在液态焊料中。与 Au 相比，Ni 的溶解速

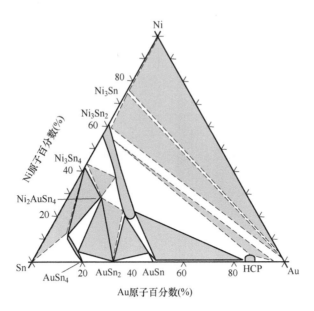

图 5-42 在 200℃时 Au-Sn-Ni 三元合金相图

度较为缓慢，其缓慢扩散保护了管壳、盖板母材主体。当温度到达峰值温度时，降温阶段开始进行。在降温阶段，Au、Sn 发生共晶反应，生成典型的 AuSn 和 Au$_5$Sn 两种产物。

但在界面处，溶解的 Ni 更易与液态焊料中的 Sn 元素结合，两者生成二元化合物，即 Ni$_3$Sn$_2$。此时，生成的 Ni$_3$Sn$_2$ 遇到富集在界面处的 Au，共同形成三元化合物（见图 5-42），即（Ni,Au）$_3$Sn$_2$。如果设置更长的反应时间，或者更高的峰值温度，Ni 向焊料中心区域溶解的距离就越远，在焊料中心区域也能够观察到 Ni、Au、Sn 三元化合物。

5.8.4 温度对焊接界面的影响

1. 试验条件的设定

在金锡焊料熔封过程中，温度是影响共晶界面形貌最为重要的因素。通过设定不同峰值温度，研究人员扫描了焊接样品的截面，观察了界面化合物状态和分布，研究了密封过程中工艺参数对封焊区微观形貌的影响，得到了焊缝厚度、树枝晶化合物厚度、Ni 元素扩散距离等界面状态随峰值温度变化的趋势。研究表明，在保证良好焊接状态的前提下，峰值温度越低，焊缝的可靠性越高。当峰值温度超过 350℃时，形成的气密封装结构极不可靠。

采用真空烧结炉为试验设备，通过调整烧结峰值温度，制备多组样品。样品编号为#1～#4 的以烧结温度的峰值温度为变量，分别对应 310℃、330℃、350℃、370℃。该组样品保持焊接压力为 7.5N，峰值温度保持时间为 8min。样品在烧结预热过程中，开启真空泵，进行 3 次抽真空循环，以去除炉体中的空气，并充以纯度 99.99%以上的高纯氮气为焊接气氛。样品处理完成后，通过观察焊接界面的形态，然后进行分析。

首先，以峰值温度 330℃的典型样品为例，通过 SEM 观察焊料界面的形态。层状化合物从镀 Ni 层上生长出来。在层状化合物外，又出现树枝晶（见图 5-43）状化合物，向焊缝内生长。测量新形成的焊缝宽度为 32.81μm，相比于金锡焊料环初始厚度的 50μm，减少了 17.19μm。

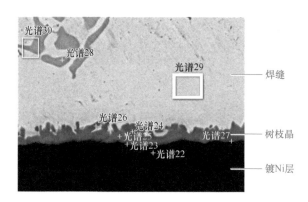

图 5-43　焊缝及母材之间的树枝晶

2. 焊缝厚度的变化

设置不同的峰值温度，发生共晶反应，使焊料熔化并完成。图 5-44 分别给出了 310℃、330℃、350℃ 和 370℃ 温度下的焊缝微观形貌。可以看出，温度对焊接界面的形态产生了重要影响。

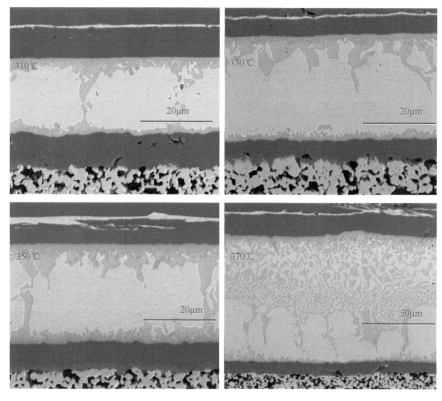

图 5-44　310℃、330℃、350℃和 370℃温度下的焊缝微观形貌

随着温度升高，焊缝厚度趋于增加。如图 5-45 所示，在 310℃、330℃、350℃时，焊缝厚度小于焊料初始厚度。当峰值温度为 310℃时，良好的焊缝已经形成，其厚度为 19.64μm。峰值温度升高到 320℃、330℃时，焊缝厚度略有增加。在 310~330℃，焊缝厚度略有波动，

但总体水平相近。引起波动主要是因为，不同外壳、盖板、焊料环样品之间存在差异；焊缝中存在空洞，引起焊缝厚度的波动；在共晶过程中，对管壳、盖板施加的焊接压力及施加位置存在差异。

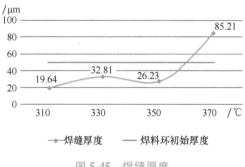

图 5-45　焊缝厚度

当峰值温度达到 370℃时，焊缝厚度大于初始焊缝宽度。这说明，峰值温度高于 350℃时，焊缝中必然存在大量的气泡，固化后即形成空洞，对焊接可靠性产生致命影响。总之，为了减少空洞率，应选取可形成较窄焊缝的工艺温度。

3. 镀层 Ni 元素扩散距离

Ni 元素来源是管壳、盖板的镀层，其作用是保护管壳、盖板母材，并增加镀金层的连接性。由成分探测分析可知，Ni 元素已经向焊缝中扩散并形成了三元化合物。当峰值温度为 310℃时，Ni 元素离开镀层向焊缝中扩散的最大距离占焊缝宽度的 12%。随着峰值温度的升高，Ni 元素向焊料中扩散的距离进一步增加。在 330℃时，Ni 元素扩散到 19%，350℃时，扩散的距离显著增大到 61%。在 370℃时，整个焊缝区域都能探测到 Ni 元素。Ni 元素扩散距离随峰值温度的变化如图 5-46 所示。由此可见，峰值温度对 Ni 元素的扩散作用有限制的影响。由于金和锡可以形成良好的共晶界面，当镍参与时，反应不确定性增加，因此，应避免 Ni 元素的过度扩散。

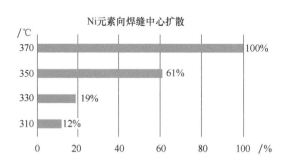

图 5-46　Ni 元素扩散随峰值温度的变化

4. 界面化合物和树枝晶厚度

此外，随着峰值温度的升高，层状化合物（即 IMC 层）的厚度明显增加，从 $0.97\mu m$ 生长到 $3.99\mu m$；且树枝晶向焊缝内的生长也更为明显，从 $0.36\mu m$ 提高到了 $4.71\mu m$，如图 5-47所示。

可见，随着峰值温度升高，IMC 和枝晶厚度明显增加。初始的 IMC 不应太厚，因为时

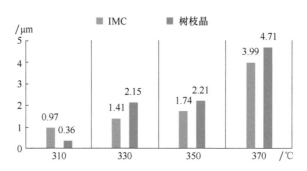

图 5-47　随峰值温度的变化 IMC 和树枝晶厚度的变化

效会使其保持增长，太厚会导致强度逐渐降低。同时，树枝晶易碎并且容易断裂，树枝晶的生长会使得焊缝的强度下降。因此，必须通过控制峰值温度来控制 IMC 和枝晶的厚度。

5.8.5　压力对焊接界面的影响

观察 5N、7.5N、10N、20N 压力下的焊接截面。发现截面的形貌和成分没有明显变化，这说明焊接压力对其没有显著影响。然而，从垂直于焊料平面的 X 射线测试结果来看，随着压力的增加，密封空洞率从 8% 下降到 2%，如表 5-8 所示。

表 5-8　压力与空洞率

压力/N	空洞率（%）
5	8
7.5	4.1
10	2.7
20	2

5.8.6　冷却速率对化合物的影响

研究人员通过显微组织观察发现，随着冷却速率的增大，Au_5Sn 相和 AuSn 相在快速凝同过程中将会发生相选择，即发生竞争形核与生长。当冷却速率在 $2.4×10 \sim 9×10^3 K/min$ 范围时，Au_5Sn 相作为初生相析出；当冷却速率达到 $6.0×10^4 K/min$ 时，AuSn 相将成为初生相析出。

5.8.7　退火与金-锡-镍化合物

国内、外学者 Jeong-Won Yoon、J. Y. TSAI、M. Mita、H. Q. Dong、Alexandra Neumann、韦小凤、Z. X. Zhu、Wensheng Liu、田雅丽、陈松、J. Peng 等人对金-锡、金-锡-镍的界面反应及化合物生长开展了大量研究，有兴趣的读者可阅读本章节相关参考文献。

有研究人员指出，Au 和 Sn 的薄片叠轧后，在 250℃、6h 后，$AuSn$、$AuSn_2$、$AuSn_4$，以及 Au 和 Sn 可快速形成稳定的均质合金，为 ζ 相与 $\delta(AuSn)$ 相。这主要是因为 Au/Sn 界面扩散在 200℃ 以下以晶界扩散为主，随着温度升高，晶粒长大，晶界减少，Au/Sn 界面扩散转变成以体积扩散为主。

在 270℃退火 2h 后，金锡焊料组织已经完全转变成脆性较大的 $\zeta'(Au_5Sn)+\delta(AuSn)$ 片层共晶组织。这个过程中金锡焊料内部存在液态 IMC，此时的 Au/Sn 扩散已经不能用固态扩散的定律来解释。一般来说，固-液互扩散速率要比固-固界面互扩散速率高约 4 个数量级。

Ni 与金锡焊料会形成三元化合物，一般认为焊料与镀层界面生成（Ni，Au）$_3$Sn$_2$。

5.9 平行缝焊工艺

5.9.1 平行缝焊工艺特点

物质的基本状态常见有三种：固态、液态和气态。三态之间的变化，可以通过改变温度或改变压强来完成，在点 TP 的特定的温度和压强条件下，物质的三态能够稳定存在、相互平衡。图 5-48 给出了物质的三态相图。

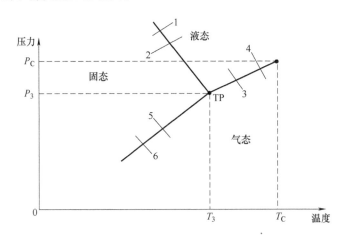

图 5-48 物质的三态相图

1—熔化 2—固化 3—蒸发 4—凝结 5—结霜 6—升华 TP—三态点

注：液态和固态的边界曲线的斜率对于具体物质会变化，对于某些合金的斜率甚至会逆转。

把两种互相不渗透的金属材料联结成一体，有效的办法就是升高温度，使它们的接触区域液化，然后再冷却到固态，使两者固化成一体。平行缝焊（见图 5-49）是熔焊的一种，来实现金属外壳、金属盖板或陶瓷外壳（带有可熔金属化封焊环）、金属盖板之间的联结。

平行缝焊工艺从 20 世纪 80 年代发展起来，逐渐走向成熟。其优点如下：

1）平行缝焊能对待封器件进行预烘焙和抽真空，从而降低管腔内的水汽和氧气含量，控制集成电路腔体内部气氛。

2）在缝焊过程中充以保护气体氮，其压强与一个大气压差不多，利于在使用过程中内外压强的平衡，器件在长时间工作下，不受内外压强差影响。

3）密封操作过程高度机械自动化，既减轻操作人员的负担，也使得封装工艺更为稳定，成品率较高。

平行缝焊的使用也有一些限制条件，比如如下几个：

1）平行缝焊为熔焊性质的，在熔焊金属时，其表面镀层也会熔化。这会破坏镀层结

图 5-49　平行缝焊

构，严重时会导致抗盐雾性能下降，对高可靠集成电路产品应注意。

2）平行缝焊机只能对矩形、圆形等规则管壳进行缝焊，并且要求盖板表面在同一个平面上。

3）平行缝焊密封时，若工艺参数调节不当，输入能量过大，易造成热量在管壳上的聚集，对于金属外壳，这可能导致玻璃绝缘子处开裂；对于陶瓷管壳，这可能引起分层和开裂。

4）平行缝焊的焊缝温度高达 1000℃以上，但管壳主体温升可能仅 100℃左右，在焊环与陶瓷结合部位通常会出现一个较大的温度梯度，并产生一定程度的热应力。

5）平行缝焊的一些手动方式操作，可能出现盖板对准偏差和污染。对准偏差大，会导致焊接时打火烧蚀表面焊缝或焊料飞溅导致封焊区焊料缺失；焊接面污染，易形成气孔等缺陷。这些最终导致气密性降低。

5.9.2　工艺原理

平行缝焊是滚焊的一种，当两个圆锥形滚轮电极压在盖板的两条对边上，脉冲焊接电流从一个电极经过盖板和管壳，再从另一个电极回到电源构成回路。因为电极与盖板之间存在接触电阻，焊接电流将在接触电阻处发生焦耳热量，引起接触处微小区域热量集聚，温度升高。这使电极下方微小区域的盖板和管壳熔化，构成熔融形态。由于金属的液态温度点较高，这个热影响区域很小，只能使盖板对边的边缘形成很小范围的熔化。滚轮电极在盖板的两条对边上滚动，当电极移走后，熔融区域冷却，凝结后构成一个焊点。在焊接进程中，电流是脉冲式的，每一个脉冲电流可以构成一个焊点。因而，当电极从集成电路外壳盖板的两条对边上滚过后，就在盖板的两个边的边缘构成了两条平行的焊缝。通过控制脉冲放电的脉宽，可以控制多个焊点之间的紧密程度，形成相互交叠的连续焊缝。交叠的连续焊缝气密性很好，从而形成集成电路的气密封装。图 5-50 给出了平行缝焊的基本原理图。

平行缝焊是一种电阻焊。对于理想的纯电阻电路，电流所做的功全部产生热量，即电能全部转化为内能，焦耳热的公式如下：

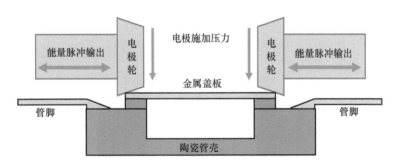

图 5-50 平行缝焊的基本原理图

$$Q = I^2 R t \tag{5-3}$$

式中，I 为电流；R 为导体电阻；t 为通电时间。

在平行缝焊过程中，电阻有两个来源：一是材料本身存在电阻；二是材料间接触电阻。电极本身存在较小的电阻 R_e。金属盖板由于是可伐合金，也存在较小的电阻 R_{cap}。金属管壳本体也是可伐合金，陶瓷管壳的主体部分是陶瓷，电阻较大为 R_{cer}。由于电极压力作用，电极与盖板之间接触，形成接触电阻 R_j，这是平行缝焊完成熔焊和密封的最重要条件。同时，盖板和管壳之间也形成接触电阻 R_c。图 5-51 给出了平行缝焊过程中导体电阻和接触处的接触电阻示意图。

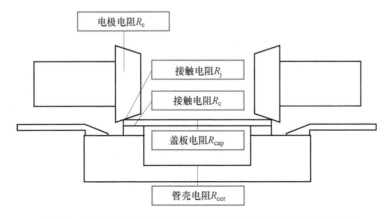

图 5-51 平行缝焊过程中导体电阻和接触处的接触电阻示意图

接触电阻的计算公式如下：

$$R_j = \frac{K_j}{(0.102F)^m} \tag{5-4}$$

电流通过接触区域时，由于温度升高，电阻温度系数对收缩电阻会有影响。如果考虑温度的影响，接触电阻的计算公式可以写成

$$R_j = \frac{K_j \left(1 + \frac{2}{3}\alpha\theta_j\right)}{(0.102F)^m} \tag{5-5}$$

式中，R_j 为接触电阻（$\mu\Omega$）；F 为接触压力（N）；m 为接触系数；K_j 为材料表面状态系数；α 为电阻温度系数；θ_j 为接触点加热温度（℃）。

图 5-52 给出了平行缝焊过程中的简略电阻模型。电流存在两条并联的回路，即通过流经盖板回到电极，以及流经管壳回到电极。其中，对于陶瓷外壳，由于管壳电阻很大，所以电流的主要流经回路为，电极电阻 R_{e1}→接触电阻 R_{j1}→盖板电阻 R_{cap}→接触电阻 R_{j2}→电极电阻 R_{e2}。

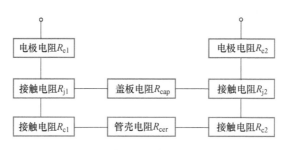

图 5-52　平行缝焊过程中的简略电阻模型

电极的运动模式为以一定的速度从盖板的一端滚动至另一端，整个封盖过程如下：

1）电极轮移动至该点。

2）放电。

3）熔融。

4）电极轮移动至下一点。

5）焊料冷却。

上述过程循环往复，直至电极轮离开盖板，形成了路径 1 的轨迹，完成盖板、焊料环、外壳相对称两侧的平行缝焊。电路方向 90°旋转，电极不旋转，再封焊盖板另外的两侧，形成路径 2 的轨迹，完成整个封盖过程，如图 5-53 所示。

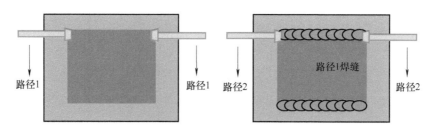

图 5-53　电极与盖板之间的相对运动轨迹

5.9.3　工艺过程

采用平行缝焊机封装金属管壳的封盖工艺操作过程，与陶瓷管壳的基本相同。其工艺过程如下：

1）根据管壳及盖板的大小和厚度选择或编写适用的平行缝焊封盖程序。对于新的封盖程序，试封后要进行密封检验和 PIND 检验，合格后方可进行正式封装。

2）将待封的管座及对应的盖板、夹具（也称模具）放入烘箱中，反复抽真空、充氮气，具体次数根据实际情况而定，同时加热到预定的温度。

3）将冷却后的管座、盖板、夹具取进干燥箱内（干燥箱内高纯氮气保护），盖板放入盖板盒内，盖板盒放进槽里，夹具固定在工作台上。

4）管座放入夹具中，开始封盖。封盖完毕后，取下管座，换上另一个待封管座。

5）重复上一步，直到将待封的管座封完为止。

6）将封盖完毕的器件从干燥箱内取出，交给下一道工序。

5.9.4　工艺参数

在热系统中，热量以传导、对流和辐射的形式向外耗散。平行缝焊能否形成熔焊，取决于电极瞬时发热量与热耗散之间的竞争关系。当发热功率大于散热功率时，热量得以积聚，材料获得温升。材料的温升对热平衡产生了复杂的影响。一方面，温度的变化影响接触电阻值的变化，使得发热量升高。另一方面，大多数材料的热阻系数也会随着温度的升高而改变，这将导致热传导率也发生变化；温度的升高，引起材料表面热对流的加剧，热对流系数增加，散热量升高。当材料温度升高后，发热和散热不断进入新的瞬时平衡。

平行缝焊的总能量与各参数间的关系如下：

$$E = P \frac{\text{PW}}{\text{PRT}} \frac{L}{S} \tag{5-6}$$

式中，E 为平行缝焊总能量；P 为功率；PW 为脉宽；PRT 为脉冲周期；S 为速度；L 为缝焊长度。

要达到良好的焊接效果，有一点是非常重要，那就是缝焊管壳时输入的总能量最低，这样既能够使金属熔化，又不会使管壳过热。过热会引起金属颗粒膨胀，导致微裂或缝隙。金属一定要在短时间内熔化、凝固，这样才不会使壳体本身过热。对于研究平行缝焊能否形成焊接及焊接质量控制，功率、脉冲、周期、速度都是很重要的工艺参数。改变这些参数将会影响缝焊过程中所产生的热量，上述工艺参数对焊点大小、形貌、间距有重要影响。图 5-54 给出了缝焊工艺参数与焊缝形貌对应关系示意图。金属盖板与焊缝如图 5-55 所示。

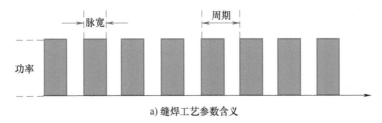

a) 缝焊工艺参数含义

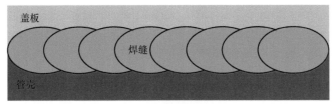

b) 焊缝形貌

图 5-54　缝焊工艺参数与焊缝形貌对应关系示意图

图 5-55　金属盖板与焊缝

（1）功率

脉冲功率控制单组脉冲能量的大小，是决定金属材料能否被熔化的重要条件。如果脉冲功率不够大，材料无法熔化，焊缝也不能形成。脉冲功率过大，其他参数的工艺可调节窗口会变窄，工艺稳定性会下降。因此，使用适当的脉冲功率足以熔化材料即可。

（2）脉宽

脉宽，即脉冲宽度，也决定着每个脉冲的大小。通过调节每个脉冲周期内放电时间（也就是占空比），可以调节放电功率。因此，它对焊点的大小和间距都产生重要影响，是平行缝焊工艺参数中比较重要的一个。

（3）周期

脉冲周期决定着每隔多少时间脉冲重复一次，脉冲周期决定了焊点的间距。

（4）速度

移动速度决定能量脉冲在盖板上形成的热量分布，移动速度越快，焊接所需的热量越多。移动速度对焊点的形状和间距都产生影响。速度越快，越容易形成椭圆形焊点，如图 5-56所示。

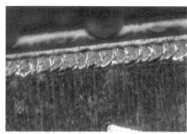

a) 近似圆形焊点　　　　　　　　b) 椭圆形焊点

图 5-56　平行缝焊焊点

（5）压力

电极压力决定接触电阻值的大小。电极压力越大，接触电阻越小。电极压力越小，接触电阻越大。同时，压力保证了电极轮与盖板、管壳紧密接触。压力太小时，接触不可靠会造成焊接时飞溅甚至打火；压力过大时，会增大电极轮的转动摩擦力，电极不能灵活旋转，还有可能在焊缝上留下拖拽的痕迹；对于陶瓷管壳，还有可能因为压力过大压碎器件。

5.10 平行缝焊焊接质量影响因素

5.10.1 速度与热量

由于电子设备要求重量越来越轻、体积越来越小，功能越来越先进，因此，微小型一体化封装管壳，尤其是表面安装型（SM）封装管壳的需求量不断增大。研究发现，管壳在平行缝焊后管壳瓷体出现裂纹，影响管壳的气密性。研究人员通过有限元仿真分析了，平行缝焊过程中，不同工艺参数条件下，管壳的热量分布情况，并在此基础上提出相应的改进措施，有效降低微小型一体化管壳气密封装的失效率。

其基板为高温共烧陶瓷（HTCC），壳壁和引脚的材料均为可伐合金，通过银铜焊料钎焊到 HTCC 上。平行缝焊主要工艺参数、壳体温升仿真结果及实测结果如表 5-7 所示。图 5-57 给出了优化后的第 4 组参数对应的壳体温升仿真结果和实测结果。

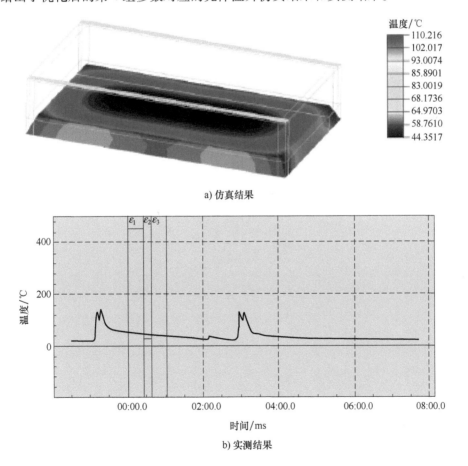

a) 仿真结果

b) 实测结果

图 5-57　壳体温升仿真结果和实测结果

表 5-9 平行缝焊主要工艺参数、壳体温升仿真结果及实测结果

组 别	焊接热量/W	速度/(mm·s⁻¹)	焊接长度/mm	仿真峰值温度/℃	实测峰值温度/℃
1	76	5	17	185	201
2	58	5	17	151	165
3	43	3	17	181	180
4	58	7	17	110	141

研究表明，平行缝焊热冲击是一体化管壳瓷体开裂的主要原因，焊接所产生的热量越大，管壳瓷体的温升越高，管壳瓷体开裂的概率越大。较快的焊接速度，可有效降低管壳的热冲击。通过优化参数，选用适中的功率数值，并适当提高速度，可以解决壳体开裂问题。

5.10.2 体积与热量

为了研究平行缝焊密封过程发热对不同封装形式的管壳的影响，有人将温度传感器芯片AD590以烧结方式贴装在管壳内，离缝焊边缘最近，能反映出外壳温升的真实情况的位置，如图 5-58 所示。采用 MQ1616、UP2520 及 MQ3728 三种不同的外壳型号，利用相同的缝焊参数来密封，并对比管壳温升情况。

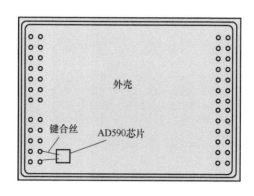

图 5-58 测温芯片位置示意图

表 5-10 给出了不同管壳型号温升情况。可以看出，采用相同的缝焊参数，3 种管壳测得的温升情况不同。造成这些差别的主要原因是外壳体积差异，缝焊过程产生的热量累积和传递耗散不同。随着体积的增加，外壳温升减小。从实际测量情况来看，当封帽完成的瞬间，外壳温升并没有达到最高值，通常在封帽完成后的 5s 内温度达到最大值。

表 5-10　不同管壳型号温升情况

管壳型号	MQ1616	UP2520	MQ3728
管壳体积	$0.9cm^3$	$4.4cm^3$	$8.5cm^3$
缝焊功率	2200W		
缝焊脉宽	7ms		
缝焊周期	50ms		
缝焊速度	$7mm \cdot s^{-1}$		
一次缝焊温度	80~90℃	70~80℃	50~60℃
连续两次缝焊温度	110~120℃	90~100℃	70~80℃

5.10.3　脉宽与热量

（1）焊点交叠

平行缝焊的焊缝是由几十、上百个连续的焊点组成，为保证焊缝的密封性，相邻两个焊点必须有相互交叠的部分。理想的焊点间交叠宽度应占焊点宽度的 30%~50%。图 5-59 给出了理想焊点交叠示意图。控制交叠部分占焊点尺寸大小的关键工艺参数是焊接脉宽，焊接过程中电极的运动速度也对其产生影响。

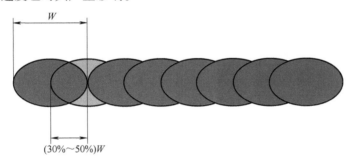

图 5-59　理想焊点交叠示意图

平行缝焊每一个焊点的形成都是一个高温熔化-凝固的过程。在焊点交叠的部分，金属区域被熔化了两次，重熔往往会使焊缝区域材料的力学性能改变，也会更大程度地破坏金属材料原有表面镀层，从而削弱缝焊后管壳的抗腐蚀能力，对于管壳壁较薄的电路还有漏气的风险。

同时，交叠部分占比越大，说明单位长度的焊缝中，输出能量越多，高温过程越多，管壳吸热越多。在其他工艺参数不变的情况下，这将导致热冲击增强，管壳温升提高，热应力增大。陶瓷外壳和金属外壳抵抗平行缝焊抗热冲击的能力，是不同的。平行缝焊封焊环一般为可伐合金材料，陶瓷外壳热膨胀系数 $5.69×10^{-6}K^{-1}$，金属外壳热膨胀系数为 $6.2×10^{-6}K^{-1}$，在较低温度下两者匹配性良好，但温度升高到 1000℃ 以上，两者热失配现象增大，对器件可靠性这显然是不利的。氧化铝陶瓷的热导率表现为负温度系数，随着温度的升高，导热性能下降，温度易于在焊缝附近集聚。

因此，在平行缝焊过程中，如陶瓷管壳的焊缝参数控制不当，将导致可靠性隐患，经过筛选试验后，发现了裂纹延展、漏气甚至管壳碎裂等问题。研究人员认为，交叠部分控制在 30%~50% 通常可以保证焊缝的连续。

（2）热量集聚

有研究比较了，在其他参数不变情况下，脉宽为 20ms 和 40ms 的陶瓷管壳壳体热应力、陶瓷管壳壳体最高温度变化对比，以及陶瓷管壳壳体最大热应力数值对比如图 5-60 和图 5-61所示。从仿真结果可以直观地看出，当脉宽增大后，管壳壳体的最高温度明显升高，热应力增大，最大热应力位于管壳角部，这与实际检漏试验中漏气发生在角部一侧的结果是相符的。

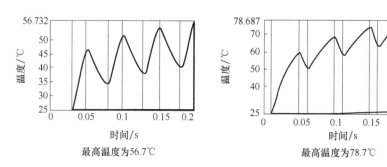

最高温度为56.7℃ 　　　　　最高温度为78.7℃

图 5-60　陶瓷管壳壳体最高温度变化对比

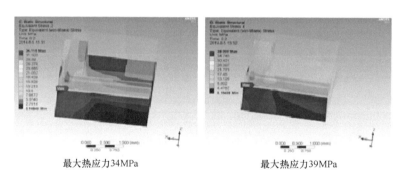

最大热应力34MPa 　　　　　最大热应力39MPa

图 5-61　陶瓷管壳壳体最大热应力数值对比

（3）微观观察

脉宽参数对焊接功率的大小有重要影响，从微观方面去看，它对焊缝宽度起到决定作用。有研究人员，对脉宽为 10ms 和 8ms 的两种工艺参数平行缝焊的样品，进行了焊缝剖面区域的微观观察，如图 5-62 所示。可以看出，降低脉宽可以缩减单个焊点的焊接尺度，使焊点熔化区域靠近管壳外侧，而在靠近管壳内侧的区域则未发生熔焊。这

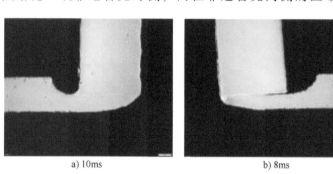

a) 10ms 　　　　　b) 8ms

图 5-62　不同脉宽焊缝微观形貌

样，在保证焊接强度和气密性的前提下，有助于避免熔融过程的金属材料掉落到管壳内部。

5.10.4　电极角度与焊缝宽度

电极的角度 θ 指电极的斜切面与水平面直径的夹角，如图 5-63 所示。研究表明，电极角度与焊缝宽度紧密联系。

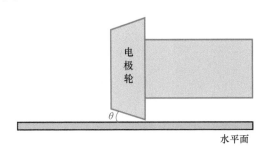

图 5-63　电极角度

对封盖后的样品外观进行观察，发现 10°电极缝焊的焊缝明显比 4°电极焊缝窄。电极角度由 10°提升到 15°，形成的表面焊缝和焊接面焊缝宽度均明显变窄，图 5-64 给出了两种电极焊接界面的微观形貌。分析认为，在其他封焊参数不变的情况下，电极角度增大，焊接热量中心越向外移动，焊缝宽度会变窄。

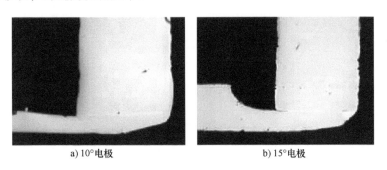

a) 10°电极　　　　　　　　　　　b) 15°电极

图 5-64　两种电极焊接界面的微观形貌

一般常规器件常用的电极是 10°电极；4°电极有特殊的应用范畴。例如，盖板高度仅略高于管壳高度、夹具高度，为了避免在平行缝焊过程中电极下降接触到管壳、夹具，可采用角度较小的 4°电极。为了得到更小的焊缝宽度，减少外部损伤，提高抗盐雾能力，可以选择 15°电极。

5.10.5　电极材料与散热

电极材料决定了电极特性。根据实际密封需要，电极材料的选择主要考虑以下几点：

（1）低电阻率

电极电阻是不可避免的，但应该尽量低，这样可以减少密封过程中电极回路放电的热损耗。电极直接与焊缝接触，电极热损耗的降低有助于电路整体温升的控制，使能量集中在焊缝的接触电阻关键部位。

（2）高热导率

在焊接过程中，熔焊焊缝的热量，通过环境气体、盖板、管壳、电极等几条热回路耗散。那么需要电极有良好的散热性能，以减少密封热量对陶瓷外壳壳体和金属外壳玻璃绝缘子的热影响。

在金属中，银的散热性和导电性最好。铜的散热性和导电性仅次于银，价格又远低于银。其中紫铜的散热性和导电性优于其他铜合金，但硬度较低。因此，平行缝焊常选用钨铜等材料作为电极。

5.10.6 封盖夹具与工艺稳定性

平行缝焊是滚动焊接，在焊接过程中，电极要沿着管壳边缘从一端一直移动到另一端。电极在移动的过程中不断放电，形成一连串焊点。这些焊点的形貌和质量由每一点实际作用在管壳上的功率决定。因此，保证这些焊点的一致性对焊接质量尤为重要，而电极对管壳施加的接触压力起到了关键作用。在电极与管壳接触和运动过程中，若夹具设计不当或加工工艺粗糙，管壳固定不稳定，引起焊接过程中管壳震颤，导致不同焊点焊接时，管壳与电极之间的接触状态将发生变化。当电极移动到靠近管壳两个端点时，管壳甚至可能整体发生翘起，如图5-65所示。这些过程将导致接触电阻波动性增大，从而导致焊接功率波动性增大，焊点一致性失控。

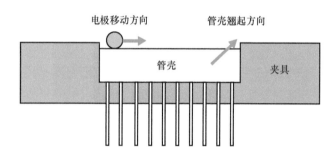

图5-65 平行缝焊过程中管壳翘起

5.10.7 盖板转角与焊接缺陷

对于平行缝焊而言，整个器件的焊接质量取决于焊接质量最差的焊点。对于方形管壳而言，只有四个转角处，即缝焊的起点和终点容易出现焊接瑕疵，影响焊接质量。

（1）转角半径

金属盖板拐角形状对焊接质量影响较大，圆弧形转角比90°直角成品率高。在显微镜下可以发现，在拐角处的焊点比直线上的焊点要密集得多。拐角处产生的焊点数为

$$M = (L/v)N \tag{5-7}$$

式中，L为电极轮到达拐角至脱离盖板时移动的距离（mm）；v为电极移动速度（mm/s）；N为每秒钟脉冲数。

因为电极轮表面是圆锥面，若拐角为直角，则在拐角处焊点会出现两次缝焊焊点堆叠现象，能量集中，容易造成拐角处热烧穿现象，从而引起漏气。若拐角处为圆弧拐角时，则焊接是在电极轮的有效焊接半径逐渐减小的过程中完成的，此过程延长电极轮在拐角线上的停

留时间。研究认为，拐角最佳弧度半径 R 为 0.8~1mm，也有人提出最好是 1.4~1.5mm。

由于拐角为圆弧形，加长了焊接距离，所以，当壳体接触焊轮而继续前进时，随着焊轮高度不断下降，焊点将分布在拐角的圆弧上。选择合适的拐角弧度，就可以避免焊点过于密集，而又能保证焊点间彼此搭接。

（2）延迟距离

焊接高度、延迟距离、提前结束距离等都会影响焊接效果。在焊接过程中，焊接高度要比自动测高的值大 0.5~1.0 mm，使弹簧充分压缩。这样可以保证得到可靠的焊接压力，电极在整个焊接过程中都能可靠接触盖板。

电极在接近和离开盖板时，容易发生尖角放电，引起盖板转角处打火，灼烧材料形成焊接缺陷。一方面，避免盖板在转角处是 90°直角，这样可以尽量防范尖角放电的产生；另一方面，电极在接近和离开盖板时，要设定合适的延迟距离，这样可以使电极轮完成爬坡和下坡，在起点和终点不至于打火或不能搭接。延迟距离、爬坡、下坡示意图如图 5-66 所示。

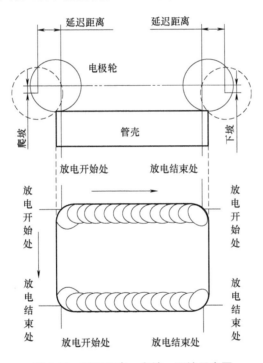

图 5-66　延迟距离、爬坡、下坡示意图

5.10.8　焊接能量与 PIND

平行缝焊封盖工艺过程是不易产生颗粒噪声问题的。

但也有研究报道，对平行缝焊密封的电路开盖后，发现芯片表面有球形金属颗粒物，主要成分为镍和金，如图 5-67 所示。结合尺寸和成分计算，球质量不足 0.2μg，在产品 PIND 筛选时难以检测发现。

结合图 5-68 所示的镍金二元合金相图，熔化镍金合金需要 900℃以上高温，在器件组装过程中只有平行缝焊密封工艺可能达到。分析认为，镍金来源为密封的管壳、盖板镀层。盖

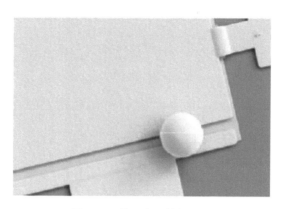

图 5-67 镍、金颗粒物形貌

板与壳体结合面镀层熔化后受盖板挤压作用流淌进入壳体内部，部分熔化镀层金属凝固形成球状多余物。

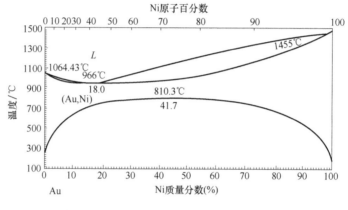

图 5-68 镍金二元合金相图

研究提出，在确保气密性和强度的前提下，将内部焊缝宽度控制在外壳厚度的 0.4~0.6 倍即可，如图 5-69 所示，这样可以避免施加过大的焊接功率，引起金属颗粒物飞溅等问题。

图 5-69 理想焊缝宽度

5.10.9 压力与热量

平行缝焊在封焊环区域产生的高热量，会影响到作为固定引线并密封管壳的玻璃绝缘子的可靠性。由于玻璃绝缘子与金属外壳之间存在热膨胀系数的差异，且玻璃绝缘子较为脆弱，若封焊功率过大，冲击热量过多，引脚区域温升过高，将导致玻璃绝缘子裂纹。这些裂纹在后续可靠试验中延展生长，引发器件漏气，对产品的应用埋下可靠性隐患。图 5-70 给出了平行缝焊的金属外壳。图 5-71 给出了平行缝焊绝缘子裂纹的影响因素。

图 5-70　平行缝焊的金属外壳

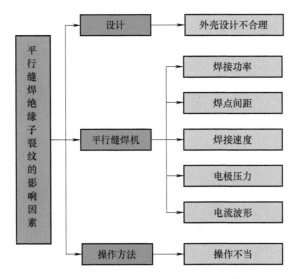

图 5-71　平行缝焊绝缘子裂纹的影响因素

有研究表明，电极提供的焊接压力对平行缝焊绝缘子裂纹有重要影响。分别采用 8N、10N、12N、14N、16N 压力密封一组样品，对焊接后的样品玻璃绝缘子进行目检，并进行密封检验。结果表明，焊接压力 16N 和焊接压力 14N 的试验效果较好，其他焊接压力密封的产品有较多的玻璃绝缘子裂纹和漏气问题。在两个焊接压力参数之间进行比较，发现焊接压力设定为 16N 时，平行缝焊后金属管壳焊缝宽于焊接压力设定为 14N 所形成的焊缝，因此建议焊接压力设定为 14N。

5.10.10 镀层质量要求

盖板镀层与平行缝焊密封参数有一定的关系。对于镍层来说，功率需求较小，而金层的功率要高些。还有一个特点就是,同样厚度的镀层,如果电镀的方法不同,也会影响缝焊参数。一般来说,化学镀的金层比电解方法镀的金层所要求的功率要小。

5.10.11　盖板质量要求

要想提高平行缝焊的可靠性,还必须要有高质量的盖板。高质量的平行缝焊盖板必须满足如下要求:

1)热膨胀系数与底座焊环的相同,与瓷体的相近。
2)焊接熔点温度要尽可能低。
3)耐腐蚀性能优良。
4)尺寸误差小。
5)具备平整、光洁、毛刺小、沾污少等特性。

5.11　平行缝焊抗盐雾性能

5.11.1　腐蚀现象

盐雾试验是为了模拟海边空气对器件影响的一个加速腐蚀试验。腐蚀会使涂层或底层金属由于化学或电化学的作用而逐渐地损坏。腐蚀也会生成沉淀、色斑、针孔、凹坑和起皮。

有研究人员发现,在经过 24h 盐雾环境储存后,平行缝焊密封的器件在焊缝附近发现大面积锈蚀现象,如图 5-72 所示。随着储存时间的增加,腐蚀区域还会增长。这会导致器件的气密性下降,外界有害物质进入腔体内部,腐蚀芯片,最终导致功能失效。

图 5-72　平行缝焊焊缝区域的盐雾腐蚀

5.11.2　腐蚀机理

金属的腐蚀机理有多种,其中电化学腐蚀是最为广泛的一种,比高温氧化更普遍。人们经过 100 多年的研究,提出了"腐蚀原电池"模型来解释金属电化学腐蚀现象及原因。

当把大小相等的 Zn 片和 Cu 片同时置入盛有稀硫酸的同一容器中,并用导线通过毫安表连接起来。可以发现,毫安表的指针立即偏转,这表明有电流通过。物理学规定,电流方向是从电位高(正极)一端沿导线流向电位低(负极)的一端。电流从 Cu 片流向 Zn 片,而电子的流动方向则是相反的。

在腐蚀学里，通常规定电位较低的电极为阳极，电位较高的电极为阴极。腐蚀电池与原电池的区别在于，原电池是能够把化学能转变为电能，做出有用功的装置；而腐蚀电池只能导致金属腐蚀破坏而不能对外做有用功，是短路的原电池。

腐蚀电池的工作过程如下：

（1）阳极过程

金属溶解，以离子形式迁移到溶液中同时把当量电子留在金属上，有

$$[ne^- \cdot Me^{n+}] \rightarrow [Me^{n+}] + [ne^-] \tag{5-8}$$

（2）电流通路

电流在阳极和阴极之间的流动是通过电子导体和离子导体实现的，电子通过电子导体（金属）从阳极迁移到阴极，溶液中的阳离子从阳极区移向阴极区，阴离子从阴极区向阳极区移动。

（3）阴极过程

从阳极迁移过来的电子被电解质溶液中能吸收电子的物质 D 接受，有

$$D + [ne^-] \rightarrow [D \cdot ne^-] \tag{5-9}$$

由此可见，腐蚀原电池工作过程是阳极和阴极两个过程在相当程度上独立而又相互依存的过程。

根据组成腐蚀电池的电极大小，可把腐蚀电池分成宏观电池和微观电池。肉眼可分辨出电极极性的电池为宏观电池；而由于金属表面电化学不均匀性，在金属表面上微小区域或局部区域存在电位差形成微观电池，其特点是肉眼难于辨出电极的极性。微观电池分为以下几种：

1）金属化学成分不均匀，如碳钢中的碳化物，工业纯 Zn 中的 Fe 杂质等。杂质的电位都高于基体金属，因而形成微观电池。

2）金属组织不均匀性，如金属及合金的晶粒与晶界之间存在着电位差异。一般晶粒是阴极，晶界能量高、不稳定的是阳极。金属中的第二相，多数情况下，第二相是阴极相，基体为阳极相。

3）金属表面的物理状态不均匀，如金属的各种变形、加工不均匀、晶粒畸变，都会导致形成微观电池。一般形变大、内应力大的部分为阳极，易遭受腐蚀。

5.11.3　腐蚀现象

平行缝焊焊接区域，主体材料一般是可伐合金，如图 5-73 所示。其为 Fe-Co-Ni 合金，本身抗腐蚀能力较弱。因此，在管壳、盖板制作后，要在外镀 Au 或 Ni 的镀层，对主体材料进行保护。平行缝焊高温熔焊破坏了镀层对主体材料的保护结构。在熔焊过程中，镀层会融入熔化后的液态可伐合金中；焊点形成后，在盖板上的焊缝区域内，部分 Fe 元素直接暴露在环境中，如图 5-74 所示。

Ni 或 Au 镀层可以长期保护金属外壳不受盐雾侵袭。相比于 Ni 或 Au，Fe 更具有化学活性和更低的化学电位，易与空气中的氧气发生反应，产生铁氧化物的腐蚀。镀层的破坏，为后期盖板在盐雾环境下的腐蚀提供了腐蚀通道。在水汽盐雾环境下，不同金属材料之间存在电位差，产生微电池效应而导致腐蚀的发生。图 5-75 给出了一种盐雾腐蚀的微观形貌。成分分析表明，该区域 Ni、Fe、Cl、O 等元素共存。

图 5-73　平行缝焊焊接区域材料体系

图 5-74　焊缝区域对镀层损伤

图 5-75　一种盐雾腐蚀区域的微观形貌

5.11.4　优化方向

为了加强平行缝焊抗盐雾性能，有人提出采用 Ni-Au-Ni-Au 复合镀层，这样在密封后，Ni 层仍然能够保持完整，起到有效保护作用，可伐合金中的 Fe 元素不会暴露在表面，电化学腐蚀不易发生。图 5-76 给出了焊缝 Ni、Au 元素面扫描结果，可见，Ni 层分布良好。

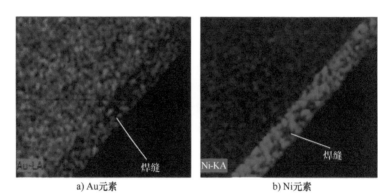

a) Au元素　　　　　　　　　b) Ni元素

图 5-76　焊缝 Ni、Au 元素面扫描结果

通过平行缝焊电路抗盐雾能力的研究，得出两个优化方向：一方面，是通过工艺参数的优化，减小封焊过程对镀层区域的破坏，使其具有一定的抗腐蚀能力，达到或超过器件的应用环境要求即可；另一方面，是外壳制造厂商对外壳制造技术的优化提升，提高基体材料的致密度和抗腐蚀能力，制备耐破坏镀层结构，以及封装技术人员提出外壳设计、镀层设计的新要求。

5.12 AuSn 焊料环的平行缝焊

5.12.1 原理及方法

AuSn 焊料环的平行缝焊的原理是，左右电极轮在电机的作用下对盖板施加压力，在电极轮与盖板接触处形成接触电阻；同时，由主电源释放脉冲电流，高频脉冲电流在接触处产生大量的热能，使温度超过 AuSn 焊料环熔点而熔化；电极移走后，熔融焊料温度下降而凝固，盖板、焊料及管壳密封在一起；随着电极沿着盖板边缘滚动，AuSn 焊料环被逐点熔化、凝固，完成整个密封区的密封。其基本原理图如图 5-77 所示。

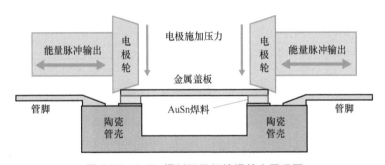

图 5-77 AuSn 焊料环平行缝焊基本原理图

5.12.2 应用场景

AuSn 焊料一般采用熔封方式，将待密封电路的外壳、盖板和焊料环预先用夹具叠装好，再放置到烧结炉、链式炉或烘箱中加热升温。焊料环受到空间热辐射的作用而升温熔化，达到共晶点温度后保持一段时间，使焊料充分熔融。最后是降温冷却过程，焊料与母材结合在一起。在整个过程中，电路整体被环境加热，各部件温度均会升高。

有研究人员认为，基于平行缝焊工艺的 AuSn 焊料密封工艺避免了电路整体加热，有效降低了工艺温度，可以抑制 AuSn 焊料熔封工艺导致键合引线强度衰减；同时，也可以防止粘片导热胶受热溢气，对控制腔体内部气氛有良好效果。

研究人员表示，与常规平行缝焊工艺相比，基于平行缝焊工艺的 AuSn 焊料密封工艺具有较高的抗盐雾水平。

5.12.3 检验标准

基于 AuSn 焊料环的平行缝焊密封工艺，既区别于金属外壳的平行缝焊，又与陶瓷外壳的 AuSn 熔封不同，属于两种密封方式相结合衍生出的另一种密封方式。其本质上还是利用 AuSn 合金焊料受热熔化后与管壳镀金层、盖板镀金层之间发生浸润和共晶反应的原理，完成外壳的密封。因此，在检验标准上应当关注以下几个方面：

1）密封的气密性。

2）X 射线照相检测结果。

3）通过 PIND 来检测焊料是否飞溅到腔体内。

4）外部目检观察焊料爬盖溢出。

5）外部目检观察焊点连续性。

6）外部目检观察是否存在点击打火过熔痕迹。

5.12.4　典型失效

1. 局部烧蚀

典型的电极打火后盖板局部损伤，在封焊过程中就观察到了较为明显的电火花。封焊结束后，在显微镜下观察电路，发现盖板处烧蚀严重。电极打火会引发局部高强度放电，很可能由于温度过高而出现焊料飞溅现象。局部过熔后，内部会出现 AuSn 焊料缺失现象，密封区产生孔洞，可靠性将受到影响。焊点烧蚀微观形貌如图 5-78 所示。

2. 焊点不连续和未交叠

焊点不连续，彼此之间出现中断现象，或者焊点与焊点之间未交叠，说明周期设置过大或输出功率低，或者电极移动速度过快导致放电不连续。这样会造成焊点与焊点之间出现缝隙，密封效果不好。焊点不连续和未交叠微观形貌如图 5-79 所示。

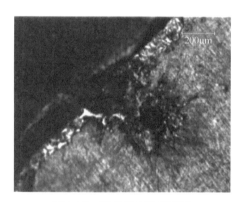

图 5-78　焊点烧蚀微观形貌

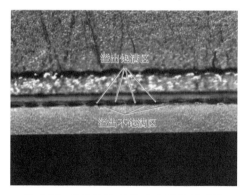

图 5-79　焊点不连续和未交叠微观形貌

3. 焊料流淌不充分

当输出能量不够时，接触电阻提供的焦耳热不足以使焊料环全部达到共晶温度以上。AuSn 焊料吸热不足未充分熔化，目检观察不到向外流淌痕迹，通常密封效果不好。焊料流淌不充分微观形貌如图 5-80 所示。

4. 管脚熔断

管脚熔断微观形貌如图 5-81 所示。图中，试验对象一侧管脚出现熔断现象。出现该现象的原因为电极落点定位不精确，电极轮与管脚接触并放电，高频电流通过管脚，导致管脚熔断现象的发生。

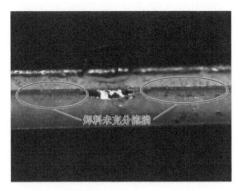

图 5-80 焊料流淌不充分微观形貌

图 5-81 管脚熔断微观形貌

5.12.5 熔焊模型

通过 X 射线照相观察基于 AuSn 焊料环的平行缝焊密封工艺密封的电路，在封焊区存在一条较为明显的分界线，如图 5-82 所示。在分界线外侧，搭接了电极的 AuSn 焊料区域受热熔化，形成了共晶反应；在分界线内侧，AuSn 焊料由于热量不足没有熔化，还是以固态焊料环的形式存在并没有熔焊。

这主要是由 AuSn 焊料平行缝焊的熔焊机理引起的。与金锡熔封的整体加热不同，AuSn 焊料平行缝焊的熔焊能量主要来源于电极与盖板接触处，焊料最先从电极与盖板接触点（盖板最外侧）开始熔化，并沿焊料环向内侧辐射。当辐射一定半径后，热量衰减，不足以达到 AuSn 的共晶温度。因此，会形成已熔焊区域和未熔焊区域的分界线，分界线在 X 射线检测下表现为白色或浅灰色的空洞；两侧则显示颜色相近的深灰色。

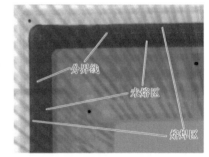

图 5-82 X 射线检查焊料环熔焊痕迹

综上，可以总结出 AuSn 焊料平行缝焊工艺中焊料熔焊模型，如图 5-83 所示。

a) 平行缝焊前

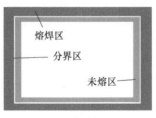

b) 平行缝焊后

图 5-83 AuSn 焊料平行缝焊工艺中焊料熔焊模型

5.12.6 影响因素

基于平行缝焊焊接能量公式，焊接效果由功率、脉宽、周期、速度等因素共同影响。一一般情况下，功率的大小决定了焊接能否实现，而调整脉宽等因素可对焊接效果进行优化调整。下面以脉宽为变量，研究参数对焊接效果的影响：

1）过低的脉宽不能形成有效熔焊。

2）随着脉宽的增加，熔焊效果逐渐增强，主要表现为熔焊区宽度逐渐上升。

3）优化的脉宽提供适当的焊接能量，可使空洞率较少，焊接一致性较高。

4）脉宽增加到一定程度后，随着脉宽继续增加，熔焊剧烈程度上升，焊接空洞大幅增加。这主要表现为，在焊料环四个角落区域出现空洞区域，焊料环四周形成微小空洞群（见图5-84）。

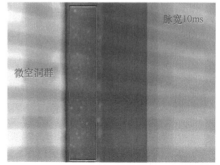

图 5-84 过熔产生的微空洞群

5.12.7 应用限制

基于 AuSn 焊料环的平行缝焊密封工艺，内侧区域焊料不易熔焊，外侧区域焊料易过熔，只适用于封焊区域较窄的小尺寸电路；若焊料宽度过大，则工艺窗口较窄，甚至无法达到良好熔焊效果。

5.13 储能焊工艺

5.13.1 储能焊概述

储能焊是用来封接金属外壳的一种密封工艺。它利用大电流产生焦耳热，瞬间使管座和管帽的四周同时熔焊，形成密封。

其核心工作原理是，通过夹具将电路的金属管壳、金属管座安置在储能焊机的上下两个电极上，利用储能电容器在较长时间里储存的电能，再在上下电极接触的瞬间，将电能释放出来，并产生大的焊接电流；金属管帽和管座上在上下电极的较大压力下，紧密接触，管帽和管座之间的导通电阻极小，接触电阻将电能瞬间转化为热能，形成金属间熔焊。

在储能焊密封焊接过程中，必须控制好三个基本条件，以产生可以接受的密封接效果。这些条件是压力、热和时间。

国内采用储能焊密封的封装厂商也有很多。中国电科集团就有 47 所，55 所、43 所、24 所等多家研究院所采用储能焊来进行金属管壳的封装。航天 2 院和航天 5 院也有很多研究机构采用储能焊密封工艺来完成高可靠的电源模块及混合电路的封装工作。还有一些企业也采用储能焊密封工艺来完成混合电路、模块电路的封装工作。很多工业、民用产品和企业，也大量采用储能焊密封工艺，如用量较大的分立器件、光电器件等电路的密封大多采用储能焊密封工艺，像北京飞宇、沈阳飞达等封装厂也都采用储能焊密封工艺。

据相关文献报道，用于储能焊密封工艺的金属管壳也基本实现了国产化。目前，国内生产的金属管壳的质量与国外金属管壳的质量基本接近或相当。很多用户使用的储能焊管壳都是国内加工的。国内生产加工金属管壳的厂商也很多，如青岛海洋、青岛凯瑞、宜兴电子器件总厂、宜兴吉泰及中国电科 43 所等。目前，中国电科 13 所也已经开始加入到金属管壳的研发生产的队伍中。

5.13.2　工艺原理

储能焊作为混合集成电路封装的主要形式，适用于中小腔体、高可靠混合集成电路的气密封装。其核心工作原理是，利用储能电容器在较长时间里储存电能，再将电能在瞬间释放出来产生大电流，作用于在焊接压力作用下紧密接触的管帽和管座上，电能转化为热能，形成金属间熔焊。储能焊电路原理图如图 5-85 所示。

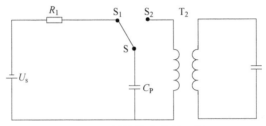

图 5-85　储能焊电路原理图

焊接时产生的热量应满足如下平衡方程：

$$I^2Rt = Q_1 + Q_2 \qquad (5\text{-}10)$$

式中，I 为焊接电流（A）；R 为焊接区总电阻（Ω）；t 为焊接电流脉冲时间（s）；Q_1 为两极间被焊接金属加热到焊接温度所需要的热量；Q_2 为焊件与电极中的热量损失。

时间是储能焊密封质量的一个重要因素，用于控制设备的充电、放电速率和焊接作用时间。

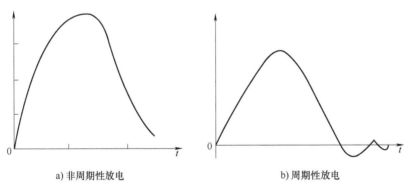

a) 非周期性放电　　　　　　　　　　　b) 周期性放电

图 5-86　电容器放电特性曲线

不论选择周期性还是非周期型放电形式（见图 5-86），储能焊用于焊接加热的电流只有一个半波是有效的。当振荡放电时，其振幅衰减得很厉害，第二个半波振幅只有前一个半波振幅的 3.5% 左右。振荡周期放电有如下优势：减少焊接终了电极间电火花，减少金属颗粒的产生；有利于变压器退磁和部分能量的重新储存，缩短工作循环周期。

5.13.3　工艺步骤

有研究文献对储能焊工艺步骤进行了详细的介绍，具体操作流程如下：

1）打开储能焊机电源，打开照明灯。

2）观测干燥箱内的水汽含量（露点），当露点小于或等于-35℃时可以进行焊接操作。

3）将半成品与盖帽一起放入烘箱内，打开烘箱电源，将烘箱温度设置为135℃±5℃，开始加热，然后对烘箱反复进行抽真空→充氮气操作，反复7次后将烘箱冷却至40℃以下。

4）打开压空阀和冷却水阀。

5）选取模具电极。根据前道工序送来的半成品的外形尺寸和盖帽尺寸选取与其相配套的模具电极，并检查模具电极表面是否洁净，有无缺陷。

6）将模具电极固定在上下两个相应的工作台上，将烘干的半成品、盖帽移入干燥箱内，关闭烘箱。

7）将管帽放入下电极内，再将管座对准放入管帽中，然后双手同时按压焊接按钮进行焊接，听到"咣"的一声后，焊接操作完成。将密封好的成品放入传递盒中，从出料箱中取出。

8）对密封好的成品按储能焊密封工序质量检验规范进行检验。合格品放入传送盒，填写工艺流程单，一起交给下道工序；不合格品打"×"后隔离放置。

9）关闭压空阀、冷却水阀；关闭总电源。

5.14　储能焊颗粒噪声问题

5.14.1　简介

粒子碰撞噪声检测（Particle Impact Noise Detection，PIND）是器件重要的筛选项目，是质量一致性检验项目之一，用于检测封装腔体内的可动颗粒物。一些具有高可靠要求的产品经常服役在高加速度、强振动环境中，器件内腔中残留的可动粒子具有较高的动能，易击毁键合丝等关键封装部件，造成集成器件乃至整个系统的电性能失效。密封电子元器件的内部多余物问题一直是影响航天器、装备可靠性和安全性的技术难题。

储能焊是利用大电流产生焦耳热，瞬间使管座和管帽的四周同时熔焊，形成密封。这种封盖工艺，封焊区各点难以保证功率密度一致，过度熔融的部位易产生可动金属颗粒物。本节针对储能焊密封器件，研究环境多余物的控制方法，并进行密封过程产生金属颗粒物的机理分析，并阐述相应的优化方法。

5.14.2　PIND失效鱼骨图

引起PIND失效的可动粒子主要有两种，分别是封焊前的可动多余物和封焊时金属飞溅物。这两种颗粒物的来源又包含多个方面。图5-87给出了储能焊PIND失效鱼骨图。

5.14.3　封焊前可动多余物控制

组装多余物的来源很多，包括硅渣（屑）、键合丝（或尾丝）、可能会松动的细小粘结材料、封装体疏松或不牢固的部分、外来物。一般可以通过加强目检来发现，并通过吹扫清除，参见GJB 548B—2005方法2010。若清除不及时，经过高温烘焙，部分可能变质甚至熔化并与芯片、基板粘连，易引发短路。

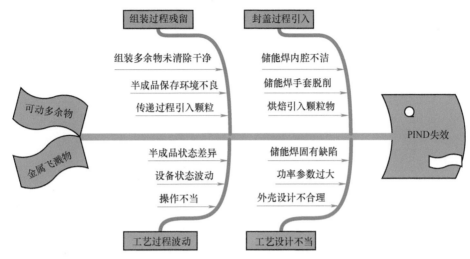

图 5-87　储能焊 PIND 失效鱼骨图

内部目检后，组装多余物仍有引入的可能。储能焊腔体内也存在很多可动颗粒物，在管座、管帽装配时容易落入器件内，因此在拾取管座并与管帽装配时，要特别注意不要将颗粒物引入器件腔体内。一是历次焊接飞溅的金属颗粒物残渣，迸溅到了各处；二是储能焊焊接操作使用的橡胶手套老化掉落颗粒，采购时厂商为了减缓橡胶老化，表面进行过打蜡涂覆，使用中可能脱落蜡屑，应预先对触手进行处理。三是镊子、吸头等工具粘带颗粒物。

根据多年积累的科研生产经验总结得出，控制密封前环境因素，避免多余物，主要可以从以下方面入手：

1）控制储能焊设备腔体气氛。

2）严格保证净化厂房净化级别。

3）杜绝前道工序中违规操作致使电路接触颗粒物。

4）处理储能焊设备的胶皮触手，防止颗粒脱落。

5）定期清理储能焊设备，防止飞溅物残留。

6）选用合适的胶或焊料粘接芯片，防止焊料残渣剥落。

7）生产、传输过程中确保防静电措施，防止多余物静电吸附。

8）严格规范密封前目检，用氮气枪吹除键合丝残渣等封装工序附带物。

5.14.4　封焊前可动多余物预检测

以往的器件颗粒噪声控制，侧重点主要在待封器件多余物防护上。一些多余物藏匿于基板边缘或粘附在绝缘子等上，不易被目检发现，在完成密封后，器件 PIND 检测不合格而成为废品。

根据器件尺寸开模加工预 PIND 专用测试夹具，对未封盖器件的管帽和管座进行装配，并预紧管座和管帽，进行颗粒噪声检测，如图 5-88a 所示。在腔体内放置键合丝、直径为 0.5mm 尘土颗粒、金属颗粒等进行试验，在夹具上做 PIND 检测，均能检出，检测仍很灵敏，认为颗粒振动波纹在夹具上损耗较小。检测后，对不合格的器件及时拆开进行处理，清除多余物；合格后送入储能焊中待封盖。图 5-88b 给出了 PIND 的预检测流程。图 5-88c 给出了预检测不合格品中的典型多余物。

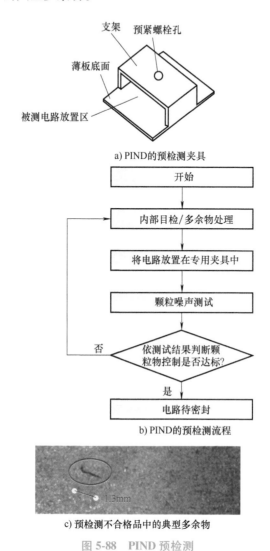

a) PIND的预检测夹具

b) PIND的预检测流程

c) 预检测不合格品中的典型多余物

图 5-88　PIND 预检测

PIND 可以找出目检遗漏的可动颗粒物器件。在遇到批次性的来源不明颗粒物时，可用预检测方法来界定是封盖前残留了组装多余物还是密封过程中新生成的金属颗粒物。

5.14.5　封焊时金属颗粒物的产生及飞溅控制

以 21mm×17mm 、封口环和帽为 4J42 合金、镀镍层的 DIP14 封装形式金属外壳为试验对象，选用北极星 5212 型储能焊机，钨铜合金电极，研究金属颗粒物的产生和飞溅。

储能焊工艺的核心在于控制焊接功率的大小和封焊环焊接一致性，即控制焊缝融合区厚度及其一致性，抑制整体或局部区域功率过大造成过度熔融形成金属颗粒物飞溅，如图 5-89 所示。

如图 5-89 所示，可以看出，金属颗粒物呈现亮白色。在 500 倍显微镜下观察，颗粒物尺寸在 200μm 左右，局部区域呈现出金属物质特有的斑状金黄色。50～1mm 尺寸的这种颗

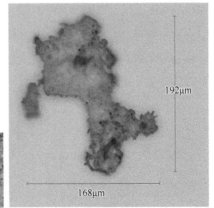

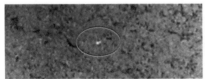

a) 金属颗粒物在外壳内　　　　　b) 500倍放大

图 5-89　储能焊密封飞溅颗粒物

粒物都能找到，大于 1mm 的颗粒较少。金属颗粒物从镀层、电极状态及装配、焊接电压与压力三个方面分析解决。

（1）镀层

镀层是控制金属颗粒物产生和飞溅的最基本前提，封盖前应检查镀层质量，剔除毛刺。刘青松等人用电镀镍和化学镀镍的 TO-8 封装形式的各 100 只外壳做了对比分析，结果表明电镀镍管帽、镀金管座密封 PIND 合格率可达到 100%。他们认为，镀层中的磷等添加剂在高温下汽化会造成气孔或飞溅。

（2）电极状态及装配

电极是确保储能焊密封质量的最重要环节。电极平面的加工精度是先决条件，电极的平面度决定了密封放电会时缝焊环各部位接触电阻的均匀性。

电极装配是保证上、下两个电极平面平行的关键。装配后，应利用焊接效果、不放电进行压痕观测，或者通过其他材料测试压痕，来评价电极的平行性。当出现压痕中心偏离圆心时，说明电极闭合时引入了不均匀应力，应重新调整，否则不均匀应力会传递到器件内部，对陶瓷基板、芯片的焊接可靠性产生影响。

电极缺陷和磨损是引起焊接质量不良的重要因素。多次装配、挤压、放电会使电极产生疲劳，引起电极内径边缘磨损，造成接触压力施加不均匀。必须定期对电极进行观察和修复。

（3）焊接电压与压力

储能焊的工作原理是利用大电流在封焊环上产生焦耳热，在一瞬间使管座和管帽的四周同时熔焊，形成密封。焊接电压和焊接压力是密封过程中对 PIND 产生影响的两个关键参数。

电压与压力是一组相互匹配和制约的参数。增大压力，封焊环与管帽的接触电阻变小［见式（5-11）和式（5-12）］，封焊环的发热功率就会减少，金属温升降低不会过度熔化和迸溅。增大电压后封焊环发热功率增大，温升提高熔焊更可靠。

$$R_{\mathrm{j}} = \frac{K}{F^m} \tag{5-11}$$

$$P_{热} = \frac{U^2}{R_j} \tag{5-12}$$

式中，R_j 为封焊环与管帽接触电阻；K 为常数；F 为接触压力；m 为接触常数；$P_{热}$ 为封焊环发热功率；U 为封焊环分压。

通过正交参数试验，可得出控制熔焊效果的 U-F 参数优化区间，如图 5-90 所示，压力和电压落在目标区间内，既保证焊接气密性，又不发生金属颗粒飞溅问题。

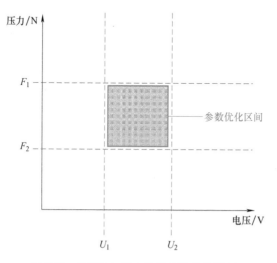

图 5-90 PIND 与气密性的参数优化区间

电压大于 U_2 时，焊接能量过大造成金属颗粒物飞溅，同时焊接噪声很大会污染环境；电压小于 U_1 时，封焊环熔焊不充分，在粗检漏和细检漏中多发漏气现象，在筛选试验中抗机械冲击和振动能力不足，可靠性难以保证。压力大于 F_2，管帽和管座接触紧密，接触电阻小，焊接时产生热量不足；同时，使器件整体产生应力和应变，焊接残余应力较大。压力小于 F_1，管帽和管座接触不良，且接触压力分布不均，容易发生外壳局部焊接或焊接偏移等现象，严重影响密封质量。将压力和电压参数调整到 $U_1 \sim U_2$，$F_1 \sim F_2$，密封后器件可靠性和抗波动能力显著提升。对于不同结构、尺寸的外壳和密封设备，F 与 U 参数的目标区间是不同的。表 5-11 给出了 DIP14 金属外壳压力和电压正交试验结果。

表 5-11 DIP 封装形式金属外壳压力和电压正交试验结果

压力/kPa	电压/V	PIND 合格率	备　注
172	120	—	接触不良电极不放电
207	120	82%	—
241	120	94%	—
275	120	98%	—
310	120	—	接触电阻过小热量不足未封焊
241	110	100%	细检漏漏气率较高

（续）

压力/kPa	电压/V	PIND 合格率	备 注
241	115	98%	—
241	120	94%	—
241	125	80%	—
241	130	52%	—

5.14.6 电流趋肤效应引发颗粒物飞溅

1. 理想直流系统中回路电阻模型

封焊回路电阻网络如图 5-91b 所示，R_{jt} 为上电极与管帽接触电阻，R_j 为封焊环与管帽接触电阻，R_{jb} 为下电极与管座接触电阻。

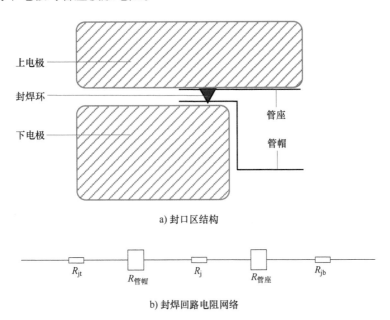

a) 封口区结构

b) 封焊回路电阻网络

图 5-91　封焊区结构与电阻网络图

管座、管帽为金属材料，是良导体，电阻忽略不计，两者分别视为等势体，表面电位相同。在理想直流封盖系统中，熔焊能量主要来源于接触电阻通电后的发热。可由下式推导得出：

$$P_j = \frac{U^2}{R_j} = \frac{(U_{管帽} - U_{管座})^2}{R_j} = UI = I^2 R_j \tag{5-13}$$

式中，P_j 为封焊环接触电阻发热功率；$U_{管帽}$、$U_{管座}$ 为管座和管帽的电势；U 为电势差；I 为流过封焊环的电流。

2. 电流趋肤效应产生机理

储能焊电容放电回路，可以等效为电容 C、电感 L 和电阻 R 的闭合回路。其中电流大小

和波形由 C、L、R 及变压器变比 n 四个物理量决定。当 $R^2n^2C>4L$ 时，呈现无振荡波形，如图 5-92a 所示；当 $R^2n^2C<4L$ 时，呈现振荡波形，如图 5-92b 所示。

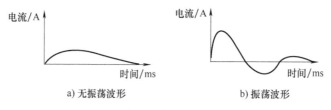

a) 无振荡波形　　　　　　　　　　　b) 振荡波形

图 5-92　电容放电电流波形示意图

放电过程中电流瞬时突变产生变化的感应磁场，阻碍电流的变化，引发电流的趋肤效应。瞬变电场产生的感应磁场产生反向感应电流，感应电流与原电流相抵，电场强度的幅值由四周到中心随半径 r 衰减，形成了电流密度从外向内由高到低的不均匀分布。电流密度减小到导体截面表层电流密度的 $1/e$（$e\approx2.71828183$）处的深度称为趋肤深度 Δ，有

$$\Delta\approx\sqrt{\frac{1}{f\mu\gamma}}\tag{5-14}$$

式中，μ 为磁导率；γ 为电导率；f 为交流频率。

3. 趋肤效应对长方形储能焊 PIND 合格率影响

对于圆形外壳，封焊环处于同一半径 r 上，趋肤效应影响很小，封焊环上表面电流密度近似可以看成均匀分布。对于方形外壳，由于趋肤效应的影响，半径较大部位（封焊环四角 r_C）单位面积等效电阻 R_C 较小；半径较小部位（封焊环短边中点 r_W、长边中点 r_L）单位面积等效电阻 R_W、R_L 较大，$R_W>R_L>R_C$。因此，流经封焊环与管帽之间接触电阻的电流 I 并不是等密度的，而是在半径较大部位积聚，在半径较小的部位较弱，表现为 $I_C>I_L>I_W$，如图 5-93 所示。

综之，电容型储能焊放电过程中电流在方形器件发生趋肤效应，电流密度在封焊环上呈现不均匀

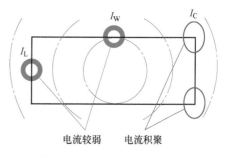

电流较弱　　　电流积聚

图 5-93　电流密度不均匀分布

分布，封焊环熔焊程度不均匀。其表现为，当封焊环四个顶角熔焊程度适当时，四边处于欠熔状态；当封焊环四边熔焊程度适当时，四角处于过熔状态，易发生迸溅。

对有 PIND 要求的器件，建议不采用储能焊密封的方形外壳。

5.14.7　外壳设计对 PIND 控制的作用

常青松、姜永娜等人研究了外壳镀层对 PIND 的影响。刘晓红等人认为，封焊区结构优化设计对储能焊密封放电过程接触电阻的均匀分布有重要影响，可以降低飞溅概率。

储能焊凸缘（封焊环）一般都是设计在管座上，管帽的封口位置是平整面。这样对管座的加工要求较高。如果管帽和管座公差较大，管帽扣在管座上时，管帽的拐角正处在管座的凸缘上，如图 5-94 所示。这会造成封焊能量不均，封焊能量集中在这里放电，此处就容

易产生飞溅,产生内部多余物。如果管帽更大的话,连气密性都难保证。

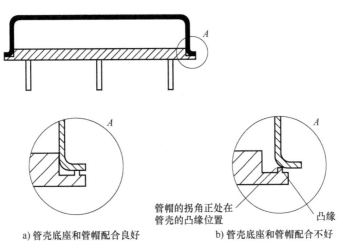

a) 管壳底座和管帽配合良好　　　b) 管壳底座和管帽配合不好

图 5-94　储能焊外壳管座与管帽配合

　　研究提出提高外壳加工精度,增加管座与管帽的匹配度是降低飞溅的有效方法。并提出另一种设计方案,将凸缘设计在管帽上。此时,在相同的加工水平下,进行封帽时,在管壳和管帽接触处就会形成一个接触电阻分布均匀的封焊环,这样大大降低了飞溅的概率,密封和 PIND 合格率达到 95% 以上。

　　颗粒噪声问题总结如下:

　　1) 通过制作夹具,对未密封器件进行紧固和夹持,进行储能焊密封前可动多余物预检测,可以有效提出组装多余物。

　　2) 压力和电压是储能焊密封的两个关键参数,较低的电压和较高的压力密封的器件 PIND 合格率更高。

　　3) 对于储能焊密封的方形外壳,PIND 合格率很难达到 100%。由于电流趋肤效应的影响,使电流分布不均,熔焊电流在方形电极四个尖角处积聚,容易产生金属颗粒物。对有PIND 要求的器件,建议不采用使用储能焊密封的方形外壳。

5.15　玻璃熔封

5.15.1　概述

　　玻璃熔封 (Glass Melting Sealing) 又称低温玻璃熔封、黑瓷封装。该工艺是在黑瓷基座和盖板上预制玻璃胶,并采用低温玻璃将引线框架预烧在黑陶瓷基座上,烧结或粘结芯片后,用夹具定位黑瓷基座和盖板后,即可通过链式炉等烧结设备完成熔封。

　　黑瓷封装从 20 世纪 90 年代开始在我国发展起来,与塑封、陶瓷封装和金属封装不同,采用玻璃熔封实现气密封装,具有特殊的历史意义。早在 20 世纪 70 年代,国外就开始出现此类外壳的应用,与同时期的其他密封方式相比,它表现出相当的优越性。我国早在八五计划攻关项目中,就对超大规模集成电路 (Very Large Scale Integration, VLSI) 低温玻璃封装开展了深入研究。随后，黑瓷封装在国内经历了一个迅速发展的阶段。

黑瓷封装产品包括数模转换器、EPROM、传感器、逻辑电路、存储器、微控制器和视频控制器，最终应用于装备电子、商业电子、汽车和电信领域。

5.15.2 玻璃熔封的特点

集成电路密封方式主要有塑封、金锡熔封、平行缝焊、储能焊、激光焊接及玻璃熔封等。与陶瓷封装（金锡熔封、平行封焊）相比，玻璃熔封具有结构简单、成本低廉、装配效率高等特点，其散热性能和耐恶劣环境的能力比塑封电路更好（较高或较低的工作温度、更高的湿度环境等）。

粉末玻璃很早就被用作电子元器件的粘接材料和气密封装材料，这是因为玻璃具有高气密性、高温稳定性和良好的绝缘性，与陶瓷和金属材料之间具有易粘接性和热匹配性等特性。封接后的玻璃在与水、空气等介质触时，具有良好的化学稳定性。在封接过程中，可以控制低温玻璃熔凝过程中不产生有害物质，防止挥发溅落在密封腔体内。

然而，玻璃很脆，机械强度低于陶瓷的机械强度，抗热应力和应力性能比陶瓷封装要弱。

5.15.3 玻璃熔封机理

武永才阐述了玻璃熔封的机理。他指出，原子力求从系统中最不稳定的自由能较高的位置摆脱束缚，迁移至自由能最低位置，这种总是力求使系统达到自由能最低状态的张力就是粘附力，即烧结的动力。熔封时，黑瓷基座及盖板上两个固体颗粒系统由接触到结合，自由表面收缩、非晶体内部空隙缩小直至排除、结合缺陷消除，都会使系统的自由能降低，系统就逐步转变为热力学中较为稳定的状态。这样，低温玻璃固体系统就在高温下被烧结成密实结构。

5.15.4 黑瓷外壳

1. 黑瓷外壳结构

图 5-95 和图 5-96 给出了南平三金 DIP 28 和 DIP 8 两种封装形式的黑瓷基座和盖板的实物图。

如图 5-95 所示，可以看出以下两点：

1）黑陶瓷底座，主要由陶瓷基板、引线框架和预置玻璃胶组成。其中，陶瓷基板是一个黑陶瓷片，厚度为 2mm；引线框架材料是铁镍合金，需要引线键合一端，预做了铝层，外引脚焊接一端，在封装后需要镀锡；预置的玻璃胶已经将引线框架和陶瓷基板固定在一起。高可靠黑瓷电路的芯片粘片区域沉金处理。

2）黑陶瓷盖板主要由陶瓷基板和预置玻璃胶组成。其中，陶瓷基板厚度约为 1.2~1.4mm。

国产黑瓷外壳供应商市售的几种典型的黑瓷外壳样品，如图 5-97 所示。还有一种带光窗的黑瓷外壳，通过光窗，腔体内部芯片可以完成擦写、编程，如图 5-98 所示。

2. 黑瓷外壳的制备

如图 5-99 所示，河村励等人介绍了黑瓷封装的结构及黑瓷外壳制备的流程，主要包括印制、预烧和安装引线框架。

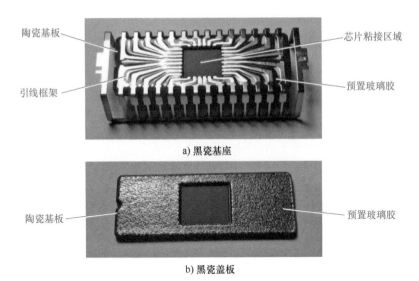

陶瓷基板　　芯片粘接区域

引线框架　　预置玻璃胶

a) 黑瓷基座

陶瓷基板　　预置玻璃胶

b) 黑瓷盖板

图 5-95　南平三金 DIP 28 封装形式黑瓷外壳实物图

a) 黑瓷基座　　　　　　　　b) 黑瓷盖板

图 5-96　南平三金 DIP 8 封装形式黑瓷外壳实物图

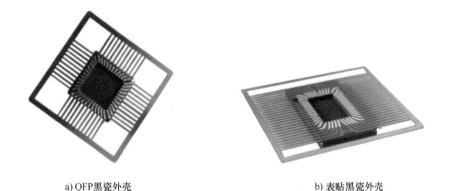

a) QFP黑瓷外壳　　　　　　b) 表贴黑瓷外壳

图 5-97　几种典型的黑瓷外壳样品

（1）印制

将粉末粒度在 $100\mu m$ 以下的低熔点封接材料（玻璃）与聚甲基丙烯酸丁基脂的 5% 萜品醇溶液混合，调成黏度为 50000cp 的浆料，把它用丝网等印制在氧化铝的封接面上。复印制 2~3 次，一般厚度可达 $200~300\mu m$。

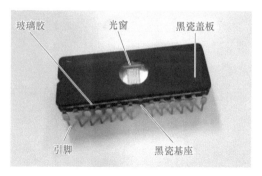

图 5-98　带光窗的 DIP 封装形式黑瓷外壳

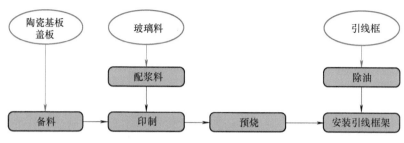

图 5-99　黑瓷外壳的制备流程

（2）预烧

氧化铝基板和盖板上印制好浆料后进行预烧。这是为了在氧化铝的既定部位上牢固地粘合上一定量的玻璃，叫作预烧玻璃。在这道工中必须使玻璃层中所含的有机物先完全分解消失，否则在后面的封接工序，玻璃会被还原或起泡等而损坏封装的可靠性。因此，一般是在富氧的气氛中尽量缓慢地加热。

（3）安装引线框架

安装引线框架一般是把预烧了玻璃的氧化铝基板放在加热块上，使玻璃熔化的方法进行。加热块的表面温度比封接温度稍高为合适温度。温度过高或时间过长都会使玻璃变质或结晶析出，这往往导致在以后的工序中不能良好封接，或者在电镀时玻璃明显地被侵蚀等现象。

5.15.5　黑瓷封装工艺

黑瓷封装工艺流程如图 5-100 所示，使用能耐受 420℃ 以上的以玻璃粉为主要成分的胶黏剂烧结粘片，然后完成引线键合，再将黑瓷基座倒扣在黑瓷盖板上，经烘烤除去水分，最后烧结、降温冷却完成玻璃熔封。

1. 管壳清洗

母继荣等人提出，黑瓷外壳在组装之前，应先用丙酮超声清洗 3~5min，再用乙醇超声清洗 3~5min，用去离子水漂洗并用乙醇脱水，最后烘干，以清除包装、运输过程中粘染的污物。

2. 粘片

粘片材料可以是高温胶、合金片，也可以是玻璃银胶等，在高可靠电路中，往往在陶瓷

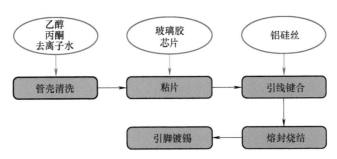

图 5-100 黑瓷封装工艺流程

基座的粘片区域做沉金处理。

母继荣认为，如何使粘片动作完成而又不引起框架的形变，是这一过程要解决的核心问题，并要采用极短的时间完成粘片过程。武永才则使用了比熔封烧结温度更高的粘片温度和更慢的升温速率，以充分排除玻璃胶中的水汽，提出使用掺入低温玻璃粉和乙二醇乙醚的CB813导电胶来完成粘片，配合密封前预烘工艺将树脂聚合物中的有机载体完全分解、烧尽。

3. 引线键合

采用铝硅丝完成引线键合的黑瓷封装，可以在芯片、键合引线和引线框架上形成铝体系的键合系统，避免了金铝键合的柯肯达尔效应。键合引线弧度不宜过高。

4. 熔封烧结

将黑瓷盖板与黑瓷基座叠装在夹具中完成熔封烧结，熔封烧结过程分为预热软化、恒温烧结、降温冷却三个阶段，夹具应具有高温环境下不变形的特性。

普遍认为在400~460℃的峰值温度下回流，玻璃即可实现良好的密封。温度过高、速度过慢会造成焊料过溢，变色并有爬盖的现象出现，内部的蜂窝也会有所增加，影响了封装后的扭矩。温度过低，玻璃焊料在没完全流淌前就开始冷却降温，造成熔封不良，出现黑色的瑕疵。丁荣峥的研究指出，KC-402玻璃在430℃峰值温度持续8.5min即可形成良好封接，KC-700玻璃在同样的峰值温度持续10min，可以获得更高的成品率。

烧结时选择的保护气氛有所不同。母继荣等人指出，熔封过程中，铁镍合金引线表面生长一层薄氧化膜，会使玻璃与引线框架之间良好结合，因此熔封气氛可以是干燥空气或通入氮气。薛成山、丁荣峥等人采用了先抽真空，再充氮气的方法，并提到了引线上的氧化膜对后续镀锡质量会有影响。

5. 引脚镀锡

（1）电镀

引脚镀锡分为镀前清洗、电镀和镀后处理三部分。

（2）蘸锡

蘸锡工艺获得的锡层更加稳定、均匀，且不易引起引脚跨接。可用硫酸溶液去除铁镍合金引线上的氧化物。在蘸锡之前，应对黑瓷外壳进行预热，达到与锡锅相近的温度，防止玻璃在剧烈的温差中损伤。基于蘸锡工艺能够制备更厚的锡层，符合高可靠电路的可靠性要求。

5.15.6　典型失效模式

1. 黑瓷封装的可靠性

从可靠性上看，黑瓷封装属于气密封装，但在实际使用中发现，黑瓷封装气密性是低于陶瓷封装的。从成本上看，黑瓷封装的成本也低于陶瓷封装。

2. 水汽含量超标

郭伟等人指出，玻璃外壳本身的密封玻璃为多孔材料，极易吸收水分，如果密封过程中去水汽处理不充分，密封后水汽含量常超过 GJB 548B—2005 要求的 5000ppm 极限。研究表明，对 CerQFP64 封装形式集成电路采用 350℃、0.5h 高温烘焙（接近玻璃材料的软化温度350℃），可以有效将水汽含量控制在 2000ppm 以内水平。

此外，由于检测水汽时，需先打薄黑瓷盖板，然后在打薄位置穿孔和检测，这一过程控制不当会造成盖板裂纹、漏气，干扰检测结果。

武永才总结出引线框架与玻璃之间结合处是熔封后水汽侵入的主要途径。

3. 引脚镀锡后跨接

引脚镀锡后跨接，会引起外壳引线间绝缘性下降。

杨建功等人发现，采用 SnSO4-H2SO4 体系的酸性光亮镀锡工艺，镀液经常出现浑浊，光亮剂添加比例不易掌握，镀液有机分解物多，从而使镀层夹杂有机物增多、结晶不致密、易造成连锡跨接。他们提出采用新的 SNR-TNR-PNR 酸性光亮镀锡工艺，并在镀液中加入硫酸高铈使镀层更加致密光亮，镀液的稳定性也得到提高；同时，改滚镀为挂镀，提高外观质量及厚度均匀性，及时维护镀液，解决了引脚镀锡后跨接的问题。

朱玲华为了避免小节距黑瓷外壳在镀锡时产生引脚跨接引起相邻引脚之间的绝缘电阻下降甚至短路问题，提出引脚部分镀金。具体来说，她提出了采取在需要与玻璃封接的引线部分不镀金，引线其他部分镀金的措施，这样就保留了 4J42 引线框架烧结后形成氧化膜与玻璃浸润良好的特性，从而既保证了密封性又防止镀锡引起的引脚跨接问题。

4. 气密性差

气密性和气密可靠性对产品的可靠性和长期寿命至关重要。河村励等人提出，气密性缺陷主要来源于以下四个方面：

1）玻璃封接层流淌不均匀形成孔隙。

2）玻璃缺陷或热应力引起裂纹。

3）预烧工艺不当或污染产生气泡。

4）熔封工艺曲线不当，浸润不充分。

武永才提出，正在熔封时，玻璃焊料内外如果形成气压差，气流就会对密封区域产生冲击，在玻璃最薄弱处先形成微孔洞。

5. 熔封强度低

玻璃部分熔封强度对确保封装可靠性来说是极其重要。标准 GJB 548B—2005 的方法2024 玻璃熔封盖板的扭矩试验中，规定了一种确定玻璃熔封的微电子器件的封装剪切强度破坏性试验方法。试验时，固定器件基座，将扭矩加在器件盖板上。在扭矩值低于规定值时，若密封层发生分裂、破裂，则器件就定为失效。

玻璃的强度以弯曲强度计算数值相当高，约为 $400kg/cm^2$。许薇等人在研究晶圆级玻璃封装时提出在空气、氮气和真空中玻璃熔封的剪切力大小基本一致。熔封后玻璃内部存在气泡，是熔封强度低的主要原因之一。

6. 玻璃裂纹

高洁等人研究发现，玻璃材料受到异常应力时较易出现损伤，在装配成组件后，带有引脚涂覆的电路在温度循环试验后，玻璃材料出现裂纹。这是由于玻璃材料与陶瓷管壳的膨胀系数不同，温度循环过程中过厚的涂覆层会对陶瓷管壳产生较大的热应力。

5.15.7　国产黑瓷外壳新机遇

目前，在很多事件的影响下，集成电路国产化进程再次加速。国产化趋势不可逆，这不仅体现在芯片设计、IC 制造和封测设备方面，电子封装原材料也是其中的重要环节。近几年，国产外壳、键合丝、焊片的技术水平稳步提升，在国产元器件上的应用逐年增多。

我国电子陶瓷产业起步较晚，但发展迅速，部分产品已达国际先进水平，市场占有率也在逐年增加。据统计，2019 年，国产黑瓷外壳销售额增长额度超过了 50%。如何进一步突破材料固有技术瓶颈，降低制造成本，提高行业竞争力，紧抓国产化大趋势，是黑瓷外壳和玻璃熔封的新机遇。

5.16　封装热阻

5.16.1　封装的热性能

热阻指的是当有热量在物体上传输时，在物体两端温度差与热源的功率之间的比值。其单位为开每瓦（K/W）或摄氏度每瓦（℃/W）。外壳热阻是表征封装性能的一个重要参量。根据 GJB 7400—2011 对电路外壳设计的要求，产品在设计定型初期就需要给出较为准确的外壳热阻参数。

单芯片的封装结构，热阻R_{TH}计算方法比较成熟，通过选取不同的参考点，可以得到结-壳热阻$R_{TH(J-C)}$、结-衬底热阻$R_{TH(J-B)}$和结-环境热阻$R_{TH(J-A)}$。热阻的计算公式如下式所示：

$$R_{TH} = \frac{T_J - T_R}{P_1 - P_0} = \frac{\Delta T}{\Delta P} \tag{5-15}$$

式中，R_{TH}为热阻值（℃/W）；T_J和T_R分别为 PN 结和参考点的稳态温度（℃）；P_1和P_0分别为测量试验结束和开始稳态下芯片发热功率（W），$\Delta T/\Delta P$为热流模型中温升与发热功率的比值。

从 IC 封装的角度出发，结-壳热阻$R_{TH(J-C)}$主要由外壳和互连结构设计决定，最能直观表征产品的散热能力。标准 GJB 548B—2005 方法 1012 对外壳热阻测量点也有相应的规定，对于正向贴装芯片的电路，较为关注 TC（底部）；而 JEDEC 标准关注的侧重点是外壳与散热片相连的一侧，有时可能是 TC（顶部）。在实际应用中，很难不破坏密封结构直接测量到芯片结温，建立封装外壳模型并开展有限元仿真分析是提取封装热阻值的有效方法之一。

热阻数值与封装材料直接相关，是反映阻止热量传递的能力的综合参量。不同的封装材料，其导热性能有差异，陶瓷封装和金属封装的导热性能要优于塑封材料。标准 GJB 299C—

2006 所给出的结到管壳的热阻的通用参考值如表 5-12 所示。可以发现，对于同一种封装形式，基于陶瓷材料的气密性封装相比基于塑料材料的非密性封装具有更小的热阻值，因而具有更好的传热性能。

表 5-12 结到管壳的热阻的参考值表

封 装 类 别	封 装 形 式	$R_{\mathrm{TH(J-C)}}/(℃/W)$
陶瓷/金属 密封器件	金属圆形（TO）封装	70
	金属菱形（K）封装	6
	双列直插封装（CDIP）	28
	扁平封装（CFP）	22
	针栅阵列封装（CPGA）	20
	球栅阵列封装（CBGA）	15
	小外形封装（CSOP）	20
	四边无引线扁平（CQFN）封装	16
非密封器件	双列直插封装（DIP）	63
	扁平封装（FP）	45
	针栅阵列（PGA）封装	38
	球栅阵列（BGA）封装	35
	小外形封装（SOP）	53
	四边无引线扁平（QFN）封装	30

5.16.2 陶瓷封装的散热路径

1. 结构与热网络

陶瓷封装器件主要由芯片、陶瓷管壳、金属盖板、外引线、内键合丝、芯片粘结材料和 AuSn 密封焊料组成，如图 5-101 所示。

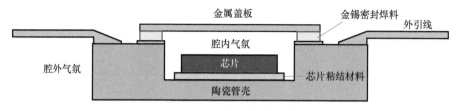

图 5-101 陶瓷封装的结构

陶瓷封装是一种气密封装，陶瓷壳体将环境气氛分割为腔内和腔外气氛两个部分，求解芯片的散热问题，是一个复杂的流-固耦合问题。并且，在从芯片到外壳过渡的过程中，所涉及的结构尺度比较大，难以模拟计算，因此，需确定主要的热通路，对计算模型进行计算简化。

在器件中，芯片是器件的发热源。稳定工作时，芯片上的耗散功率转化为热能，通过热传导、热对流和热辐射三种形式向外传递热能。键合丝与芯片直接相连，但直径较细，通常

为 $20\mu m$、$25\mu m$、$38\mu m$ 等规格，对芯片热量的传导作用微小，在构建热网络时可以忽略不计。由于陶瓷外壳和金属盖板的热导率较高，封装整体温度差距不大，这导致腔内气氛流动性较低，且其具有较低的热导率，在计算时将腔内气氛可视为绝热。基于此，构建了陶瓷封装的热网络，如图 5-102 所示。

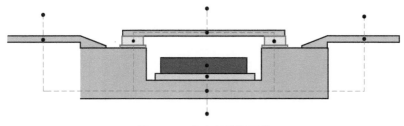

图 5-102　陶瓷封装热网络

芯片-芯片粘结材料-管壳之间热传导是芯片散热的主要途径，管壳-腔外气氛之间的热对流对器件的散热起到一定的作用。热传导可用一维傅里叶方程表示为

$$q = -kA\frac{\mathrm{d}T}{\mathrm{d}x}\tag{5-16}$$

式中，q 为热流量；k 为材料热导率；A 为热流通面积；$\dfrac{\mathrm{d}T}{\mathrm{d}x}$ 为热流方向上的温度梯度。

对式（5-16）进行积分和变化，得到稳态热传导在 l 长度路径上的温度差：

$$\frac{T_1 - T_2}{q} = \frac{l}{kA}\tag{5-17}$$

式中，$\dfrac{T_1 - T_2}{q}$ 为一段材料的热阻，这段材料的长度为 l、面积为 A、热导率为 k 的。同时，也可以得到热阻 R 的计算公式：

$$R = \frac{l}{kA}\tag{5-18}$$

由此可见，降低封装热阻的主要途径有两种：一是从 l 和 A 入手，优化芯片的热量耗散通路；二是选用导热性能更好的新材料作为封装材料。

2. 热阻模型

热阻是表征封装热性能的重要参量。通过选取不同的参考点，可以得到不同热阻值，计算公式如下：

$$R_{\mathrm{TH}} = \frac{T_{\mathrm{J}} - T_{\mathrm{R}}}{P_1 - P_0} = \frac{\Delta T}{\Delta P}\tag{5-19}$$

式中，R_{TH} 为热阻值（℃/W）；T_{J} 和 T_{R} 分别为芯片结和参考点的稳态温度（℃）；P_1 和 P_0 分别为测量试验结束和开始稳态下芯片发热功率（W），后者一般取 0；$\Delta T/\Delta P$ 为热流模型中温升与发热功率的比值。

图 5-103 给出了陶瓷封装的热阻网络。

图 5-103 中，T_{J}、$T_{\mathrm{C\_B}}$、$T_{\mathrm{C\_T}}$ 和 T_{A} 分别代表芯片结温、外壳底部温度、外壳顶部温度和环境温度等几个具有实际意义的参考点温度。获得封装热阻参数后，就可通过测量参考点温

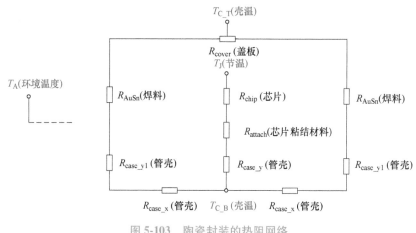

图 5-103　陶瓷封装的热阻网络

度，计算出芯片的结温，从而对器件工作状态进行监控。陶瓷封装的两个关键热阻参数是 $R_{TH(J-C)}$ 和 $R_{TH(J-A)}$。其中，$R_{TH(J-C)}$ 是芯片结到封装外壳的热阻，$R_{TH(J-A)}$ 是芯片结到环境的热阻。

5.16.3　结-壳热阻 $R_{TH(J-C)}$ 模拟计算

1. 模型与网格

陶瓷封装气密性好、热膨胀系数小、绝缘能力强、机械强度高，具有优良的耐腐蚀和散热能力，在高可靠器件封装中广泛使用。氧化铝陶瓷材料的热膨胀系数与硅芯片相近，组成了经典的 Si-Al$_2$O$_3$ 材料体系，作为陶瓷封装结构，从 20 世纪一直沿用至今。

随着科技的发展，器件的应用场景也不断拓展。能源汽车、大功率照明、金星探测、高温钻探、航空发动机、5G 通信等新领域，使得器件的服役环境温度大幅提高，封装的散热性能变得至关重要。21 世纪以来，碳化硅等宽禁带半导体材料（也被称为第三代半导体材料）以其卓越的热导性能，在功率半导体，射频和光电器件等高温工作领域极具竞争优势。

选取 CSOP、CDIP、CPGA、CQFP 四种陶瓷封装形式，采用有限元仿真分析方法，提取了 Si-Al$_2$O$_3$ 材料体系的结-壳热阻 $R_{TH(J-C)}$，并与第三代半导体材体系相比较，分别建立有限元模型，用于热阻仿真分析，如表 5-13 所示。

表 5-13　陶瓷封装形式

封装形式	引　脚　数	外形尺寸/（mm×mm）	芯片面积/（mm×mm）
CSOP	8	5×4.4	0.9×0.9
CDIP	24	30.48×7.49	4×2
CPGA	84	33×33	11×11
CQFP	240	32×32	11×11

芯片的尺寸与封装热阻值有强相关性，这是因为芯片面积的大小，影响有效散热通路上

导热材料的有效传热面积，芯片未覆盖的区域，热量首先需要沿着外壳横向传递到芯片未覆盖区域，再纵向传递到外壳外表面，这使得封装热阻计算值和测量值增加。因此，所选用的陶瓷封装形式，按照腔体尺寸设置与其匹配的芯片。

　　网格划分采用 CFD 网格。由于芯片粘结材料比较薄（仅 50μm），默认网格对其厚度方向的划分不够精细，为了提高模型精度和网格质量，强制控制厚度方向网格划分数量为至少 5 等分。同时，对芯片厚度方向设置强制划分数量为至少 10 等分。陶瓷封装热模型建立及网格划分如图 5-104 所示。

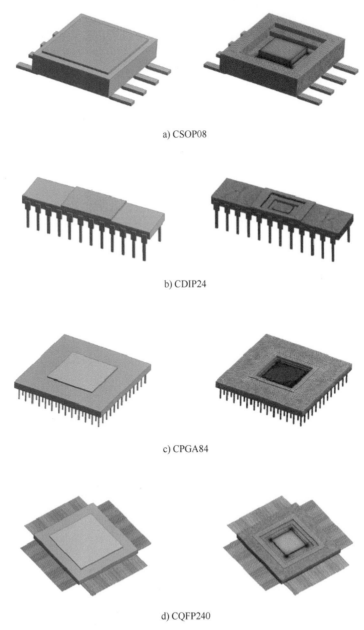

a) CSOP08

b) CDIP24

c) CPGA84

d) CQFP240

图 5-104　陶瓷封装热模型建立及网格划分

2. 边界条件与载荷

由热阻网络分析可知，在结-壳热阻网络中，从芯片到外壳的纵向路径是热量流动的主路径，其他路径对结-壳热值的影响较小。根据标准 GJB 548B-2005 的方法 1012 热性能测试方法，按照第一类边界条件施加载荷，即在管壳底面施加恒定温度 60℃，其他面做绝热处理。按照热阻定义，对芯片施加 1W 的功率载荷，通过稳态分析求解 $R_{TH(J-C)}$。

材料属性加载，按照表 5-14 所示的材料及参数进行。首先按照常规 Si-Al_2O_3 材料体系对模型附加材料热导率。管壳为氧化铝陶瓷，芯片为硅片，芯片粘结材料选用高热导率的 Au80Sn20 合金，盖板和外引线为 4J42 可伐合金。

为了直观对比第三代半导体材料与常规 Si-Al_2O_3 材料的热性能，在保持模型结构和网格不变的前提下，将常规 Si-Al_2O_3 材料替换为第三代半导体材料。管壳为氮化铝陶瓷，芯片为碳化硅，芯片粘结材料选用与 AuSn20 合金热导率相近的纳米银胶，盖板和外引线为 4J34 铁镍钴合金。模型材料属性如表 5-14 所示。

表 5-14　模型材料属性

名　　称	Si-Al_2O_3 材料体系		第三代半导体材料体系	
	材料	导热系数/（W/m℃）	材料	导热系数/（W/m℃）
管壳	Al_2O_3	15.7	AlN	200
芯片	Si	180	SiC	490
粘片材料	AuSn20	57	纳米银胶	55
盖板	可伐合金（4J42）	17	可伐合金（4J34）	17
外引线	可伐合金（4J42）	17	可伐合金（4J34）	17

3. 热阻模拟结果及对比分析

图 5-105 ~ 图 5-108 给出了 CSOP08、CDIP24、CPGA84、CQFP240 四种封装形式的外壳温度仿真分布。可以看出，芯片、芯片粘结材料和外壳底面区域是封装结构的主要温升区域，外壳边框、封焊环和盖板区域的温度变化并不明显。这说明在结-壳热阻 $R_{TH(J-C)}$ 仿真计算过程中，纵向向下的方向是芯片热传递的主要路径。

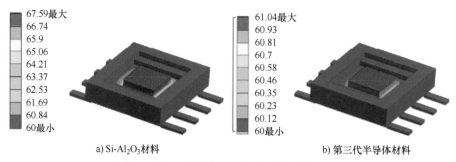

a) Si-Al_2O_3材料　　　　　　　　　b) 第三代半导体材料

图 5-105　CSOP08 封装形式的外壳温度仿真分布

从数值上看，Si-Al_2O_3 材料体系陶瓷封装中，CSOP08 外壳的 $R_{TH(J-C)}$ 数值最大，达到 7.59℃/W；CDIP24 外壳的 $R_{TH(J-C)}$ 数值为 4.07℃/W；而 CPGA84 和 CQFP240 外壳的 $R_{TH(J-C)}$ 数值很小分别为 0.61℃/W 和 0.63℃/W。四种不同封装形式的陶瓷封装热阻数值跨度很大，超过了一个数量级。这说明，结构对陶瓷封装的结-壳热阻值影响很大。

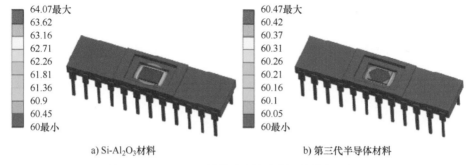

a) Si-Al$_2$O$_3$材料　　　　b) 第三代半导体材料

图 5-106　CDIP24 封装形式的外壳温度仿真分布

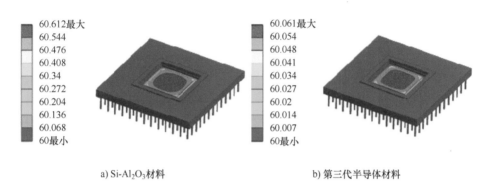

a) Si-Al$_2$O$_3$材料　　　　b) 第三代半导体材料

图 5-107　CPGA84 封装形式的外壳温度仿真分布

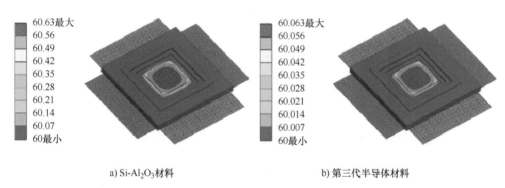

a) Si-Al$_2$O$_3$材料　　　　b) 第三代半导体材料

图 5-108　CQFP240 封装形式的外壳温度仿真分布

在第三代半导体材料中，CSOP08 外壳的$R_{TH(J-C)}$数值最大，达到 1.04℃/W；CDIP24 外壳的$R_{TH(J-C)}$数值为 0.47℃/W；而 CPGA84 和 CQFP240 外壳的$R_{TH(J-C)}$数值均为 0.06℃/W。四种不同形式的陶瓷封装热阻数值相差 18 倍之多。

对于同一种封装形式，在模型结构和网格不变情况下，第三代半导体材料陶瓷封装的结-壳热阻值比 Si-Al$_2$O$_3$ 材料陶瓷封装的结-壳热阻值有了显著的下降。其中，CSOP08 封装形式的热阻下降 86.30%，CDIP24 封装形式的热阻下降 88.45%，CPGA84 封装形式的热阻下降 90.16%，CQFP240 封装形式的热阻下降 90.48%。这说明，封装结-壳热阻与所用材料紧密相关，采用新的第三代半导体材料可以有效降低热阻值85%~90%。结-壳热阻对比分析结果如表5-15所示。

表5-15　结-壳热阻对比分析结果

封装形式	壳温/℃	芯片功率/W	Si-Al₂O₃ 材料体系		第三代半导体材料体系		热阻降低率（%）
			节温/℃	热阻/（℃/W）	节温/℃	热阻（℃/W）	
CSOP08	60	1	67.59	7.59	61.04	1.04	86.30
CDIP24			64.07	4.07	60.47	0.47	88.45
CPGA84			60.61	0.61	60.06	0.06	90.16
CQFP240			60.63	0.63	60.06	0.06	90.48

5.16.4　结-环境阻 $R_{TH(J-A)}$ 模拟计算

1. 模型与边界条件

为了得到结-环境热阻 $R_{TH(J-A)}$ 数值，按照JEDEC标准热阻测试环境，建立结-环境热阻有限元模型，如图5-109所示。其中，封装模型由外壳模型导入，测试板和腔体按JEDEC标准创建。

对芯片、芯片粘结材料和管壳底面等主要的热通路上的模型网格进行加密处理，使其在 X、Y、Z 三个方向上的网格数量提高。

为了充分模拟环境气氛在封装外壳周围的流动状态，选用湍流求解模型。设定重力方向为垂直向下，数值为 9.8m/s²。对芯片施加 1W 的功率载荷，求解整个模型的温度分布和腔内空气流动状态。

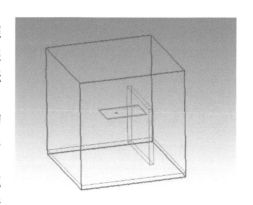

图5-109　结-环境热阻有限元模型

2. 热阻模拟结果及对比分析

图5-110~图5-113给出了CSOP08、CDIP24、CPGA84、CQFP240封装形式的环境温度仿真分布，是结-环境热阻 $R_{TH(J-A)}$ 仿真中温度场的分布情况。陶瓷封装周围的等温线呈现出上下非对称形状，在陶瓷封装上方区域等温线间距明显宽于下方的等温线间距。这说明芯片热量散失的主要通路是通过陶瓷封装外壳上表面，以对流和辐射的形式向腔外气体传播。由于没有设计专用的热沉，芯片热量通过下方测试板传播能力有限，因此等温线较为密集。

从数值上看，对于 Si-Al₂O₃ 材料体系陶瓷封装，CSOP08 外壳的 $R_{TH(J-A)}$ 数值最大，为156.16℃/W；CDIP24 外壳的 $R_{TH(J-A)}$ 数值为 55.43℃/W；CPGA84 外壳的 $R_{TH(J-A)}$ 数值为25.71℃/W；CQFP240 外壳的 $R_{TH(J-A)}$ 数值为 14.58℃/W。可见，四种不同封装形式的陶瓷封装结-环境热阻数值跨度也很大。这说明，外壳结构不仅对结-壳热阻值有很大影响，同时也对结-环境热阻值起到重要作用。若器件的发热功率达到 1W，对于 CSOP08 和 CDIP24 两种封装形式，芯片温升将超过 50℃，若器件工作环境温度为 125℃，则芯片结温将超过175℃。一般认为芯片结温每上升 10℃，器件寿命就会下降一半，Si 半导体结温超过 175℃

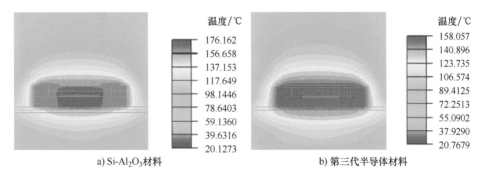

温度/℃
176.162
156.658
137.153
117.649
98.1446
78.6403
59.1360
39.6316
20.1273

a) Si-Al₂O₃材料

温度/℃
158.057
140.896
123.735
106.574
89.4125
72.2513
55.0902
37.9290
20.7679

b) 第三代半导体材料

图 5-110　CSOP08 封装形式环境温度仿真分布

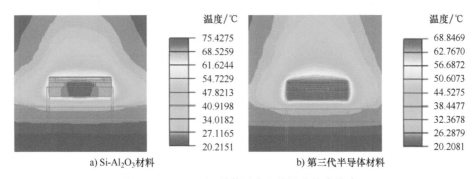

温度/℃
75.4275
68.5259
61.6244
54.7229
47.8213
40.9198
34.0182
27.1165
20.2151

a) Si-Al₂O₃材料

温度/℃
68.8469
62.7670
56.6872
50.6073
44.5275
38.4477
32.3678
26.2879
20.2081

b) 第三代半导体材料

图 5-111　CDIP24 封装形式环境温度仿真分布

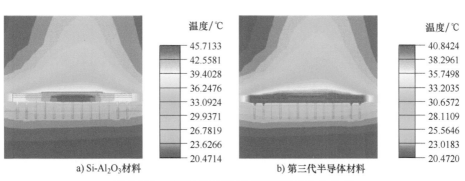

温度/℃
45.7133
42.5581
39.4028
36.2476
33.0924
29.9371
26.7819
23.6266
20.4714

a) Si-Al₂O₃材料

温度/℃
40.8424
38.2961
35.7498
33.2035
30.6572
28.1109
25.5646
23.0183
20.4720

b) 第三代半导体材料

图 5-112　CPGA84 封装形式环境温度仿真分布

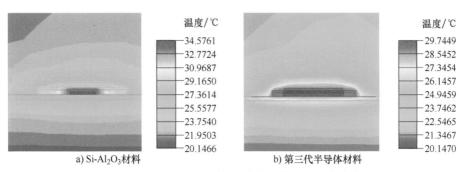

温度/℃
34.5761
32.7724
30.9687
29.1650
27.3614
25.5577
23.7540
21.9503
20.1466

a) Si-Al₂O₃材料

温度/℃
29.7449
28.5452
27.3454
26.1457
24.9459
23.7462
22.5465
21.3467
20.1470

b) 第三代半导体材料

图 5-113　CQFP240 封装形式的环境温度仿真分布

时就有可能损坏。因此，在封装设计时，可考虑采用 CPGA、CQFP 等大尺寸外壳，或者增加热沉，这样更有利于芯片散热。

在第三代半导体材料中，CSOP08 外壳的 $R_{TH(J-C)}$ 数值最大，达到 138.06℃/W；CDIP24 外壳的 $R_{TH(J-C)}$ 数值为 48.85℃/W；而 CPGA84 和 CQFP240 外壳的 $R_{TH(J-C)}$ 数值分别为 20.84℃/W 和 9.74℃/W。与 Si-Al$_2$O$_3$ 材料体系相比，第三代半导体材料体系使得器件的结-环境热阻数值有所降低，四种封装形式分别降低了 12.87%、8.72%、18.94% 和 33.20%，如表 5-16 所示。封装结-环境热阻也与外壳所用材料紧密相关，采用新的第三代半导体材料可以有效降低热阻值约 10%~30%。

相比而言，结构对器件的结-壳热阻 $R_{TH(J-C)}$ 与结-环境热阻 $R_{TH(J-A)}$ 影响都很明显，随着封装形式的变化，CSOP、CDIP、CPGA、CQFP 四种陶瓷封装外壳的结-壳热阻与结-环境热阻在数值上呈现出较大的变化。而材料对结-壳热阻的影响显著，但对结-环境热阻的影响相对小一些。这主要是因为，从结到环境的热通路由多条通路并联组成。其中，器件发热使得腔外气氛形成流动，从外壳上表面和侧壁带走一部分热量，构成结-壳（上）-环境的第一条主要通路。芯片发热通过粘片材料传递到外壳下表面，并通过引脚和 PCB 传递到环境中，构成了结-壳（下）-环境的第二条主要通路。在这两条通路中，改变封装外壳材料可以有效降低壳体热阻值，但对改变环境空气热阻和测试版热阻的影响很小。腔外环境热对流速率由芯片与环境温差决定，图 5-114 给出了 CQFP240 外壳腔外气氛流速仿真分布。环境空气热阻和测试版热阻这两个部分数值保持不变，使得材料对壳体热阻的改善作用被稀释。因此，第三代半导体材料对结-环境热阻影响的影响相比于结-壳热阻要小一些。

可见，对于改善器件热阻，材料和结构都将起到重要作用。

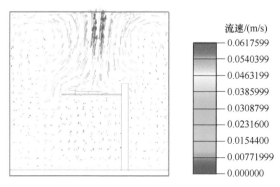

图 5-114　CQFP240 外壳腔外气氛流速仿真分布

表 5-16　结-环境热阻

名　称	环境温度 /℃	芯片功率 /W	Si-Al$_2$O$_3$ 材料体系		第三代半导体材料体系		热阻降低率 （%）
			节温/℃	热阻（℃/W）	节温/℃	热阻（℃/W）	
CSOP08	20	1	176.16	156.16	158.06	138.06	12.87
CDIP24			75.43	55.43	68.85	48.85	8.72
CPGA84			45.71	25.71	40.84	20.84	18.94
CQFP240			34.58	14.58	29.74	9.74	33.20

5.16.5 封装散热材料

有研究人员将封装散热材料归纳为三代：热导率低于或略高于铝金属的材料称为第一代，以传统合金材料 MoCu、WCu 及多层金属材料 Cu-Mo-Cu（CMC），Cu-MoCu-Cu（CPC）为代表；AlSiC 复合材料在封装行业的使用，标志着热封装材料进入了第二代；加入金刚石颗粒的第三代复合材料金刚石/铜、CuC 一直处于实验研究阶段，CuC 符合电子封装材料对低热膨胀系数和高热导率的性能要求，是一种极具竞争力的新型电子封装材料。

CQFP-U 型陶瓷封装芯片结构如图 5-115 所示，图中可以看到热沉的位置。

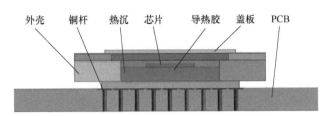

图 5-115　CQFP-U 型陶瓷封装芯片结构

5.16.6 多芯片热阻

SIP 为多芯片组件，由于芯片之间存在相互加热现象，采用单一热阻值不能有效描述封装的散热特性。若用平均热阻，则忽略了 SIP 内部各芯片的功率分配和变化问题，只可得出各功率芯片的平均温度。那么，对于结温较大的芯片，就会出现严重低估的情况，导致致命后果。因此，对于在多个芯片同时发热的情况下，芯片的结温可以采用叠加原理来分析，即芯片温升等于自身加热功率造成的温升与其他芯片对其加热造成温升的叠加效果。对于一个包含 N 颗芯片的封装，可以采用 N 阶的热阻矩阵来描述封装的散热特性。若 SIP 器件包含两颗芯片，则最终获得的热阻矩阵结构如下：

$$R = \begin{bmatrix} R_{11} & R_{12} \\ R_{21} & R_{22} \end{bmatrix} \tag{5-20}$$

式中，R_{11}、R_{22}分别为各芯片的自身热阻；R_{12}、R_{21}分别为耦合热阻，表示第 2 颗芯片与第 1 颗芯片的耦合加热效果。

综上，对于封装结构和热源布局确定的 SIP 模块，首先采用有限元仿真的方法，得到单一芯片工作时，其他各芯片的耦合温升，计算出耦合热阻。在此基础上，得到了 SIP 模块的热阻矩阵，即可得到不同温度不同功率组合下的各芯片结温。研究发现，虽然 SIP 模块之间存在耦合热阻，但耦合热阻数值较小，说明芯片间的横向传热作用小。从芯片到封装外壳之间的纵向传热通道仍为 SIP 器件的主要散热通道。

5.16.7 芯片面积

芯片的尺寸与封装热阻值有强相关性，这是因为芯片面积的大小，影响有效散热通路上导热材料的有效传热面积，芯片未覆盖的区域，热量首先需要沿着外壳横向传递到芯片未覆盖区域，再纵向传递到外壳外表面，这使得封装热阻计算值和测量值增加。因此，所选用的陶瓷封装形式,按照腔体尺寸设置与其匹配的芯片。

5.16.8 焊接空洞

热传导介质主要取决于粘接材料导热特性及粘接材料和基板、粘接材料和芯片的焊接状态。应用在微电子封装的粘接材料主要有金属焊料和高分子胶等。在实际应用过程中,由于焊接表面沾污、氧化等原因产生焊接层空洞,这些空洞对芯片的散热都有较大影响。

有科研人员研究了焊接层空洞对器件结-壳热阻的影响,分别有两种空洞模型:一种是空洞位于芯片焊料中心位置;另一种是空洞分布在芯片焊料各个位置,如图 5-116 所示。当空洞面积从 10% 增加到 50%,仿真求解器件结-壳热阻,结果如图 5-117 所示。

热仿真结果表明,中心空洞比分布空洞对器件热阻的影响更大。这主要是因为中心空洞的位置在芯片垂直向下散热的主回路上。若此区域焊料存在空洞,则热量需要在焊接层沿着芯片背面方向先横向传递。这将极大阻碍芯片热量向外耗散,因此表现为热阻值上升明显。通过仿真可以看出,两种空洞分布类型均表现出空洞率越大,结壳热阻越大的特征。在实际的封装过程中,焊接层空洞率控制在 10% 以下时,对器件的热阻值是可接受的。

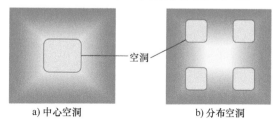

a) 中心空洞　　　　　b) 分布空洞

图 5-116　空洞模型

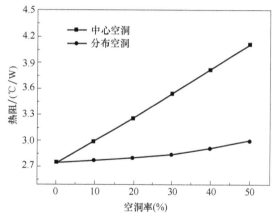

图 5-117　空洞分布类型和空洞率对结-壳热阻的影响

5.17 气密性检测

5.17.1 质谱仪原理

质谱仪实质是对某种示踪气体的存在与否反应特别灵敏的一种设备。自 1906 年 J. JThomson 在实验中发现带电荷离子在电磁场中的运动轨迹与它的质荷比(M/Z)有关,并于 1912 年制造出第一台质谱仪,在气体物质的分析方面,真空分析技术等领域中获得了广泛应用。

所谓"质谱分析"是将示踪气体分子转换成离子,并通过电的或磁的子光学系统将离子按电荷与质量之比分离出来,然后对离子流进行测量。由于离子流的大小与质谱分析室示踪气体的浓度成比例,而示踪气体的浓度又与通过被检物漏泄进入质谱分析室的示踪气体流量成正比。因此,通过测量离子流即可知道被检物泄漏的大小。

5.17.2 氦质谱检漏

微电子器件的密封性试验一般用氦气作为示踪气体进行质谱分析。因为氦气具有如下优点：

1）空气中含量甚微约二十万分之一，封装材料中极少含有氦气成分，易于质谱分析。

2）氦气的质量小，通过漏道速度快，渗透力强。

3）氦气是惰性气体，不易与其他材料活物质发生化学反应。

4）氦原子质量与相邻的氢、氮、氧等原子质量相差较大，在分析室容易将它们分离。

氦质谱检漏仪工作原理如图 5-118 所示。其在磁场中的偏转轨道半径公式如下：

$$R = \frac{144}{B} \times 10^{-4} \sqrt{\frac{M}{Z}} U \tag{5-21}$$

式中，R 为离子偏转轨道半径（cm）；B 为磁场强度（T）；$\frac{M}{Z}$ 为离子的质（量）/（电）荷比（正整数）；U 为离子加速电压（V）。

5.17.3 细检漏

标准 GJB 548B—2005 中方法 1014 密封中规定了细检漏的方法。要求质谱仪应该经过校准，使其灵敏度达到足以读出小于或等于 10^{-4}（Pa·cm³)/s 的氦漏率。用于测量漏率的工作室体积应根据实际情况尽可能小，体积过大会对灵敏度的极限值产生不利影响。

将待测样品置于密封室内，然后在规定的压力下用 $100_{-5}^{0}\%$ 的氦气对密封室加压，经过规定的时间 t_1 后去除压力，样品从真空/压力箱内去除后应除去样品表面吸附的氦气，并把每个样品移到氦质谱检漏仪中检测，从而得到测量漏率。

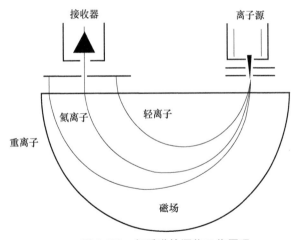

图 5-118　氦质谱检漏仪工作原理

图 5-119 给出了细检漏原理图。若器件存在细漏，在加压充气过程中，示踪氦气就会通过管壳上的漏气通道被缓慢压入到管壳腔体内。待加压结束后，通过空气中放置除掉器件外壳表面上吸附的氦气。再把器件放到氦质谱检漏仪中进行抽气检测，此时示踪氦气再次通过细漏通道，流出管壳腔体，被质谱仪捕获，从而计算出漏率。

5.17.4 管壳吸附氦气

管壳表面结构存在孔隙，容易吸附氦气，若在放入氦质谱检漏仪之前不能去除干净，会影响检漏结果，甚至对器件气密性产生误判。有研究认为，陶瓷本体、SiC/Al 合金在相同充氦加压条件下较 4J42、4J29 铁镍钴合金及镍白铜合金氦气吸附量高，并且扩散速度也相对较慢。

确保检漏房间中低示踪氦气浓度，用氮气流或空气流吹净器件表面吸附的氦气，并对器

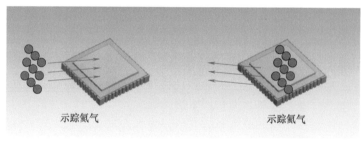

a) 加压充气　　　　　　　　　　　　b) 质谱仪检测

图 5-119　细检漏原理图

件进行通风、静置，可以去除大多数器件的表面吸附。

5.17.5　小漏率

采用一般质谱仪进行细检漏时，由于漏孔小压差小和设备灵敏度较低等原因，已充入样品内部的小漏率氦气通常都无法被检测出来。若将存在此类小泄漏现象的器件置于空气环境中，则只能保证被检测的元器件在短时间内其内部气体不被外界环境污染，但不能保证器件的长期可靠性。有研究人员对比了 3 种小漏率测试方法，得出了各自的优缺点，如表 5-17 所示。

表 5-17　3 种小漏率测试方法的优缺点

序号	测试方法	优点	缺　　点	适用范围（小漏率检测）
1	充压氦质谱检漏法	直观方便	测试精度较低	$5.0 \times 10^{-4} \sim 5.0 \times 10^{-3} \, \mathrm{Pa \cdot cm^3/s}$ 漏率的测试
2	累积型氦检漏法	直观方便，灵敏度高	设备成本高，对环境要求高，单个试品检测时间长，可能耽误检测进程，不宜进行大漏率样品的检测，会对仪器检测环境造成污染	$1.0 \times 10^{-7} \sim 5.0 \times 10^{-4} \, \mathrm{Pa \cdot cm^3/s}$ 小漏率样品的检测，大于 $5.0 \times 10^{-4} \, \mathrm{Pa \cdot cm^3/s}$ 漏率的检测不建议使用
3	破坏性内部气氛含量质谱分析法	结果准确，精度高	必须通过破坏样品进行分析，且需要通过计算得到样品的漏率，计算相对麻烦	可检氦气含量大于 0.001%（10ppm），精度高，检测出的氦气测量漏率 R 可低至 $10^{-12} \sim 10^{-14}$ $\mathrm{Pa \cdot cm^3/s}$

5.18　X 射线照相检测

5.18.1　X 射线在封装中的应用

X 射线照相是用非破坏性的方法检测封装内的缺陷，特别是密封工艺引起的缺陷和内部缺陷（如多余物、错误的内引线连接、芯片附着材料中或采用玻璃密封时玻璃中的空洞等）。通过 X 射线照相可以对芯片粘接区的空洞、键合引线（不包括铝丝）形状等进行检查。对于高可靠的陶瓷气密封装器件，X 射线照相还被用来检查密封工艺中的缺陷，图 5-120 给出了密封区域 X 射线检查的结果。

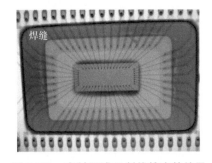

图 5-120 密封区域 X 射线检查的结果

标准 GJB 548B—2005 的方法 2012 有关 X 射线照相方法的内容，为半导体器件和混合集成电路的 X 射线照相检查确立了适用的方法、判据和标准。其中规定，不管哪种类型的器件，只要其整体封盖密封是不连续的，或者密封宽度不到设计密封宽度的 75%，就应拒收。最终密封过程所引起的喷溅不视为外来物，只要能够确认它是连续、均匀、附着于母体材料的，并且不呈现球斑点或泪滴形状。

根据美国标准 MIL-STD-883K 的相关拒收判据，有关密封宽度不合格的情况中 3 种典型的不合格情况（见图 5-121）：

1）管壳腔体内、外边缘位置空洞，导致密封宽度 A 不足设计密封宽度 W 的 25%。

2）管壳腔体内、外边缘及密封区中心位置空洞，导致密封宽度 B+C 不足设计密封宽度 W 的 25%。

3）管壳腔体边缘一侧非贯穿型长空洞，导致密封宽度 D 不足设计密封宽度 W 的 25%。

而 GJB 548B—2005 和 GJB 128A—1997 规定的是 75%。实际器件密封后，在 X 射线照相检测中，对于密封宽度 d 与设计密封宽度 D 关系示意图，d 与 D 之间的比值是否大于 75%，是密封是否合格的重要判据（见图 5-122）。

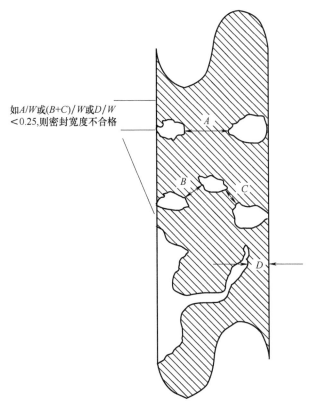

如 A/W 或 $(B+C)/W$ 或 D/W < 0.25, 则密封宽度不合格

图 5-121 典型密封宽度不合格情况

5.18.2　X 射线照相检测原理

由于被测物质中材料的密度、厚度方面的差异，X 射线穿透被测物质时，强度发生相应的变化，存在不同程度衰减，其强度的衰减规律遵循式（5-22）。密度高、厚度大的地方对 X 射线的吸收大；密度低、厚度小的地方对 X 射线的吸收小。穿过被测物质到达探测器时，衰减后的 X 射线被转换成可见光而在照相底片或光学传感器上成像，由于透射的 X 射线强度存在差异，转换后的可见光强度也就存在差异，从而在照相底片或传感器上形成密度不同的影像。如图 5-123

所示，颜色较浅区域代表了待检查物质密度低、厚度小的部分；颜色较深区域代表了待检查物质密度高、厚度大的部分。

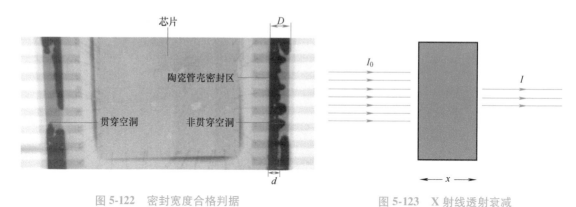

图 5-122　密封宽度合格判据　　　　　　　图 5-123　X 射线透射衰减

X 射线强度的计算公式：

$$I=I_0 e^{-\mu x} \tag{5-22}$$

式中，I_0 为入射 X 射线强度；I 为透射 X 射线强度；μ 为衰减系数；x 为待检查物质厚度。

5.18.3　密封空洞成像原理

密封空洞的存在造成了被检材料中焊料厚度的不均匀。当 X 射线从焊料上方穿透时，无空洞区域总体焊料厚度是 T_0，而存在空洞的焊料区域总体厚度是 T_1+T_1'，如图 5-124 所示。由于 $T_1+T_1'<T_0$，反映在 X 射线图像中就是灰度的差异，无空洞区域显示灰度较深，空洞区域显示灰度较浅。在做 X 射线照相检测时，器件密封区分布的这种浅色区域于是被判为空洞。

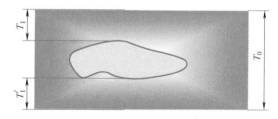

图 5-124　密封空洞造成的焊料厚度差异

图 5-125、图 5-126 分别给出了陶瓷封装 QFP 外壳和 FP 外壳在 X 射线照相检测中密封区空洞。

图 5-125　QFP 外壳的密封区空洞

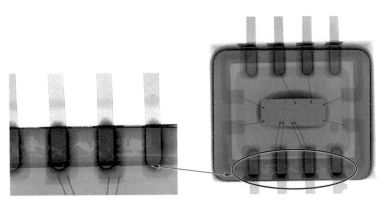

图 5-126　FP 外壳的密封区空洞

由于 X 射线辨别密封的空洞的原理是图像灰度的差异，陶瓷外壳等复杂外壳结构所形成的图像有时也会影响照相结果的判断。为了更准确地判断密封空洞，可以结合超声扫描等手段进行综合分析。

5.19　水汽含量检测

5.19.1　水汽检测

在测量器件内部气氛之前，首先要对器件进行气密性检测，以确保器件不漏气。否则，若器件漏气，测量得到的数据就不能反映器件真实的工艺控制情况。

水汽含量检测是破坏性试验，用穿刺装置刺破器件的外壳，使样品内部气体逸出，传输到真空箱和质谱仪中，由设备分析出气体的组成和成分比例。对于较厚的金属盖板，可以先采用磨砂法，使局部变薄以利于定位穿刺。

器件的水汽含量超标一旦发现，一般为批次性质量问题，常常会带来生产成本上升、研制周期拖延等严重后果，从而影响系统和整机产品交付。

器件的检验数量要求是，3 只 0 失效或 5 只允许 1 只失效。通常要求器件生产商提供 5 个测试样品，如果没有失效，一般只需要测试 3 个。如果器件生产商认为测试结果存在争议，则可通过在其他检测结构的测试结果进行对比，以排除试验方法引入的误差。

2000 年左右，行业意识到器件水汽含量对产品可靠性的影响，但尚未找到有效的控制方法。同时，检测手段的限制导致对产品水汽的控制水平没有准确的判定。经过近十年的努力，到 2010 年，随着气氛检测手段的完善，大部分生产厂商已基本解决了常规封装器件的内部水汽含量控制问题。随着工程的发展，一些重点工程用户对器件内部气氛无论是单项气体指标（如水汽）还是其他气体种类（如氧气、氢气、二氧化碳等）都提出了更高更多的要求。现在，一些器件的水汽、氧气、氢气和二氧化碳含量均可以控制在 500ppm 以下。

5.19.2　主要有害气氛

1. 水汽

根据标准 GJB 548B—2005 或 GJB 128A—1997 的规定，要求在 100℃ 时 24h 烘烤后，最

大水汽含量不超过 5000ppm。水汽含量超标会引发不同类型的失效，表 5-18 给出了几种器件的失效模式与水汽含量的关系。

表 5-18　几种器件的失效模式与水汽含量的关系

失　效　模　式	水汽含量失效范围（ppm）
Ni-Cr 消失	5000~10000
Al 消失	50000~250000
Au 迁移	15000~150000
MOS 反向	5000~20000

2. 氧气

作为反应气体，氧气参与封装内部材料的氧化反应。氧气也会与其他气氛反应，生成新的气体。

3. 氢气

氢能够促进位错发生增殖和运动。氢气团能够降低位错间的相互作用，促进材料的局部发生塑性变形，使材料产生氢损伤。

4. 二氧化碳

高含量的二氧化碳会和水汽反应，形成高酸环境，进而腐蚀腔体内裸露的金属。

5.19.3　内部气氛影响因素

器件内部气氛控制是一个系统工程，与外壳气密性、芯片粘结材料、组装工艺控制等密切相关。密封前的预烘焙和密封中的保护气氛对水汽含量的影响很大。

1）管壳、盖板本身的气密性。若陶瓷管壳、盖板本体存在裂纹、漏气，或者金属管壳所使用的玻璃绝缘子有裂纹造成的漏气，是经常遇到的引起水汽失效的原因。

2）密封气密性较差。器件的绝对密封是不可能的，但不同器件、不同工艺的漏气率间存在差别。若漏气率较高，在长时间服役后，水汽等有害气氛通过密封区微通道缓慢从外界环境中扩散到器件内部，造成内部水汽含量超标。

3）芯片粘结材料。芯片的环氧树脂粘结材料容易吸附水汽。在考核试验中或在长期服役过程中，器件遇到高温，聚合物等物质缓慢释放有害气体，使腔体内部环境变得恶劣。

4）清洗工艺不当，导致清洗剂残留，如甲苯、丙酮、乙醇等。

5）粘片空洞。有人认为，粘片工艺若存在空洞过多的情况，空洞中的气体成分源源不断地排放出来，最终导致内部水汽超标。

6）密封环境。密封器件的初始内部气氛环境是在密封工序时形成的，因此氮气、氦气等密封保护气体的纯度和密封环境中的露点应严格把控，否则初始内部气氛中水汽含量会超标。

7）固化、预热不充分。在粘片、密封等工艺时，对器件的预烘焙不充分，管壳、盖板、芯片、焊料中的水汽未排放出来，导致在后续使用中，水汽含量超标。

5.19.4　内部气氛控制

对于器件内部气氛控制，最重要的是截断水汽及有害气氛的来源。

1）在设计过程中，选择材料时，应尽量选用气氛纯净、放气种类少，特别是释放氨气较少的材料，以满足电路内部水汽含量要求。

2）尽量不采用聚合物粘接芯片，选用合金材料贴片，那么器件后期水汽含量不会超标。如选择了聚合物粘接芯片，需要充分烘焙，排出吸附的水汽、氧气和二氧化碳等，并使聚合物中的有机成分充分分解和排除。尽管如此，在经过温度循环、高温存储或随着服役时间的增加，聚合物仍然会释放水汽等。

3）密封前，对待封装器件进行充分的预烘焙。有人提出在140℃高温环境中烘焙24h，必要时增加抽真空环节，才能保证器件吸附的水汽在密封前充分排除。

4）密封环境必须相当干燥，充氮气保护气体纯度大于99.99%、湿度小于0.3%，加大氮气流量，保证密封设备内腔为正压，保证外界空气进入密封设备速率远远小于气体排出速率。

5）密封后，检测器件气密性，漏气率控制在 $1 \times 10^{-3} Pa \cdot cm^3/s$ 以下。

5.19.5　内部气氛之间的关联性

1. 器件漏气

空气中氧气与氩气的正常比例是 22:1，若器件漏气导致水汽含量超标，则氧气和氩气的比例接近空气中两种气体的比例。部分氧气会与氢气或有机化合物发生氧化反应，产生水汽和二氧化碳，使腔内水汽含量上升，氧气含量下降。

2. 有机物分解

封装后，电路内部材料在时间或温度的作用下释放水汽，并伴随大量二氧化碳及有机气体。水汽和二氧化碳同时超标说明电路内部有机物发生分解。

5.19.6　水汽的时效变化

聚合物作为一种芯片粘接材料，被广泛使用在各类元器件中。相比于合金片，这种芯片粘接固定方式对芯片背面金属化没有专门要求，根据聚合物掺杂成分的不同，可满足导电或绝缘等不同环境。但由于聚合物粘接剂自身属性的特点，它易吸附和挥发气体，在密封元器件中，若工艺控制不当，往往随着服役时间的增加，内部气氛会变得恶劣。内部水汽含量是影响密封电子元器件可靠性的一个重要因素，与内部水汽含量有关的失效模式有腐蚀、离子粘污、电迁移、金属迁移、机械损伤、介质、分层等。

以 JM7000 导热胶作为粘接剂，采用洁净热风箱式炉完成固化，固化温度为300℃，固化时间为15min，保护气氛为一个大气压99.999% 高纯氮气。芯片尺寸为 $4 \times 4mm$，外壳为陶瓷 DIP40，腔体体积为 $92mm^3$。研究人员用低温烧结完成密封，并增加了预烘焙去除聚合物粘接剂中吸附的气体。

样品共30只，分别编号为 1~30，放置在150℃高温贮存环境中。每过50h取出3只做水汽含量测试，最多烘焙到550h。从第100h开始测量数据，得到水汽含量随高温贮存时间变化如表 5-19 所示。

表 5-19 水汽含量随高温贮存时间变化

高温贮存时间/h	100	150	200	250	300	350	400	450	500	550
3 只样管水汽含量（ppm）	165	200	154	159	192	121	185	185	150	198
	174	137	141	187	182	167	197	182	177	190
	159	146	196	146	139	221	146	150	194	175
水汽均值（ppm）	166	161	164	164	171	170	176	172	174	188

根据实测数据，拟合曲线如下：

$$y = 0.0122x^3 + 0.0695x^2 + 0.1432x + 163.37 \tag{5-23}$$

式中，y 为水汽含量；x 为高温贮存时间。这样可以预测出水汽含量达到 5000ppm 对应的高温贮存时间为 3750h。

5.19.7 排除氢气方法

氢气和氧气通过化合反应生成水汽。长期研究表明，氢气对硅、镓、砷等化合物器件的负面影响包括引起材料变形，产生超标水汽引起器件失效等。

有研究人员指出，密封器件的金属基底内部吸附大量的氢气。在密封环境中，气体慢慢扩散在腔体内，造成器件的氢气中毒。通过烘烤试验证实从可伐合金材料中扩散出来的氢气是腔体内部氢气的重要来源，并且烘烤时间越长，氢气的释放量就越大。

为了研究在密封前排除氢气的方法，对样品中的可伐合金材料预先进行 250℃、168h 的排气处理，再制作成密封样品进行 125℃、168h 的烘烤，对其内部气氛进行分析，测量结果变化趋势如图 5-127 所示。结果表明，对封装材料进行 250℃、168h 排气处理，能有效排除材料中吸附的氢气。

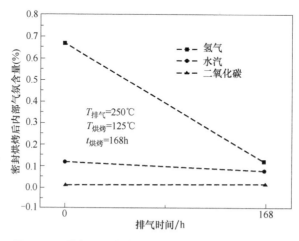

图 5-127 排气时间与内部气氛含量测量结果变化趋势

5.19.8 小腔体器件

陶瓷四面引线扁平封装（0.003mm³）、陶瓷无引线片式载体外壳 CQFN16（0.005mm³）、陶瓷双面引线扁平外壳 FP08（0.008mm³）、表贴晶振 ZPB-26（0.03mm³）等都是小腔体器件。小腔体器件内腔体积较小，因此少量的溢气就能导致内部有害气氛的超标。小腔体器件应尽量采用合金粘片、合金密封等溢气较少的封装方案，否则内部气氛容易超标。

微小腔体器件因为尺寸太小，在进行水汽含量测试时，无法完全堵住穿刺口的密封圈进行密封，导致检测系统密封不良甚至无法密封，进一步会导致无法抽真空进行内部气氛检测。那么，需要采用辅助夹具，在密封圈与器件外壳之间进行过渡，对小腔体器件水汽测试结果准确性有一定影响。对小腔体器件的检测结果需要进行修正。

另一种方案是采用陪样的方法，对同种工艺和同批次封装的大腔体电路进行检测，与小腔体器件检测结果进行对比，或代替小腔体器件的检测结果。

参考文献

[1] 谈侃侃，杨世福，李茂松，等. 混合微电路内部水汽含量控制技术 [J]. 微电子学，2014，44（4）：546-549，554.

[2] 吴文章. 密封元器件的残余气氛分析 [J]. 电子产品可靠性与环境试验，2004，22（2）：34-37.

[3] 陈冬梅. 密封器件内部气体分析方法综述 [J]. 电子产品可靠性与环境试验，2001，19（1）：34-39.

[4] 高巍，殷鹏飞，李泽宏，等. 功率 VDMOS 器件封装热阻及热传导过程分析 [J]. 电子元件与材料，2018，37（7）：29-34.

[5] FABIS P M, SHUM D, WINDISCHMANN H. Thermal modeling of diamond-based power electronics packaging [C]//Fifteenth Annual IEEE Semiconductor Thermal Measurement and Management Symposium, March 9-11, 1999, San Diego California. New York: IEEE, c1999: 98-104.

[6] 杨建明. 高密度封装电子设备先进热管理技术发展现状 [J]. 电子机械工程，2016，32（5）：20-24.

[7] 平丽浩，钱吉裕，徐德好. 电子装备热控新技术综述（上）[J]. 电子机械工程，2008，24（1）：1-10.

[8] 平丽浩，钱吉裕，徐德好. 电子装备热控新技术综述（下）[J]. 电子机械工程，2008，24（2）：1-9.

[9] 赵鹤然，康锡娥，马艳艳. 提高器件热阻仿真值与测试结果契合度的方法 [J]. 微处理机，2017，38（5）：27-31.

[10] 杨茊荣. 金锡共晶合金的热轧组织演化研究 [D]. 昆明：云南大学，2018.

[11] 杜亚楠. 金锡共晶合金凝固及加工过程中的微结构演化 [D]. 昆明：云南大学，2018.

[12] 胡哲兵. Au-20Sn 钎料薄带制备及界面组织研究 [D]. 武汉：武汉理工大学，2018.

[13] 张伟. 金锡共晶合金热压缩变形行为和加工性能的研究 [D]. 昆明：云南大学，2014.

[14] 丁荣峥，马国荣，史丽英，等. 合金焊料盖板选择与质量控制 [J]. 电子与封装，2014，14（2）：1-4.

[15] 韦小凤. 电子封装用 AuSn20 共晶焊料的制备及其相关基础研究 [D]. 长沙：中南大学，2014.

[16] 刘文胜，黄宇峰，马运柱. Au80Sn20 合金焊料的制备及应用研究进展 [J]. 材料导报，2013，27（11）：1-6.

[17] 刘艳，徐骁，陈洁民，等. 真空炉金锡封焊 [J]. 电子与封装，2012，12（10）：1-2，13.

[18] 葛秋玲，丁荣峥，明雪飞. 金锡共晶烧结工艺及重熔孔隙率变化研究 [J]. 电子与封装，2011，11（12）：4-7.

[19] 李丙旺，徐春叶. 半导体 AuSn 焊料低温真空封装工艺研究 [J]. 电子与封装，2011，11（2）：4-8.

[20] 姚立华，吴礼群，蔡昱，等. 采用金锡合金的气密性封装工艺研究 [J]. 电子工艺技术，2010，31（5）：267-270.

[21] 张国尚，荆洪阳，徐连勇，等. 80Au-20Sn 钎料焊点可靠性研究现状与展望 [J]. 机械工程材料，

2009, 33 (11)：1-4, 92.

[22] 朱志君. 金锡预成型焊片制备工艺与应用研究 [D]. 武汉：华中科技大学, 2009.

[23] 王涛. 金锡焊料低温焊料焊工艺控制 [J]. 集成电路通讯, 2005, 23 (3)：8-11.

[24] 周涛, 汤姆, 马丁, 等. 金锡焊料及其在电子器件封装领域中的应用 [J]. 电子与封装, 2005, 5 (8)：5-8.

[25] 刘泽光, 陈登权, 罗锡明, 等. 金锡钎料性能及应用 [J]. 电子与封装, 2004, 4 (2)：24-26, 40.

[26] 贾耀平. 功率芯片低空洞率真空共晶焊接工艺研究 [J]. 中国科技信息, 2013 (8)：125-126.

[27] 姜永娜, 曹曦明. 共晶烧结技术的实验研究 [J]. 半导体技术, 2005, 30 (9)：53-56, 60.

[28] 刘泽光, 陈登权, 罗锡明, 等. 微电子封装用金锡合金钎料 [J]. 贵金属, 2005, 26 (1)：62-65.

[29] 刘生发, 陈柱, 刘俐, 等. 成形工艺对 AuSn20 共晶钎料薄带组织与性能的影响 [J]. 特种铸造及有色合金, 2018, 38 (7)：712-716.

[30] 史超. 半导体封装工艺中金锡共晶焊料性质和制备方法研究 [J]. 世界有色金属, 2018 (4)：216-217, 219.

[31] 刘生发, 陈晨, 熊杰然, 等. AuSn20 共晶合金钎料制备工艺研究进展 [J]. 特种铸造及有色合金, 2017, 37 (9)：952-956.

[32] 孙晓亮, 马光, 李银娥, 等. AuSn20 焊料制备技术及发展趋势 [J]. 电工材料, 2010 (3)：9-11.

[33] 熊杰然. 光电子封装用金锡焊片的制备 [D]. 武汉：华中科技大学, 2008.

[34] 刘泽光, 陈登权, 许昆, 等. D-KH 法制备金锡合金的组织与结构 [J]. 贵金属, 2005, 26 (3)：30-33.

[35] 工业和信息化部电子第四研究院. 集成电路陶瓷封装 合金烧结密封工艺技术要求：SJ 21455—2018 [S]. 北京：工业和信息化部电子第四研究院, 2018.

[36] 中国人民解放军总装备部电子信息基础部. 微电子器件试验方法和程序：GJB 548B—2005 [S]. 北京：总装备部军标出版发行部, 2006.

[37] 陈文芳. 非牛顿流体力学 [M]. 北京：科学出版社, 1984.

[38] 丁鹏, 闫相祯. 非牛顿流体力学简介及发展 [C]//戴世强, 冯秀芳, 张文, 等. 古今力学思想与方法（第二届全国力学史与方法论学术研讨会论文集）. 上海：上海大学出版社, 2005：41-43.

[39] 张培杰, 林建忠. 非牛顿流体固粒悬浮流的若干问题 [J]. 力学学报, 2017, 49 (3)：543-549.

[40] 李晓延, 严永长. 电子封装焊点可靠性及寿命预测方法 [J]. 机械强度. 2005, 27 (4)：470-479.

[41] 张国尚. 80Au/20Sn 钎料合金力学性能研究 [D]. 天津：天津大学. 2010.

[42] 田雅丽. Sn 基界面金属间化合物性质的第一性原理研究 [D]. 天津：天津大学, 2017.

[43] GHOSH C. Interdiffusion study in binary gold-tin system [J]. Intermetallics, 2010, 18 (11)：2178-2182.

[44] 陈松, 刘泽光, 陈登权, 等. Au/Sn 界面互扩散特征 [J]. 稀有金属, 2005, 29 (4)：413-417.

[45] SHEEN M T, HO Y H, WANG C L, et al. The joint strength and microstructure of fluxless Au/Sn solders in InP-based laser diode packages [J]. Journal of Electronic Materials, 2005, 34 (10)：1318-1323.

[46] 张威, 王春青, 阎勃晗. AuSn 钎料及镀层界面金属间化合物的演变 [J]. 稀有金属材料与工程, 2006, 35 (7)：1143-1145.

[47] LI C C, KE J H, YANG C A, et al. Mechanism of volume shrinkage during reaction between Ni and Ag-doped Sn [J]. Materials Letters, 2015, 156 (10)：150-152.

[48] YONG J, JIN Yet al. Electromigration induced kirkendall void growth in Sn-3.5Ag/Cu solder joints [J]. Journal of Applied Physics, 2014, 115 (8)：1-9.

[49] LI C C, CHUNG C K., SHIH W L, et al. Volume shrinkage induced by interfacial reaction in micro-Ni/Sn/Ni joints [J]. Metallurgical and Materials Transactions A-Physical Metallurgy and Materials Science, 2014, 45A (5)：2343-2346.

［50］LIU H, WANG K, AASMUNDTVEIT K E, et al. Intermetallic compound formation mechanisms for Cu-Sn solid-liquid interdiffusion bonding ［J］. Journal of Electronic Materials, 2012, 41 （5）: 2453-2462.

［51］MA Y, WU T, LIU W, et al. Interfacial microstructure evolution and shear behavior of Au-12Ge/Ni solder joints during isothermal aging ［J］. Journal of Materials Science: Materials in Electronics, 2016, 28 （3）: 3685-3694.

［52］YOON J W, JUNG S B. Investigation of interfacial reaction between Au-Sn solder and Kovar for hermetic sealing application ［J］. Microelectronic Engineering, 2007, 84 （11）: 2634-2639.

［53］李福泉, 王春青, 田艳红, 等. 钎料熔滴与焊盘界面反应及再重熔时的界面组织演变 ［J］. 中国有色金属学报, 2005, 15 （10）: 1506-1511.

［54］WEI X F, ZHU X W, WANG R C. Growth behavior and microstructure of intermetallics at interface of AuSn20 solder and metalized-Ni layer ［J］. Transactions of Nonferrous Metals Society of China, 2017, 27 （5）: 1199-1205.

［55］WEI X F, WANG R C, PENG C P, et al. Microstructural evolutions of Cu （Ni）/AuSn/Ni joints during reflow ［J］. Progress in Natural Science: Materials International, 2011, 21 （4）: 347-354.

［56］ANHOCK S, OPPERMANN H, KALLMAYER C, et al. Investigations of Au/Sn alloys on different end-metallizations for high temperature applications ［C］// Twenty Second IEEE/CPMT International Electronics Manufacturing Technology Symposium. IEMT-Europe 1998. Electronics Manufacturing and Development for Automotives, April 29-29, 1998, Berlin. New York: IEEE, c1998: 156-165.

［57］YAMADA T, MIURAA K, KAJIHARA M,, et al. Kinetics of reactive diffusion between Au and Sn during annealing at solid-state temperatures ［J］. Materials Science and Engineering A, 2005, 39 （1）: 118-126.

［58］ZHU Z X, LI C C, LIAO L L, et al. Au-Sn bonding material for the assembly of power integrated circuit module ［J］. Journal of Alloys and Compounds, 2016, 671: 340-345.

［59］瞿玉海. 金锡合金快速凝固与金镍合金深过冷凝固行为研究 ［D］. 昆明: 云南大学, 2015.

［60］DONG H Q, VUORINEN V, LAURILA T, et al. Thermodynamic reassessment of Au-Ni-Sn ternary system ［J］. Calphad, 2013, 43 （4）: 61-70.

［61］LIU W S, WANG Y K, MA Y Z, et al. Nanoindentation study on micromechanical behaviors of Au-Ni-Sn intermetallic layers in Au-20Sn/Ni solder joints ［J］. Materials Science and Engineering A, 2016, 653: 13-22.

［62］MITAA M, MIURAA K, TAKENAKA T. Effect of Ni on reactive diffusion between Au and Sn at solid-state temperatures ［J］. Materials Science and Engineering B, 2006, 126 （1）: 37-43.

［63］NEUMANN A, KJEKSHUS A, RØST E. The Ternary System Au-Ni-Sn ［J］. Journal of Solid State Chemistry, 1996, 123 （2）: 203-207.

［64］PENG J, WANG R C, LIU H S, et al. Mechanical reliability of transient liquid phase bonding of Au-Sn solder with Ni （Cu） substrates ［J］. Journal of Materials Science-Materials in Electronics, 2018, 29 （1）: 313-322.

［65］TSAI J Y, CHANG C W, SHIEH Y C, et al. Controlling the microstructure from the gold-tin reaction ［J］. Journal of Electronic Materials, 2005, 34 （2）: 182-187.

［66］侯正军, 陈玉华. 平行缝焊 ［J］. 电子与封装, 2004, 4 （2）: 27-30.

［67］张泽义, 张媛, 田志峰. 自动平行缝焊机中对位机构的设计 ［J］. 电子工业专用设备, 2018, 47 （3）: 44-46, 72.

［68］关亚男, 刘庆川, 刘春岩. 采用平行缝焊机封盖的工艺研究 ［J］. 微处理机, 2005, 26 （1）: 9-10.

［69］陈曦, 甘志华, 苗春蕾. HTCC 产品气密性封装的平行缝焊工艺研究 ［J］. 电子与封装, 2019, 19 （10）: 8-12.

[70] 刘明远，周民，辜振才. 用于集成电路扁平封装的平行缝焊技术 [J]. 微电子学, 1974, 5 (1): 42-54.

[71] 郭建波，孙寅虎，苏新越. 影响平行缝焊效果的各工艺参数的分析 [J]. 电子与封装, 2010, 10 (6): 12-14.

[72] 陈玉华，侯正军. 影响平行缝焊成品率的因素 [J]. 电子与封装, 2003, 3 (4): 28-31.

[73] 姜永娜，赵华. 异形结构盒体封装封焊的工艺优化 [J]. 电子工艺技术, 2019, 40 (2): 97-99, 115.

[74] 王贵平，李晓燕. 气密性平行缝焊技术与工艺 [J]. 电子工艺技术, 2014, 35 (01): 42-44.

[75] 肖汉武. 平行缝焊焊缝质量的评判 [J]. 电子与封装, 2015, 15 (2): 5-11.

[76] 胡骏，雷党刚，金家富，等. 微小型一体化管壳气密封装技术 [J]. 电子与封装, 2012, 12 (4): 1-3, 19.

[77] 徐炀，李茂松，倪乾峰. 平行缝焊壳体温升影响研究 [J]. 电子与封装, 2015, 15 (9): 10-13.

[78] 李宗亚，陈陶，仝良玉，等. 平行缝焊工艺的热效应研究 [J]. 电子与封装, 2015, 15 (3): 1-4, 17.

[79] 姚秀华，刘笛. 浅谈电极对平行缝焊质量的影响 [J]. 电子与封装, 2010, 10 (4): 12-14.

[80] 肖清惠，杨娟，赵洋立，等. 电极对平行缝焊的影响 [J]. 电子与封装, 2012, 12 (9): 6-9.

[81] 张加波. 平行缝焊工艺过程镍金多余物控制 [J]. 电子与封装, 2020, 20 (7): 1-5.

[82] 郭建章，赵笃良，何学东，等. 固态继电器平行缝焊工艺 [J]. 机电元件, 2020, 40 (1): 30-34.

[83] 王建志. 提高多芯片微波模块气密性的研究 [J]. 半导体技术, 2011, 36 (7): 558-561.

[84] 薛静静，李寿胜，侯育增. 平行缝焊工艺对金属管壳玻璃绝缘子裂纹的影响 [J]. 电子与封装, 2015, 15 (2): 1-4.

[85] 侯正军，宋备刚，丁鹏. 平行缝焊与盖板 [J]. 电子与封装, 2008, 8 (8): 1-4, 8.

[86] 宁利华，赵桂林，叶永松，等. 平行缝焊用盖板可靠性研究 [J]. 电子与封装, 2005, 5 (10): 24-25, 48.

[87] WANG J D, HE X Q, LI X P, et al. Hermetic packaging of Kovar alloy and low-carbon steel structure in hybrid integrated circuit (HIC) system using parallel seam welding process [C]//2014 15th International Conference on Electronic Packaging Technology, August 12-15, 2014, ChengDu, SiChuan. New York: IEEE, c2014: 347-351.

[88] NIU Y C, SU X, ZHAO D. Packaging process research of power MOSFET against salt spray corrosion, in aerospace electronic products [C]//2015 16th International Conference on Electronic Packaging Technology (ICEPT), August 11-14, Changsha, Hunan. New York: IEEE, c2015: 1230-1232.

[89] 王明娜. Sn-Ag-Cu 无铅焊料的微观结构与服役环境的交互作用机制 [D]. 北京: 中国科学院大学, 2012.

[90] 颜炎洪，徐衡，王成迁. 气密性平行缝焊盐雾腐蚀机理研究 [J]. 电子与封装, 2020, 20 (11): 9-13.

[91] 汪晓波，杨磊. 镍磷镀层的组织结构及性能研究 [J]. 安徽教育学院学报（自然科学版）, 1997 (2): 43-45.

[92] 陈月华，江德凤，刘永永，等. 金属镀金外壳抗盐雾腐蚀工艺的改进 [J]. 表面技术, 2015 (6): 93-97, 132.

[93] 李荻，等. 电化学原理 [M]. 3 版. 北京: 北京航空航天大学出版社, 2008.

[94] 曹楚南. 腐蚀电化学原理 [M]. 3 版. 北京: 化学工业出版社, 2008.

[95] 叶康民. 金属腐蚀与防护概论 [M]. 3 版. 北京: 高等教育出版社, 1993.

[96] 张鉴清，等. 电化学测试技术 [M]. 北京: 化学工业出版社, 2010.

[97] 李茂松，何开全，徐炀，等. 平行缝焊工艺抗盐雾腐蚀技术研究 [J]. 微电子学, 2011, 41 (3):

465-469.

[98] 王晓雷，杨卫，姬臻杰. 平行缝焊接方式研究 [J]. 电子工业专用设备，2009，38（12）：49-51.

[99] 李茂松，欧昌银，陈鹏，等. 基于平行缝焊工艺的 AuSn 合金焊料封盖技术研究 [J]. 微电子学，2007，37（3）：349-353.

[100] 王强卫. 储能焊工艺应用与优化分析 [J]. 南方农机，2020，51（8）：209.

[101] 胡长清，赵鹤然，田爱民，等. 一种基于储能焊的混合电路典型失效模式 [J]. 微处理机，2019，40（2）：22-25.

[102] 易润华，邓黎鹏. 储能缝焊工艺对 304 不锈钢接头性能的影响 [J]. 材料科学与工艺，2020，28（1）：60-65.

[103] 张斌. 储能焊工艺可靠性提升 [D]. 西安：西安电子科技大学，2018.

[104] 黎小刚，许健. TO 型封装的真空储能焊密封工艺研究 [J]. 电子与封装，2016，16（6）：10-13.

[105] 李铜，刘明宇，刁志宏，等. 电容储能式逆变点焊机的研制 [J]. 电焊机，2006，36（9）：26-29.

[106] 王国涛，王强，韩笑，等. 密封电子元器件多余物检测技术综述 [J]. 机电元件，2017，37（1）：55-63.

[107] 陈亚兰，肖玲. 混合集成电路 PIND 试验特征波形研究及控制方法 [J]. 微电子学，2010，40（1）：153-156.

[108] 郑静. 军用厚膜混合集成电路 PIND 试验不合格原因分析及控制方法 [J]. 中国电子科学研究院学报，2007，2（2）：180-183.

[109] 舒礼邦，张静，王瑞曾. 密封半导体器件中多余物的提取和控制研究 [J]. 电子产品可靠性与环境试验，2014，32（5）：26-31.

[110] 郭伟，葛秋玲. 气密性陶瓷封装 PIND 失效分析及解决方案 [J]. 电子与封装，2007，7（11）：1-4.

[111] 常青松，姜永娜. 表面镀层对封帽质量的影响 [J]. 半导体技术，2011，36（6）：483-486.

[112] 刘晓红，常青松. 混合集成电路内部多余物的控制研究 [J]. 半导体技术，2008，33（7）：575-577.

[113] 丁荣峥. 封装腔体内自由粒子的控制 [J]. 电子与封装，2001，1（2）：24-26.

[114] 赵鹤然，田爱民，张斌，等. 颗粒噪声检测夹具、装置及方法：201510531318. 7 [P]. 2015-12-23.

[115] 赵鹤然，田爱民，苏琳，等. 长方形封口器件储能焊的 PIND 控制 [J]. 电子与封装，2019，19（9）：1-4，14.

[116] 付凯林. 大功率电容储能点焊机电源系统的研究 [D]. 南昌：南昌航空大学，2016.

[117] 袁牧，罗刚，屈美莹. 多余物的过程控制 [J]. 质量与可靠性，2013（5）：37-38，52.

[118] 刘云峰，宋冬，何凡，等. 航天电子信息化产品多余物预防与控制 [J]. 兵工自动化，2021，40（5）：22-25.

[119] 陈智勇，沈宏. 航天产品多余物预防和质量控制 [J]. 设备监理，2019（2）：11-13.

[120] 曹向荣，赵涌，吴伟伟，等. 微波组件内部多余物控制技术研究 [J]. 科技创新与应用，2018（8）：50-51.

[121] 薛成山，裴志华. VLSI 低温玻璃封帽技术研究 [J]. 微电子技术，1996（5）：30-33，29.

[122] 丁荣峥. 低温玻璃高可靠气密密封 [J]. 微电子技术，1994（2）：15-20.

[123] 武永才. 黑瓷封装烧结工艺调节 [J]. 电子与封装，2009，9（1）：1-6.

[124] 河村励，松浦一郎，仇英章. 采用低熔点玻璃封装的 IC 封装技术 [J]. 半导体情报，1982（4）：64-70.

[125] 朱玲华，丁荣峥，肖汉武. 镀金引线低温玻璃密封失效分析及其改进措施 [J]. 电子产品可靠性与环境试验，2017，35（2）：24-29.

[126] 母继荣，李书军，白光显. 黑陶瓷封装工艺研究 [J]. 微处理机，1997，18（2）：22-24.

[127] 武永才. 黑瓷熔封工艺中导电胶与芯片厚度的研究 [J]. 电子与封装，2009，9（4）：13-16.

[128] 姚秀华，刘笛，金元石. 黑瓷封装工艺研究 [J]. 微处理机，2010，31（1）：30-32.

[129] 郭伟，陈陶. 玻璃封帽内部水汽控制技术 [J]. 电子与封装，2014，14（7）：12-13，39.

[130] 杨建功，吴彩霞. 黑瓷封装 IC 外引线镀锡后连锡短路的故障处理 [J]. 电镀与涂饰，2001，20（5）：34-35.

[131] 许薇，王玉传，罗乐. 玻璃浆料低温气密封装 MEMS 器件研究 [J]. 功能材料与器件学报，2005，11（3）：343-346.

[132] 高洁，李宏民. 涂覆材料对陶瓷管壳玻璃熔封器件应力影响的研究 [J]. 电子质量，2019（7）：25-27.

[133] 刘林杰，崔朝探，高岭. 一种新型封装材料的热耗散能力分析与验证 [J]. 半导体技术，2016，41（8）：631-635.

[134] 杨振涛，彭博，刘林杰，等. 一种应用于 12GHz 的 AlN 多层陶瓷外壳 [J]. 半导体技术，2021，46（2）：158-163，168.

[135] 贾松良，蔡坚，王谦，等. 有关 QFN72 和 CQFN72 的热阻计算 [J]. 电子与封装，2014，14（4）：1-4.

[136] 孙海燕，缪小勇，赵继聪，等. 面向引线框架封装的热阻建模与分析 [J]. 电子元件与材料，2017，36（5）：44-48，54.

[137] 张峪铭，易文双，夏军，等. 芯片面积对 CSOP10 型陶瓷封装 IC 热特性的影响研究 [J]. 微电子学，2021，51（5）：761-765.

[138] 刘鸿瑾，李亚妮，刘群，等. 系统级封装（SiP）模块的热阻应用研究 [J]. 电子与封装，2021，21（5）：12-15.

[139] 仝良玉，蒋长顺，张元伟，等. 热仿真设计在陶瓷封装中的应用研究 [J]. 电子与封装，2014，14（6）：1-3.

[140] 毕锦栋，林长苓. 集成电路封装技术可靠性探讨 [J]. 电子产品可靠性与环境试验，2008，26（6）：34-38.

[141] 中国人民解放军总装备部. 电子设备可靠性预计手册：GJB/Z 299C—2006 [S]. 北京：中国人民解放军总装备部，2006.

[142] 彭洋洋. 微波/毫米波单片集成收发机中关键电路的设计及其小型化 [D]. 杭州：浙江大学，2012.

[143] 金撼尘. 微电子技术发展的新领域 [J]. 电子世界，2014（9）：5，6.

[144] YUE C, LU J, ZHANG X T, etal. Effects of package type, die size, material and interconnecthe junction-to-case thermal resistance of power MOSFET Packages [C]//2011 12th International Conference on Electronic Packaging Technology and High Density Packaging, August 8-11, 2011, Shanghai. New York：IEEE, c2011：567-572.

[145] 王静. LED 前照灯近光系统实现及散热机理研究 [D]. 苏州：江苏大学，2014.

[146] 王剑峰，刘斯扬，孙伟锋. 基于 ANSYS 的 TO-220 封装功率器件热特性校准及优化设计 [J]. 电子器件. 2015，34（4）：734-739.

[147] AZOUI T, TOUNSI P, DUPUY P, et al. 3D electro-thermal modeling of bonding and metallization ageing effects for reliability improvement of power MOSFETs [J]. Microelectronics Reliability, 2011, 51 (9-11)：1943-1947.

[148] 吴昊，陈铭，高立明，等. 粘结层空洞对功率器件封装热阻的影响 [J]. 半导体光电，2013，34（2）：226-230.

[149] 康锡娥. 功率 MOSFET 器件稳态热阻测试原理及影响因素 [J]. 电子与封装，2015，15（6）：16-18，48.

[150] KUANG K, KIM F, CAHILL S S. RF and Microwave Microelectronics Packaging [M]. New York：

Springer，2010.

[151] 张琦，蔡志匡，王子轩，等. 一种基于热阻网络的叠层芯片结温预测模型 [J]. 固体电子学研究与进展，2020，40 (1)：66-70.

[152] SULLHAN R，FREDHOLM M，MONAGHAN T，et al. Thermal modeling and analysis of pin grid arrays and multichip modules [C]//1991 Proceedings, Seventh IEEE Semiconductor Thermal Measurement and Management Symposium，February 12-14，1991，Phoenix，Arizona. New York：IEEE，c1991：110-116.

[153] KRISHNAMOORTHI S，ZHU W H，WANG C K，et al. Thermal evaluation of two die stacked PBGA packages [C]//2007 9th Electronics Packaging Technology Conference，December 10-12，2007，Singapore. New York：IEEE，c2007：278-284.

[154] 季双. 微电子芯片的热仿真分析 [D]. 北京：北京交通大学，2009.

[155] MUZYCHKA Y S，YOVNOVICH M M，CULHAM J R. Application of thermal spreading resistance in compound and orthotropic systems [C]//39th Aerospace Sciences Meeting and Exhibit，January 8-11，2001，Reno，Nevada. Reston：AIAA，c2001：DOI 10.2514/6.2001-366.

[156] 李良海，仝良玉，葛秋玲. AuSn 共晶焊接层空洞对陶瓷封装热阻的影响 [J]. 电子与封装，2015，15 (4)：5-8.

[157] 王庚林，李宁博，董立军，等. NASA《密封性检测现状》研究报告读评 [J]. 电子产品可靠性与环境试验，2015，33 (2)：6-13.

[158] 王庚林，李飞，李宁博，等. 去除吸附氦试验及相关标准分析 [J]. 电子产品可靠性与环境试验，2013，31 (6)：5-12.

[159] 王庚林，李飞，李宁博，等. 压氦法和预充氦法氦质谱细检漏固定方案的设计 [J]. 中国电子科学研究院学报，2013，8 (6)：656-660.

[160] 王庚林，李飞，王彩义，等. 氦质谱细检漏的基本判据和最长候检时间 [J]. 中国电子科学研究院学报，2013，8 (2)：213-220.

[161] 金毓铨. 标准中氦质谱检漏试验判据的研究 [J]. 电子产品可靠性与环境试验，2011，29 (3)：1-3.

[162] 牛付林，魏建中. 气密封器件内部残存气氛的检测和控制技术 [J]. 半导体技术，2011，36 (1)：84-87.

[163] 周帅. 电子元器件密封试验去除氦气吸附方法研究 [D]. 广州：华南理工大学，2013.

[164] 赵锐敏. 氦质谱检漏技术在继电器及集成电路外壳中的应用 [J]. 机电元件，2009，29 (1)：51-54.

[165] 卢思佳. 金属与玻璃封装集成电路小漏率检测技术研究 [J]. 电子产品可靠性与环境试验，2016，34 (4)：39-43.

[166] 周庆波，王晓敏. 电子元器件破坏性物理分析中几个问题的探讨 [J]. 太赫兹科学与电子信息学报，2016，14 (1)：155-158.

[167] 宁永成. 金属盖板熔封器件 X 光检查方法的探讨 [J]. 电子产品可靠性与环境试验，2021，39 (1)：78-81.

[168] 中国电子技术标准化研究所. 半导体分立器件试验方法：GJB 128A—97 [S]. 北京：国防科学技术工业委员会，1997.

[169] Defense Logistics Agency. Test method standard：microciruits：MIL-STD-883J [S]. Columbus：Defense Logistics Agency，2013.

[170] Defense Logistics Agency. Test method standard：test method for semiconductor devices：MIL-STD-750F [S]. Columbus：Defense Logistics Agency，2021.

[171] 丁荣峥. 气密性封装内部水汽含量的控制 [J]. 电子与封装，2001，1 (1)：34-38.

[172] 杨迪. 器件内部水汽含量控制的发展 [J]. 信息技术与标准化，2017 (3)：34-36.

[173] 欧熠，王尧，冉龙明，等. 一种航天用光电耦合器内部气氛含量优化控制 [J]. 电子与封装，2017，

17（2）：9-12.

［174］冯达，李秀林，丁荣峥，等. 陶瓷封装腔体内气体含量分析与控制［J］. 电子与封装，2011，11（8）：10-14.

［175］肖玲，徐学良，李伟. 混合集成电路内部气氛研究［J］. 微电子学，2005，35（2）：157-160.

［176］吴文章，白桦，刘燕芳，等. 密封元器件中氢气的产生及控制［J］. 电子与封装，2009，9（8）：34-37.

［177］吴文章，蔡懿. 我国密封元器件内部水汽含量水平及存在问题［J］. 电子产品可靠性与环境试验，2000，18（5）：17-21.

［178］刘庆川. 密封元器件水汽含量时效变化研究［J］. 微处理机，2020，41（3）：10-13.

［179］严雨宁，沈娟，王君，等. 小尺寸器件气密性封装工艺的水汽控制［J］. 传感器世界，2019，25（11）：13-16.

［180］谭骁洪，邱盛，罗俊，等. 小腔体器件内部气氛检测试验夹具优化研究［J］. 环境技术，2017，35（4）：143-146.

［181］周帅，郑大勇，陈海鑫，等. 0.01cc 小腔体气密封器件内部气氛含量测试方法研究［J］. 中国测试，2018，44（2）：20-25.

［182］秦国林，朱朝轩，罗俊，等. 小腔体元器件内部气氛检测修正因子适用性分析［J］. 微电子学，2020，50（2）：287-290，296.

［183］李寿胜，夏俊生，李波，等. 平行缝焊金属封装内部多气氛控制研究［J］. 新技术新工艺，2016（3）：38-41，42.

［184］贾松良. 封装内水气含量的影响及控制［J］. 电子与封装，2002，2（6）：12-14，16.

［185］杨国雄，李文飞，邓庆祥. 铜覆钢接地材料土壤腐蚀特性分析［J］. 广东气象，2015，37（5）：76-77，80.

第 **6** 章　高可靠封装的发展与展望

6.1　高可靠封装的发展

　　封装的发展经历着几个不同的阶段。最初，是封装形式的演变（见图6-1）。随着集成电路规模的增大，封装的引脚数量激增，在追求高密度、多引脚的过程中，衍生出了很多新的封装形式和更小的引脚间距。在这个阶段，封装外壳仍然保持着芯片机械支撑、环境保护、引出信号线和作为芯片散热通路的基本功能。在一个外壳内一般只封装一颗集成电路芯片。在产品迭代过程中，新的封装形式和更小的引脚间距使得封装的引脚数上限大幅提高。现今，在高可靠封装领域，部分封装外壳的引脚数量可达2000，这极大地促进了集成电路的集成化和小型化的发展。

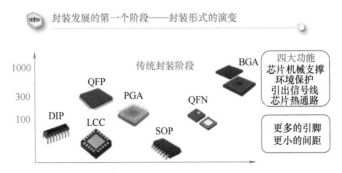

图6-1　封装形式的演变

　　在封装发展的第二个阶段，是多芯片的互联（见图6-2）。在一个陶瓷或金属的封装管壳内，通过多层陶瓷基板，连接多个集成电路芯片，以及电容、电感等器件，从而使单个器件实现了更为复杂的功能，也大幅提高了组装密度。随着低温共烧陶瓷基板的推广应用，允许阻容元件内埋于基板内部，器件也拥有了更高的基板层数和更好的高频特性。在这个阶段，封装技术仍然在传统封装工艺范畴内，主要还是划片、粘片、键合和密封四个工序。

　　高密度集成技术的发展，牵引着封装技术发展的新阶段。重布线层（Re-Distributed Layer，RDL）、植球（Bumping）、倒装焊（Flip Chip，FC）是先进封装技术的三要素，如何发挥这些技术在封装互联上的优势，解决新技术的可靠性问题，是实现高密度先进封装的关

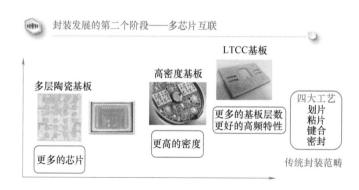

图 6-2　多芯片互联

键。在民用产品和工业产品中，从平面组装，到 2.5D 堆叠封装，到异质三维集成和芯片纵向堆叠，到真正三维互联（多种芯片、硅转接板、多层基板），再到晶圆级封装在智能手机设备、嵌入式 CPU 等器件上的应用，技术已经较为成熟。但在高可靠封装领域中，这些技术的应用还需科研工作者开展更多的工作。

历史的发展赋予了我国集成电路产业特有的使命。随着竞争愈演愈烈，甚至出现芯片断供，集成电路国产化显得越发迫切。国内外环境和需求变化促进封装技术不断突破传统民用级、工业级界限，在高可靠产品中得到更多应用。民用集成电路关注的要素，是更低的成本、更高的集成数量、更多的功能。高可靠集成电路关注的最核心要素则是可靠性。在封装发展的第四个阶段，高可靠封装与一般封装的范围逐渐相互融合。宇航用塑封器件、3D 堆叠存储器、FC＋BGA 器件等产品在高可靠封装领域崭露头角。

半导体材料的发展和集成电路应用领域的拓展，带动了封装的新发展。第一代半导体是硅（Si）、锗（Ge）元素材料，硅芯片遍布在人类社会的每一个角落。第二代半导体是砷化镓（GaAs）、锑化铟（InSb）等化合物半导体材料，主要用于制作高速、高频、大功率及发光电子器件，是制作高性能微波、毫米波器件及发光器件的优良材料。第三代半导体是碳化硅（SiC）、氮化镓（GaN）、氧化锌（ZnO）、金刚石为代表，更适合制作高温、高频、抗辐射及大功率器件，通常又被称为宽禁带半导体材料（禁带宽度大于 2.2eV）和高温半导体材料。新材料的发展和新领域的应用带来了封装发展的又一个新阶段，使其向着高温封装和低温封装不断发展（见图 6-3）。耐高温芯片、高导热陶瓷基板和高温焊料等具有更高热性能的封装原材料，是实现高温封装的基础，其产品主要应用为半导体照明、电力电子器件、激光器和探测器及汽车电子等大功率器件领域。随着航天探索、深海探测等领域的不断开拓，低温封装器件的需求也在增加。

正如本书前言提到的，电子封装技术是一门新兴的交叉学科，涉及机械、焊接、材料、电气、化工等多个学科领域。好的集成电路封装，不仅高度依赖结构设计、组装制造、仿真分析、可靠性评价、失效分析等实用工艺与方法，更对基础理论和基本原理等最本质、最核心的规律和机理的掌握有很高的要求。同时，高可靠封装技术的发展，也离不开新材料、新技术、新工艺和高精密设备等方面的共同进步。

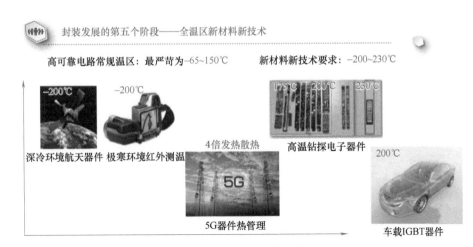

图 6-3　全温区新材料新技术

6.2　3D 封装

我国新型电子装备系统对小型化、轻量化、多功能、低功耗、高性能等需求不断增长，推动着系统级封装（System in Package，SiP）技术的发展。SiP，是指在一个封装体内集成一个系统。通常，这个系统需要封装多个芯片并能够独立完成特定的任务，如集成 CPU、DRAM、Flash 等多个 IC 芯片及阻容感等多种元器件；并且，SiP 已向 3D 封装形式发展，主要包含的技术有多层键合引线、芯片堆叠、腔体、倒装焊、RDL、高密度基板、埋入式无源器件、参数化射频电路等技术。在新工艺、材料和环境应力条件下，SiP 器件带来的新的可靠性问题急需解决。

3D 封装具有成本高、不易检验的特点。在器件封装过程中，为了提高成品率，降低成本，"一步一检"的理念被提出，即每一步组装后都增加电性能测试和必要的质量检验，及早发现并及时解决问题。"一步一检"理念伴随着可靠性检验的前移，也同时要求在设计阶段，就对组装过程中的测试和检验设计必要的测试点。相比于传统封装，3D 封装技术对设计、流片、封装和测试的协同提出了新的要求。

此外，超声扫描、3D-X 射线等更多、更有效的无损检测手段将被应用到 3D 封装的检验环节中，与传统的检验方法相互配合，为封装技术注入了新的活力。

3D 封装技术将更多功能"塞"到一起封装起来，是实现器件小型化、多功能的重要途径，未来一定会有更大的进步，在高可靠领域也不例外。

6.3　异构集成

2019 年，许居衍院士在"2019 年中国半导体封装测试技术与市场年会"上做了题为《复归于道——封装改道芯片业》的报告。

他指出，系统级芯片（System on Chip，SoC）是半导体技术发展历程中的一个重大里程碑。但是，"物极必反"，将更多元器件塞进集成电路带来周期长（18~36个月）、投入大、风险高、面积大、复杂度高、仿真与验证耗时长，以及重复性和多资源要求等问题，使得制造成本急剧攀升，盈利风险越发明显。提出多年的"拓展摩尔"（More than Moore）终于在"后摩尔时代"迎来了高潮。异构/异质集成激发了多芯片封装（MCP）/多芯片模组（MCM）的发展，有望在当前芯片产业基础上催生新的产业生态系统和新的商业模式。

他认为，"装置之道"在于"又好又便宜"。将芯粒与多片异构集成封装技术完美结合，像搭积木一样制造芯片将可能改变计算行业。从这里，可以看到一个"螺旋上升、复归于道"的过程。芯粒模式成功的关键在于芯粒的标准和接口，目前仍然面临诸多难题，如行业尚缺标准的组装或封装芯粒的方法，芯粒之间的互联方案有待选择，需要建立芯粒的验证和测试方法以沟通设计和制造。值得欣慰的是，国内的封测企业如长电、通富微电、华天、华进等，在先进封装领域已有长足发展，未来成就可期。

异构集成的"复归"不仅是回归，伴随着更先进技术和方法的不断注入，异构集成在高可靠封装领域还会继续以新的形式绽放光彩。

6.4 高可靠塑封

塑料封装有着明显的优势，其技术成本低、封装方法简单、器件重量轻。据统计，在目前微电子封装中，86%以上为塑料封装。塑料封装也有明显的缺点，塑封属于非气密封装，防潮性差、热稳定性差。这些问题也让此技术的使用范围受到局限，一些高可靠性的微电子产品不宜使用塑封。

随着塑封材料、组装工艺和航天科技的发展，以美国SpaceX公司等为代表的商业航天公司，将成本和可靠性统筹考虑，在宇航工程中允许大量使用商用塑封器件，从而减低成本，加快研制进度，并形成了一套有别于美国国家航空航天局（NASA）、欧洲航天局（ESA）的质量保证方法。

我国标准GJB 7400—2011规定了N级（塑封器件）产品质量保证等级，使得塑封器件可靠性有据可依。中国电子科技集团公司第五十八研究所等单位建立了高可靠塑封生产线。我国研究人员结合DPA、超声扫描等手段，在塑封器件温度循环后分层，受潮受热后"爆米花"现象等问题上开展了大量研究。

6.5 柔性封装

中国科学院院士黄维指出，"饥饿科技"指的是最有可能产生颠覆性技术创新的八大领域，包括柔性电子、人工智能、材料科学、泛物联网、空间科学、健康科学、能源科学和数据科学。柔性电子是高度交叉融合的颠覆性科技，柔性电子信息产业孕育着巨大的科技创新机会。

黄维院士对柔性器件的发展提出了五条建议：第一，在碳基材料与光电过程结合的基础上，孕育以光电子产业为先导的柔性电子巨型信息产业，打造"中国碳谷"。第二，加强柔性电子颠覆性技术创新发展顶层设计。第三，完善柔性电子颠覆性技术创新发展的政策体系。第四，加大原始创新研发资金的投入力度。第五，降低柔性电子颠覆性技术产业布局的准入门槛。

与传统"硬"封装相比,柔性电子器件具有可弯曲、可压缩、可拉伸等能力,不仅可在空间有限的异形腔体内柔性布局更高密度的器件,还具有可穿戴、可植入人体、可贴合皮肤等仿生功能,能够满足人体或环境的形变要求,在有机发光器件、柔性显示器、光伏电池、生物医疗上有广阔的应用前景。

在高可靠器件领域,与传统"硬"封装相比,柔性器件具有轻、薄、可变形等便携特点,结合未来先进通信、导航技术,采用柔性封装的可视化眼镜、定位装置、通信设备、外骨骼防护装置等装备将对提高单兵作战能力发挥重大作用。

6.6　封装抗辐射加固

根据数据统计,国内外发生的航天事故中,约 40% 是由空间辐射引发的。因此,使用航天器件前,对其进行专门的抗辐射加固处理非常必要。设计加固、工艺加固和封装加固是三种典型的抗辐射加固路径。设计加固和工艺加固的目的皆在消除辐射效应的影响。而封装加固具有本质上的不同,是通过屏蔽空间辐射的方式,避免芯片受到辐射的直接影响。可根据集成电路服役时所处的空间辐射环境,选择相应的屏蔽材料实现有针对性的封装加固。

20 世纪 70 年代,美国开始研究封装抗辐射技术。封装屏蔽技术经历了重金属贴片屏蔽、高分子材料涂覆屏蔽和抗辐射封装外壳等几个阶段。我国也有大量机构和学者投身在辐射屏蔽机理、方法和工艺研究中。但是,在现有的封装加固方法中,普遍存在屏蔽材料有效面积比率低、屏蔽层与封装基体结合度差等问题。最近,国内多家机构也开展了纳米材料屏蔽高能电子、质子辐射的研究,通过高 Z、低 Z 材料的组合,可以更高效地屏蔽高能粒子。不过,笔者也注意到,仍有一些机构和研究人员还没有搞清楚,封装加固究竟要"防什么"和"怎么防",将真实空间辐射环境和地面辐照试验的对应关系搞混淆。

参考文献

[1] 许居衍. 复归于道——封装改道芯片业 [J]. 电子与封装, 2019, 19 (10): 1-3.

[2] 钟伟军, 任翔, 赵鑫. 异构集成芯片关键技术研究 [J]. 信息技术与标准化, 2021 (7): 6-10.

[3] 陈炳欣. 异构集成: 系统级芯片未来之选 [N]. 中国电子报, 2021-07-09 (1).

[4] 张依依. 先进封装迎来"华丽转身" [N]. 中国电子报, 2021-06-18 (8).

[5] 王伯淳, 杨城. 塑封微电路分层评价的研究与探讨 [J]. 电子与封装, 2019, 19 (9): 10-14.

[6] 周泰. 微电子封装技术的发展趋势研究 [J]. 现代信息科技, 2018, 2 (8): 52-53.

[7] 何冰. 军用塑封元器件可靠性研究 [J]. 电子制作, 2020 (12): 33-35.

[8] 王晓珍, 熊盛阳, 张伟, 等. 军用塑封电路分层及可靠性方法研究 [J]. 电子工艺技术, 2016, 37 (6): 316-319, 326.

[9] 胡剑书, 陈之光. 军品用塑封器件质量控制研究 [J]. 微电子学, 2015, 45 (5): 673-675.

[10] 李润. 军用电子装备应用中的塑封微电路质量保证 [J]. 电子与封装, 2015, 15 (7): 1-4.

[11] 吴丽, 刘鉴莹. 进口工业级塑封器件使用可靠性保证措施研究 [J]. 电子质量, 2014 (12): 22-25.

[12] 黄炜, 白璐. HAST 试验对塑封器件分层的影响分析 [J]. 环境技术, 2014, 32 (5): 56-58.

[13] 蒋颖丹, 梁琦. 高可靠性塑封器件质量控制措施 [J]. 电子与封装, 2014, 14 (5): 14-17, 22.

［14］ 盛念. 军用塑封器件失效机理研究和试验流程［J］. 电子产品可靠性与环境试验, 2012, 30（2）: 6-10.

［15］ 肖虹, 田宇, 蔡少英, 等. 国外军用电子元器件可靠性技术研究进展［J］. 电子产品可靠性与环境试验, 2005, 23（z1）: 184-188.

［16］ 黄维. 做强柔性电子打造"中国碳谷"［N］. 中国科学报, 2020-12-03（1）.

［17］ 张辉. 纺织结构柔性器件与智能服装［J］. 纺织高校基础科学学报, 2017, 30（4）: 484-489.

［18］ 夏凯伦, 蹇木强, 张莹莹. 纳米碳材料在可穿戴柔性导电材料中的应用研究进展［J］. 物理化学学报, 2016, 32（10）: 2427-2446.

［19］ 韦友秀, 陈牧, 刘伟明, 等. 电致变色技术研究进展和应用［J］. 航空材料学报, 2016, 36（3）: 108-123.

［20］ 李琛, 黄根茂, 段炼, 等. 柔性有机发光二极管材料与器件研究进展［J］. 中国材料进展, 2016, 35（2）: 101-107.

［21］ 黄维. 有机光电功能材料的产业化应用和前景展望［C］//中国电子材料行业协会. 中国电子材料行业协会 2013 年五届五次理事扩大会暨行业情况交流会会议文集. 北京: 中国电子材料行业协会, 2013: 55.

［22］ 文尚胜, 李爱源, 文斐, 等. 柔性有机电致发光器件的研究进展［J］. 量子电子学报, 2007, 24（6）: 663-671.

［23］ 卫宁, 王剑峰, 杜婕, 等. 抗辐射加固封装国产存储器的电子辐照试验［J］. 信息与电子工程, 2010, 8（1）: 87-90.

［24］ 文林, 郭旗, 张军, 等. 屏蔽材料封装 CMOS 器件的电子辐照损伤［J］. 核电子学与探测技术, 2009, 29（2）: 398-401.

［25］ 丁义刚. 空间辐射环境单粒子效应研究［J］. 航天器环境工程, 2007, 24（5）: 283-290.

［26］ 陈盘训. 半导体器件和集成电路的辐射效应［M］. 北京: 国防工业出版社, 2005.

［27］ 张文娟, 张金利, 李军. 屏蔽空间电离总剂量的 CMOS IC 封装［J］. 信息与电子工程, 2012, 10（04）: 495-499, 508.

［28］ BEDINGFIELD K L, LEACH R D, ALEXANDER M B. Spacecraft system failures and anomalies attributed to the natural space environment［R］. Huntsville: NASA Marshall Space Flight Center, 1996.

［29］ 赵鹤然, 王吉强, 陈明祥, 等. 抗辐射封装加固: 电子辐射屏蔽设计［J］. 微处理机, 2021, 42（5）: 1-4.

［30］ 李靖旸, 赵鹤然. 封装抗辐射加固技术研究［J］. 微处理机, 2021, 42（2）: 21-25.